北京理工大学"双一流"引导专项经费资助出版

SMOOTH TRANSITION
AUTOREGRESSIVE MODELS:
THEORIES AND APPLICATIONS

平滑转移自回归模型

理论与应用研究

张凌翔　著

U0250673

北京理工大学出版社
BEIJING INSTITUTE OF TECHNOLOGY PRESS

内 容 简 介

在时间序列计量经济学领域中，具有状态相依或区制转移的模型一直是研究热点问题，平滑转移自回归模型（smooth transition autoregressive model，简称 STAR）便是其中之一。

本书将 STAR 模型作为研究议题，提出了三种局部非平稳 STAR 模型并讨论了模型设定的相关问题；提出了新的基于 STAR 框架的单位根检验方法，并构造序贯检验程序，用于区分数据是线性 I(0)过程还是 STAR 类 I(0)过程；讨论了在局部平稳性未知条件下的模型设定问题。

本书将非平稳性引入 STAR 模型中，从非线性与非平稳性结合的角度探讨其理论最新进展，并将之应用到我国实际经济问题的分析中，以期在 STAR 模型的前沿理论研究中再前进一步，并为研究我国经济问题的实证方法提供新的尝试，为经济问题分析提供更加合理和接近现实世界的解释。

版权专有　侵权必究

图书在版编目（CIP）数据

平滑转移自回归模型理论与应用研究 / 张凌翔著. —北京：北京理工大学出版社，2019.3
ISBN 978-7-5682-6836-3

Ⅰ．①平… Ⅱ．①张… Ⅲ．①自回归模型–研究 Ⅳ．①O212.1

中国版本图书馆 CIP 数据核字（2019）第 044350 号

出版发行 / 北京理工大学出版社有限责任公司
社　　址 / 北京市海淀区中关村南大街 5 号
邮　　编 / 100081
电　　话 / （010）68914775（总编室）
　　　　　（010）82562903（教材售后服务热线）
　　　　　（010）68948351（其他图书服务热线）
网　　址 / http://www.bitpress.com.cn
经　　销 / 全国各地新华书店
印　　刷 / 保定市中画美凯印刷有限公司
开　　本 / 710 毫米×1000 毫米　1/16
印　　张 / 16
字　　数 / 236 千字
版　　次 / 2019 年 3 月第 1 版　2019 年 3 月第 1 次印刷
定　　价 / 62.00 元

责任编辑 / 杜春英
文案编辑 / 杜春英
责任校对 / 周瑞红
责任印制 / 李志强

图书出现印装质量问题，请拨打售后服务热线，本社负责调换

前　　言

众多经济理论与经济现实都表现出具有非线性特征，这成为非线性计量模型发展的根本动因，信息技术与计算机工业的迅猛发展，为非线性计量经济学的发展增加了新的动力。近 30 年来，在计量经济理论与应用研究中，涌现出大量的非线性计量模型、方法与技术，平滑转移自回归（STAR）模型便是其中之一。STAR模型在检验及估计程序上具有较高的可操作性，对经济现实具有良好的解释性和预测性，因而备受研究者的青睐，并逐渐成为计量经济学研究领域的前沿热点之一。然而，已有的研究大多是在平稳条件下开展的，这在很大程度上与经济现实不符。本书将非平稳性引入 STAR 模型中，重点研究局部非平稳条件下 STAR 模型的设定，以及 STAR 框架下的单位根检验问题，从而将非线性与非平稳性结合起来，使其在理论上更加完备，并为经济问题提供更加合理和接近现实世界的解释。

在理论研究方面，本书的主要工作及创新如下：

（1）在基本 STAR 模型的基础上，本书总结了其平稳遍历性的条件；采用 Monte Carlo 模拟分析了 STAR 模型样本矩的统计特性；讨论了 STAR 模型最大滞后阶数的确定准则，并模拟分析了六种信息准则的适用性及稳健性；介绍了在完全平稳条件下 STAR 模型的建模策略。

（2）提出了三种局部非平稳的 STAR 模型：局部随机游走的 STAR 模型、局部随机趋势的 STAR 模型以及局部或整体含有确定性趋势的 STAR 模型；讨论了这三种模型下的线性性检验问题，分别构造了检验统计量，推导出了这些统计量的极限分布，并分析了这些统计量有限样本下的统计特性；讨论了如何在局部平稳性未知的条件下进行 STAR 模型设定，构建了稳健检验统计量，并分析了这些稳健统计量的检验功效与检验水平；讨论了在局部平稳性未知的情况下，如何选择 STAR 模型的平滑转移变量及 STAR 模型的类型。

（3）讨论了线性与非线性单位根过程的界定，指出了已有文献中基于 LSTAR（非线性）模型的单位根检验方法与基于 ESTAR（指数平滑自回归）模型的单位根检验方法的缺陷；在 STAR 模型框架下构建了两个 Wald 类统计量，用于检验数据中是否含有单位根，并构造了两个检验程序，用于区分数据是线性 $I(0)$过程还是 STAR 类 $I(0)$过程，采用 Monte Carlo 模拟分析了这两个统计量及检验程序的检验功效与检验水平；最后，介绍了多区制 STAR 框架下单位根检验的最新进展。

在实证研究方面，本书的主要工作及创新如下：

（1）本书运用 MRSTAR（多区制平滑转移自回归）模型研究了我国通货膨胀率的周期阶段划分、通胀率周期波动的非线性和非对称性动态特征，以及通胀率不同阶段相互转移的路径及内在机理。实证研究结果表明，我国通货膨胀率可以划分为通货紧缩、通缩恢复、温和通胀和严重通胀四个阶段，通胀率不同阶段的划分不仅依赖于通胀率的水平，也依赖于通胀率的增加量；在一个波动周期内，通胀率不同阶段的典型转移路径为：通货紧缩→温和通胀→严重通胀→温和通胀→通货紧缩；我国通货紧缩与温和通胀持续时间较长，而严重通胀持续时间很短；冲击对通胀率系统不具有持久性影响，正向冲击与负向冲击的影响具有非对称性特征。

（2）采用本书提出的单位根检验方法，实证分析了我国 24 个重要宏观经济变量的时间趋势属性，检验结果表明，除了进口贸易额及出口贸易额外，其他 22 个宏观经济变量均不含有单位根，其时间趋势表现为具有结构平滑转移特征的趋势平稳过程。

目　录

第 **1** 章

绪 论

众所周知，现实世界的运行模式多数是非线性的，经济社会更是如此。事实上，许多经济理论本身就是非线性的。然而，将经济理论模型转化为可计算的及可检验的计量经济模型却不是一件容易的事。囿于复杂的数学计算，非线性计量经济学的发展相对缓慢，因此，计量经济模型长期被线性模型所统治。直至 20世纪 70 年代末期，随着信息技术与计算机工业的迅猛发展，数学计算与模型估计变得不再困难，非线性计量经济学也随之进入新的发展阶段，在此后的 30 年，出现了大量的非线性计量技术、模型和方法。在时间序列计量经济学领域中，具有状态相依或区制转移的模型近些年逐渐成为学术界的研究热点，平滑转移自回归模型（smooth transition autoregressive model，STAR）便是其中之一。本书将STAR 模型作为研究议题，探讨其理论最新进展并将之应用到我国实际经济问题中，以期在 STAR 模型的前沿理论研究中再前进一步，并为研究我国经济问题的实证方法提供新的尝试。

1.1 研究背景与意义

1.1.1 经济理论背景

经济理论在很大程度上是非线性的，新古典主义经济学派和新凯恩斯主义学派都一致认同这一点。无论是微观经济学中的需求、供给曲线还是宏观经济学中总供给—总需求曲线、投资函数、消费函数等，无一不具有非线性特性。而经济学中的一些热点研究议题，如非均衡模型、价格黏性、汇率目标区理论、劳动市场理论等，更为非线性建模技术的发展提供了坚实的理论依据。这些为本书的选题提供了理论背景。

Teräsvirta 等（2010）系统总结了四个宏观经济理论中的非线性模型，分别是非均衡模型、劳动市场模型、汇率目标区模型和生产理论模型。由于生产理论中最常用的两种生产函数——Cobb–Douglas 函数和超越对数函数，从参数的角度看都是线性模型[①]，因此，本书仅就前三种模型做简单介绍，以此揭示本书研究的理论背景，正如 Teräsvirta 等（2010）所指出的，"想要找到更多非线性经济理论模型并不是困难的任务"。

1. 非均衡模型

在经济分析过程中，经济学家通常以均衡理论为指导，即假定价格总是会自行调整直至需求和供给相等。然而，在经济现实中，确实存在市场不完全出清的状态，导致市场出现不均衡现象。如在商品市场中，价格黏性导致市场中出现过度需求；在农产品市场中，由于政府的农业保护政策抬高了农产品价格，进而导致过度供给；等等。

Fair 和 Jaffee（1972）首次给出了非均衡模型的具体形式，其基本方程为

$$Q = \min(D_t, S_t), \quad D_t = f(\boldsymbol{X}_t, p_t, \varepsilon^D), \quad S_t = f(\boldsymbol{X}_t', p_t, \varepsilon^S) \tag{1.1}$$

式中，Q 表示交易成交量，D_t 表示需求量，S_t 表示供给量，$\boldsymbol{X}_t$ 表示除价格外所有影响需求的因素，p_t 表示价格，ε^D 为需求方程的随机扰动项，$\boldsymbol{X}_t'$ 表示除价格外所有影响供给的因素，ε^S 为供给方程的随机扰动项。当市场均衡时，$Q = D_t = S_t$；当市场不均衡时，$D_t \neq S_t$，$Q = D_t$ 或者 $Q = S_t$。Fair 和 Jaffee（1972）进一步考虑了如下两类模型：

当 $D_t > S_t$ 时，$Q = S_t$，此时价格上升，即 $\Delta p_t > 0$；当 $D_t < S_t$ 时，$Q = D_t$，此时价格下降，即 $\Delta p_t < 0$。他们定义此类模型为方向模型（directional models），即价格的调整方向显示了市场过度需求的状态。

---

① 另外一种常用的不变替代弹性生产函数，从参数角度看是非线性的。

另一种模型，他们称为数量模型（quantitative models）：$p_t - p_{t-1} = \gamma(D_t - S_t)$，即价格变化与过度需求（供给）成比例。

显然，上述的非均衡模型具有区制转移的非线性特征，因此可以采用区制转移回归模型（switching regression model）分析非均衡的市场行为。这样，经济理论便形成了非线性计量经济模型，因而计量经济学的一些估计及检验技术得以发挥，Maddala（1983，1986）系统讨论了非均衡模型的估计问题。

2. 劳动市场模型

劳动市场经常会出现非均衡状态，进而导致失业（或就业）波动。一些经济学家认为，失业波动源于劳动力对价格及工资的错误认识，或者价格与工资调整的滞后。对此，Diamond（1982）提出质疑：如果价格及工资是完全灵活的，并且人们也能正确认识价格与工资的真实波动，那么是否就意味着不存在失业问题呢？答案是否定的。他提出了一种搜寻理论模型（search theory model）[①]，该模型引入多人经济下（many-person economy）的交易摩擦，并指出在这种环境下，交易协同的困难将导致失业问题。Diamond（1982）的重要贡献在于，在存在交易摩擦的竞争经济下，失业将出现多个稳定均衡，即自然失业率并不是唯一的，而是存在多个自然失业率。当经济系统受到重大冲击时，失业将从一个均衡向另一个均衡转移，从而失业（或就业）波动表现出非线性动态调整特征。

Blanchard 和 Summers（1988）认同了这种观点，并称之为"脆弱的均衡"（fragile equilibria），他们以"球在山上滚动"做类比来解释失业这种脆弱的均衡：如果山体是碗状的，那么球的均衡点只有一处，即碗底；如果山体不是碗状的，而是存在许多轻微的凹陷，那么球的均衡将取决于冲击的形式及球的历史状态，欧洲的失业问题就如同这种形式，即存在脆弱的均衡。这种类比很形象地勾勒出失业的非线性动态调整的路径，并且揭示出非线性脉冲响应的本质特性。

Diamond（1982）并没有采用数据考察其模型的有效性，因而，经济理论模型没有转化为计量经济模型。Bianchi 和 Zoega（1998）对此进行了尝试，他们采用单变量马尔可夫区制转移模型，分析了 13 个欧洲国家以及美国、日本失业率

---

① Teräsvirta 等（2010）对此模型的称谓，本书沿用这种说法。

的非线性动态特性，结果表明冲击的大小并不是导致失业率区制转移的直接原因。

劳动市场中另一个备受关注的议题是失业的非对称问题，即经济衰退期失业增加的速度往往快于经济扩张时期失业减小的速度。Bentolila 和 Bertola（1990）试图从微观角度解释此问题，他们构建了一个考虑企业雇佣成本和解雇成本的模型，并且解雇成本大于雇佣成本，该模型以企业现金流的现值最大化为目标，其最优解表明企业是否雇佣劳动力取决于劳动力的边际产品收益，当该值低于下界时，企业减少雇佣劳动力；当该值高于上界时，企业增加雇佣劳动力；当该值位于上下界之间时，企业不做任何决定。他们用此模型研究了英国的失业问题。然而，Hamermesh 和 Pfann（1996）认为微观企业层次上的成本的非对称调整不必然导致就业总量水平上的非对称调整。Bentolila 和 Bertola（1990）也承认，该模型扩展到宏观经济领域尚需一些理论及实证方面的工作要做。

此外，Caballero 和 Hammour（1994），Davis 和 Haltiwanger（1999）从就业岗位的创造与消失（job creation and destruction）角度分析了失业的非对称问题。van Dijk 等（2002）采用 STAR 模型分析了美国失业率的动态调整特性，发现失业的非对称性还表现在，外部冲击对衰退期和扩展期的失业具有非对称的影响效应，但其原因是什么，他们并没有进一步分析。

总之，上述这些模型提供了在劳动市场理论中所呈现出的非线性特征，无论这些理论能否转化为计量经济模型，其中所反映出的思想对于研究非线性计量模型都有许多重要启示。

3. 汇率目标区模型

汇率目标区是指将汇率波动限制在一定范围内的汇率制度安排，一旦汇率超出这个区间，货币当局就会进行干预，因此，"汇率目标区"是一种有管理的汇率制度安排。而这种限制使得汇率的波动过程具有非线性特征，在此基础上的理论模型也是非线性的。

Krugman（1991）首次从理论上揭示了在目标区管理体制下，汇率与基本经济变量间的动态关系。他的模型有两个基本假定：第一，汇率目标区是完全可信的，市场参与者完全相信政府会努力维持汇率目标区，使之保持不变；第二，政府只在汇率冲击目标区边界时才进行干预。Krugman 理论的出发点是：汇率像其他资产价格一样，既取决于现实经济中的一些基本变量，也受人们对汇率未来值预期的影响。在上述两个基本假定及预期的反复修订下，Krugman 的模型得出两个重要结论：第一，汇率与基本经济变量之间的关系最终将呈一条状似"S"形的曲线；第二，当汇率接近目标区的边界时，汇率对基本经济变量的变化非常不敏感，因而在接近边界处移动缓慢，意味着汇率在那里出现的频率较高，相比之下，在目标区的中央出现的频率较低，这样汇率在目标区内的分布是"U"形的。

尽管许多实证研究并不支持 Krugman 理论中"S"形及"U"形的结论，但Krugman 的模型还是引起了众多经济学家采用非线性计量技术研究汇率问题，如Lundbergh 和 Teräsvirta（2006）采用非线性的 STAR 模型研究了挪威的汇率目标区问题，他们放松了"汇率目标区完全可信"的假定，研究结果表明，汇率在目标区内的分布具有明显的"U"形特征。

1.1.2　实证研究背景

经济理论提供了一些非线性模型，但 Teräsvirta 等（2010）指出，仍有许多非线性模型来源于统计学、时间序列和计量经济学中，这些模型大多是从数据分析角度形成的，而与特定的经济理论并无直接的联系。在实证研究中，人们越来越发现采用线性模型分析经济问题的局限性，无论从解释性还是从预测性的角度上看，线性建模都不能充分刻画实际数据生成过程，这也成为非线性建模技术发展的直接动因。在时间序列应用研究中，最常用的有四类模型：门限自回归模型（TAR）、平滑转移模型（STAR 或者 STR）、马尔可夫区制转换模型（MRS）、人工神经网络模型（ANN）。近年来，我国学者逐渐认识到我国经济运行中的非线性特性，较多地采用上述这些非线性模型实证分析了我国经济问题，这些研究为本书提供了实证背景。下面简要介绍 TAR 模型、MRS 模型与 ANN 模型及其在我国经济分析中的应用，STAR 模型将在第 2 章中做详细介绍。

1. TAR 模型及其应用

Tong（1990）系统介绍了 TAR 模型，以单变量序列两区制 TAR 模型为例，其模型设定形式如下：

$$y_t = (\phi_1' z_t + \varepsilon_{1t}) I(s_t \leq c_1) + (\phi_2' z_t + \varepsilon_{2t}) I(s_t > c_1) \qquad (1.2)$$

式中，$z_t = (1, y_{t-1}, \cdots, y_{t-p})'$，$\phi_i = (\phi_{0i}, \phi_{1i}, \cdots, \phi_{pi})', i = 1, 2$，且 $\phi_1 \neq \phi_2$；$I(A)$ 表示指示函数，当 A 发生时 $I(A) = 1$，否则 $I(A) = 0$；s_t 表示转换变量，当 $s_t = y_{t-d}, d > 0$ 时，式（1.2）称为自我激励的门限自回归模型（self−exciting TAR，SETAR），简称 TAR 模型；当 $s_t = \Delta y_{t-d}, d > 0$ 时，式（1.2）称为冲量门限自回归模型（momentum−TAR，MTAR），该模型由 Enders 和 Granger（1998）提出，可用于增长率序列的动态调整分析；c_1 称为门限值或者阈值；$\varepsilon_{it} \sim iid(0, \sigma_i^2), i = 1, 2$。TAR 模型的参数估计及其统计特性可参见 Chan（1993）、Hansen（2000）。

式（1.2）可以扩展到更一般的具有多个门限值的 TAR 模型。Tsay（1998）将单变量 TAR 模型扩展到向量 TAR 模型，Balke 和 Fomby（1997）、Lo 和 Zivot（2001）将其扩展到门限协整与门限误差修正模型。

近年来，国内学者采用 TAR 模型研究我国经济问题的文献主要有：曾令华等（2010）对我国股票市场泡沫进行了检验，结果表明我国股票市场存在周期性破灭的泡沫；丁剑平和谌卫学（2010）采用含有单位根的 TAR 模型研究了包括中国在内的 6 个亚洲新兴市场国家货币兑换美元的实际汇率，结果表明人民币兑换美元的实际汇率不具有均值回复趋势；张屹山和张代强（2008）采用含有单位根的 TAR 模型实证分析了我国通货膨胀率的动态波动路径，结果表明在减速通胀状态下，通胀率是平稳自回归过程，而在加速通胀状态下，通胀率是一个具有单位根的自回归过程；靳晓婷等（2008）采用 TAR 模型分析了汇率制度改革以来人民币对美元的名义汇率波动，结果表明人民币名义汇率波动也存在明显的非线性门限特征；孟庆斌等（2008）采用 TAR 模型检验了我国股票市场泡沫情况，结果表明我国股票市场泡沫主要集中在 1999 年和 2007 年两个年份。

2. MRS 模型及其应用

与 TAR 模型不同的是，MRS 模型的状态转换变量是不可观测的，我们以 θ_t 表示该转换变量，并且假定其服从一个有限状态 r 的马氏链过程，在经济学应用中，通常假设为一阶马氏链过程，r 个不同的状态可由一个集合 $\{v_1, v_2, \cdots, v_r\}$ 表示，其转换概率可表示为

$$p_{ij} = \Pr\left\{\theta_t = v_j \middle| \theta_{t-1} = v_i\right\}, i,j = 1,2,\cdots,r \tag{1.3}$$

MRS 模型的设定形式为

$$y_t = \sum_{j=1}^{r} (\phi_j' \boldsymbol{w}_t + \varepsilon_{jt}) I(\theta_t = v_j) \tag{1.4}$$

式中，ε_{jt} 与 θ_t 独立，并通常假定 ε_{jt} 为独立同分布过程且方差为常数。在单变量情况下，即 $\boldsymbol{w}_t = z_t$ 时，Tyssedal 和 Tjøstheim（1988）称式（1.4）为突变自回归模型（SCAR 模型）。在经济应用中，通常 $r=2$ 或者 3，超过三个状态的 MRS 模型很少见，r 值通常是由研究者主观设定的。

在经济应用中，最常用到的是由 Hamilton（1989）提出的 MRS 模型，其表达形式为

$$\begin{aligned}
y_t &= \mu(\theta_t) + \sum_{i=1}^{p} \phi_i \left[y_{t-i} - \mu(\theta_{t-i}) \right] + \varepsilon_t \\
&= \left[\mu(\theta_t) - \sum_{i=1}^{p} \phi_i \mu(\theta_{t-i}) \right] + \sum_{i=1}^{p} \phi_i y_{t-i} + \varepsilon_t
\end{aligned} \tag{1.5}$$

式中，$\mu(v_i) \neq \mu(v_j)$。从式（1.5）可以看出，自回归系数保持不变，而截距项却具有状态转移特征，可以形成 r^{p+1} 个不同的截距值，从而使模型变得更加灵活。同样，单变量的 MRS 模型可以扩展到向量 MRS 模型，Krolzig（1997）对此进行了较为详细的阐述。Hamilton（2016）对 MRS 模型的发展历程及其在宏观经济中的应用做了很好的综述。此外，Elliottt 等（2018）将 MRS 模型与 STAR 模型结合起来，构建了 HMRS–STAR 模型，并将其应用在金融数据分析中。

应用 MRS 模型分析我国经济问题的文献主要集中在股票市场泡沫的检验、通货膨胀率波动、经济周期波动等几个领域。周爱民等（2010），赵鹏和曾剑云（2008），孟庆斌等（2008）分别采用 MRS 模型检验了我国股票市场的泡沫情况，结果表明，我国股市在不同时期存在不同程度的周期性泡沫特征。李晓峰等（2010）采用 MRS 模型研究了世界经济周期演化对中国经济的非对称性影响；刘金全等（2009）基于 MRS 模型识别分析了我国经济周期波动的特征及其阶段性变迁的可能性；王建军（2007）引入反映我国经济增长模式改变的虚拟变量，对传统的 MRS 进行了改进，在此基础上研究了我国实际产出增长的周期性变化。

刘金全等（2009）采用三状态的 MRS 模型分析了我国通胀率的时间动态轨迹，赵留彦等（2005）采用 MRS 模型分析了通胀率水平及其不确定性间的关系，龙如银等（2005）采用 MRS 模型模拟分析了我国 1984 年以来通胀率的动态路径。此外，金晓彤和闫超（2010）采用 MRS 模型分析了我国消费需求增速的动态过程；王立勇和高伟（2009）采用 MRS 模型检验了我国财政政策的非线性效应；苏涛等（2007），赵鹏和唐齐鸣（2008）将 MRS 模型引入经典的资产定价模型，进而研究不同波动状态下的资产定价问题。

3. ANN 模型及其应用

ANN 模型越来越受到人们的关注，因为它为解决大复杂度问题提供了一种相对来说比较有效的简单方法。该模型适用于有众多输入变量，但却无法获悉每个变量对输出的独立影响的领域，如图像分类和声音识别等。近年来，经济学家们开始尝试将其应用到经济领域，Kuan 和 White（1994）从计量经济学的角度对 ANN 模型进行了系统阐述。一个简单的 ANN 模型可由如下形式表示：

$$y_t = \boldsymbol{\beta}_0' \boldsymbol{w}_t + \sum_{j=1}^{q} \beta_j G(\boldsymbol{\gamma}_j' \boldsymbol{w}_t) + \varepsilon_t \tag{1.6}$$

式中，y_t 为输出序列，$\boldsymbol{w}_t = (1, y_{t-1}, \cdots, y_{t-p}, x_{1t}, \cdots, x_{kt})'$ 表示输入变量，$\boldsymbol{\beta}_0' \boldsymbol{w}_t$ 表示线性部分；$\boldsymbol{\beta} = (\beta_{00}, \beta_{01}, \cdots, \beta_{0,p+k})'$，$\beta_j (j=1,2,\cdots,q)$ 为参数，在人工神经网络的文献中被称为"连接力量"（connection strengths）；$G(\bullet)$ 表示一个单调递增且有界的函数，通常为 logistic 函数，$\boldsymbol{\gamma}_j (j=1,2,\cdots,q)$ 为参数向量。在式（1.6）中，输入层 $\boldsymbol{\beta}_0' \boldsymbol{w}_t$ 与输出层 y_t 均是可以观测到的，而另外一项线性组合则不可观测，因而构成了 ANN 模型中的隐含层。当 $\boldsymbol{w}_t = \boldsymbol{z}_t$ 时，式（1.6）变成单变量的 ANN 模型，称为自回归 ANN 模型，可以看出，此时的 ANN 模型与一般自回归模型的区别仅在于截距项，自回归 ANN 模型的截距项具有时变特征。

近年来，国内学者开始应用 ANN 模型对经济序列进行预测及对财务风险进行判别分析。孙柏和谢赤（2009）采用 ANN 模型预测了在金融危机背景下人民币汇率的走势；谢赤和欧阳亮（2008）采用三种 ANN 模型预测分析了人民币汇率，并对三种模型预测结果进行了比较分析；庞晓波等（2008）采用 ANN 模型对人民币汇率进行预测，结果表明 ANN 模型的预测精度要好于 EGARCH（指数广义自回归条件异方差）模型；苏治等（2008）采用 ANN 模型及 STAR 模型分析了我国证券价格的非线性波动特性并检验了其可预测性，结果表明在中短期内，我国证券价格具有一定程度的可预测性，并且 ANN 模型的预测能力要强于线性 AR 模型（自回归模型）及 STAR 模型；王志刚等（2009）采用 ANN 模型分析了我国股票市场的技术分析方法的非线性预测能力，结果表明技术分析方法能捕捉到不同类型投资者之间非线性的相互作用关系，从而使其具有非线性预测能力；王志刚等（2007）采用 ANN 模型分析了我国股票市场收益率波动过程中的非线性特征。陈秋玲等（2009）在 ANN 模型基础上建立了金融风险预警模型，并对 1993—2007 年我国金融风险进行了检验和预测；吴应宇等（2008）也采用 ANN 模型对我国上市公司 2005 年、2006 年的财务状态进行了实证分析。

1.1.3　研究意义

以上简要介绍了计量经济学领域常用的几种非线性模型。其中，TAR 模型实际上是 STAR 模型的一个特例，其由一个状态向另一个状态转变的过程，是在瞬间完成的，此种方式过于极端，在经济现实中，不同状态的转换多数不是一蹴而就的，而是缓慢渗透的，如企业按照发展战略的发展，宏观经济政策发挥作用，等等，都是平滑过渡的，这在我国这种转型经济及渐进式改革中表现得更为突出。因此，相比较而言，平滑转移模型更加符合经济现实，也更具一般性。

MRS 模型的最大缺陷在于只能计算出不同状态间的转换概率，而不同区制是一种不可观测的"潜状态"，因而其模型的具体非线性形式无法得到，这种分析方法更多的是刻画经济变量的非对称性，而其现实的经济学意义较弱。

ANN 模型更多地被用在工程领域，其在经济学领域中的适用性问题一直存在争议，Stock 和 Watson（1999），Marcellino（2004）及 Teräsvirta 等（2005）的研究表明，ANN 模型在宏观经济序列的预测应用中并不成功。此外，经济学含义的缺乏也使其一直游走于主流计量经济学的边缘。

基于上述原因，本书选择 STAR 模型作为研究议题。自 Luukkonen 等（1988）及 Teräsvirta（1994）系统阐述 STAR 模型的建模策略以来，计量经济学界对 STAR 模型的研究较多，涌现出大量有价值的参考文献。但从方法论的角度看，已有文献的研究多在局部平稳的先验假定条件下开展，一旦放松这一假定，则原有的模型设定检验将不再适用。基于此，本书将考虑在局部区制为非平稳过程的条件下以及局部平稳性未知的情况下，如何进行 STAR 模型的设定。此外，STAR 框架下的单位根检验问题，是近几年计量经济学领域的研究热点之一，但核心问题仍没有解决，即如何解决单位根检验与线性性检验相互影响的问题，本书也将对这方面内容展开研究，并试图从理论上对 STAR 模型的研究再前进一步，从这个角度看，本书研究具有一定的前瞻性及理论意义。

改革开放 40 多年来，我国经济经历了几次重大的结构调整和制度变革，每一次调整都在一定程度上改变了我国经济的运行路径，因而，从直觉上分析，我国许多宏观经济序列都应具有非线性动态调整特征，上述一些文献的经验分析印证了我们的直觉。因此，传统的线性时间序列分析方法并不能完全捕捉到我国经济序列的动态特征。在我国转型经济及渐进式改革的现实经济背景下，采用 STAR 模型分析我国经济问题，揭示我国经济运行中的非线性规律，可以为我们提供更加合理和接近现实世界的解释。从这个角度讲，本书研究具有一定的现实意义。

▧ 1.2　STAR模型研究现状

Bacon 和 Watts（1971）首次提出了"平滑转移"的概念，并使用双曲正切函数作为平滑转移函数，Maddala（1977）将其改为 logistic 函数，此后该种做法便流行起来。Teräsvirta（1994）系统阐述了 STAR 模型的建模策略及应用步骤，标志着 STAR 模型已经日臻成熟，并得到了经济学领域的认同和广泛应用。van Dijk 等（2002）就 STAR 模型的发展进行了较为全面的综述。近年来，STAR 模型在理论研究及应用中又有了新的进展。概括起来，STAR 模型的研究方向主要包括 STAR 模型的应用研究、考虑局部单位根过程的 STAR 模型设定研究、STAR 模型框架下的单位根检验研究、向量 STAR 模型及协整研究、STAR – STGARCH 模型研究等几个方面。下面就这五个方面的研究做简单的文献综述。

1.2.1　STAR 模型的应用研究

国外学者采用 STAR 模型研究经济问题已相当普遍。Norman（2010）应用 STAR 模型研究了购买力平价问题，从非线性均值回复的角度解释了购买力平价之谜；Lin 等（2010）采用 STAR 模型研究了东亚四个经济体汇率的非线性动态特性，并对比分析 STAR 模型与 AR 模型的预测效果；Yoon（2010）同样研究了实际汇率问题，其研究结果表明，汇率波动存在非线性特征，但 TAR 模型与 ESTAR 模型的拟合效果并不好，需要探索其他非线性模型来刻画汇率的非线性波动特征；Gregoriou 和 Kontonikas（2009）采用 ESTAR 模型分析了 OECD（经济合作与发展组织）国家通胀率背离其目标的动态特性，其研究结果表明 ESTAR 模型的预测效果要好于 MRS 模型；Guidolin 等（2009）采用 STAR 模型对 G7（G7 集团）国家的股票收益进行了预测研究；McMillan（2007）采用 LSTAR 模型研究了股票收益问题，其研究结果表明，交易量对预测股票收益有很大帮助。

近年来，国内学者也开始采用 STAR 模型研究我国经济问题。王成勇和艾春荣（2010）采用多区制的 STAR 模型研究了我国经济周期阶段的划分问题；王成勇等（2009）采用 STAR 模型分析了我国实际汇率的动态波动特征，并对购买力平价理论在我国的适用性进行了再检验，结果表明人民币汇率具有均值回复性；郭建平和郭建华（2009）应用 STAR 模型实证分析了我国外汇储备序列，结果表明外汇储备也具有非线性波动特征；刘柏和赵振全（2008），谢赤等（2005）采用 STAR 模型分析并预测了我国实际汇率的变动趋势；王少平和彭方平（2006）应用 ESTAR 模型实证分析了我国通胀率的非线性动态特性。

1.2.2　考虑局部单位根过程的 STAR 模型设定研究

Teräsvirta（1994）系统阐述了 STAR 模型的建模策略，其模型设定的方法是在 STAR 模型局部区制平稳的假定下进行的，在此基础上构建的 LM（拉格朗日乘数）统计量或 Wald 统计量均服从标准的 χ^2 分布。但 Kilic（2004）指出，如果放松这一假定，即 STAR 模型的局部区制是随机游走过程，那么，线性性检验的 LM 统计量或 Wald 统计量将不再服从标准的 χ^2 分布，在此情况下采用 χ^2 分布的临界值进行线性性检验会出现严重的检验水平扭曲现象。对此，Kilic 构建了在局部随机游走条件下线性性检验的统计量，以消除检验水平扭曲现象。然而，Kilic（2004）的做法可能面临着另外一种风险，即如果 STAR 模型的局部区制确实是平稳过程，则 Kilic 的检验统计量会出现检验功效下降的情况。Harvey 和 Leybourne（2007），Harvey 等（2008）指出了这种风险的存在，并构建了一种稳健统计量，使得无论在局部区制平稳条件下还是随机游走过程条件下，该统计量都有较好的检验水平和较高的检验功效。

目前，国内学者尚未对此类问题进行研究。本书在第 3 章将就此问题做深入探讨，不仅考虑局部区制随机游走过程，还将考虑局部区制随机趋势及确定性趋势过程，并构建稳健统计量，以研究在局部平稳性未知的情况下 STAR 模型的设定问题。

1.2.3 STAR 模型框架下的单位根检验研究

传统的单位根检验研究都是在线性框架下进行的，这导致对于一些非线性数据生成过程，常用的线性单位根检验方法的检验功效都很低。Enders 和 Granger（1998），Berben 和 van Dijk（1999），Caner 和 Hansen（2001）都注意到了这个问题，并且开始尝试在 TAR 模型框架下进行线性单位根检验。Kapetanios 等（2003）将 TAR 模型下的单位根检验扩展到了 ESTAR 模型框架下。Leybourne 等（1998）构建了平滑转移模型下的单位根检验方法，其备择假设是具有时间趋势的 LSTAR 模型。Sollis（2004）拓展了 Leybourne 等（1998）的研究，允许结构平滑转移具有非对称调整特性。另一种 LSTAR 框架下的单位根检验是由 He 和 Sandberg（2006）提出来的，这个方法也是 DF 类（dickey – fullertype）检验，并且包含了确定性时间趋势。Eklund（2003a，2003b），Kruse（2009）考虑了线性性检验与单位根检验的相互影响，并且构建了 Wald 类统计量对单位根与线性性进行联合检验。Bec 等（2010）讨论了三区制 STAR 框架下的单位根检验。

国内学者中，刘雪燕和张晓峒（2009）讨论了 LSTAR 框架下的单位根检验问题；赵春艳（2010）将单位根检验与线性性检验放在同一个 STAR 框架下进行；栾惠德（2008）采用 Leybourne 等（1998）及 Sollis（2004）的研究方法对中国

22 个重要的宏观经济变量进行了单位根检验,结果表明多数宏观经济变量为具有平滑转移特征的趋势平稳过程。

1.2.4　向量 STAR 模型及协整研究

类似于线性 VAR 模型(向量自回归模型),单变量的 STAR 模型自然可以扩展为向量 STAR 模型。Camacho(2004)系统介绍了向量 STAR 模型的设定策略。最近几年,对于多变量的平滑转移回归研究更多地集中在阈值协整(threshold cointegration)问题上。传统的协整理论是在线性框架下完成的,然而,经济系统向其长期均衡的调整过程多数是非线性的,因此,线性框架的协整分析并不能真实反映经济系统的非线性动态调整过程。基于此,Balke 和 Fomby(1997)在 TAR 模型的框架下提出了阈值协整的概念,从而把非平稳和非线性有效地结合起来。此后,Hansen 和 Seo(2002)将阈值协整扩展到误差修正模型框架下,构建了 TAR - VECM 模型;Kapetanios 等(2006),Choi 和 Saikkonen(2004,2008)将阈值协整理论扩展到平滑转移回归模型下,构建了 STR - VECM 模型。

国内学者中,欧阳志刚(2008)对阈值协整问题在理论及应用上做出了重要贡献,他在上述文献的基础上,对阈值协整理论中亟待解决的问题做了重要改进,并将阈值协整扩展到了非平稳面板数据中,使其更能满足解决实际经济问题的需要。近年来,国内学者采用向量 STAR 模型及阈值协整方法研究中国经济问题的文献日益增多。王立勇等(2010)采用向量 LSTAR 模型研究了在开放经济环境下,我国非线性货币政策的非对称效应;王培辉(2010)采用 STAR - VECM 模型研究了我国货币冲击与资产价格波动的关系;欧阳志刚和王世杰(2009)采用阈值协整方法研究了我国货币政策对实际产出及通货膨胀的非线性反应;王少平和欧阳志刚(2008)研究了我国城乡收入差距对实际经济增长的阈值效应;欧阳志刚和韩士专(2007)采用阈值协整方法研究了我国经济周期中菲利普斯曲线的区制转移特性。

尽管阈值协整方法的应用越来越多,但在笔者看来,STAR 模型框架下的单位根检验与阈值协整研究又似乎是矛盾的。大多数研究者在使用阈值协整方法前都采用传统的线性单位根方法进行单位根检验,似乎有意避开非线性框架下的单位根检验方法，而一旦采用非线性单位根检验方法，如前所述，一些经济序列很有可能是具有非线性特征的平稳过程，此时，所谓的协整关系就不可能出现了，或者说，协整概念需要研究者重新界定了。可见，在非线性框架下的单位根检验及协整检验研究中，仍有许多需要去探索和解释的未知领域。

1.2.5　STAR-STGARCH 模型研究

STAR 模型是对线性 AR 模型的扩展，类似地，对 GARCH（广义自回归条件异方差）模型进行平滑转移的扩展是很自然的想法。Hagerud（1997），González-Rivera（1998）对此进行了尝试，他们构建了 STGARCH 模型（smooth transition GARCH，平滑转移 GARCH），该模型允许条件异方差存在平滑转移的非线性特征；在此基础上，Lundbergh 和 Teräsvirta（1999，2003）构建了更一般的均值与条件异方差同时存在平滑转移特征的 STAR-STGARCH 模型，因而，STAR-GARCH 模型与 STGARCH 模型是其一种特例，他们讨论了此类模型的设定、估计及评价策略；Chan 和 MaAleer（2002，2003）讨论了 STAR-GARCH 模型的统计特性，包括总体矩的存在性的充分必要条件，参数极大似然估计的一致性及渐近正态性的充分条件。

国内学者采用 STAR-GARCH 模型研究中国经济问题的文献主要有：彭方平和李勇（2009）采用 STAR-GARCH 模型实证研究了我国股票市场投资策略的非线性特征；易蓉等（2008）采用 STAR-EGARCH 模型研究了我国沪铜期货基差的非线性动态调整过程；徐小华等（2006）采用 STAR-ARCH 模型研究了我国证券市场价格的非线性波动特征。

▓ 1.3　结构安排与主要创新

1.3.1　结构安排

本书共分 6 章，各章内容安排如下：
第 1 章为绪论。本章阐述本书研究的经济理论背景、实证研究背景及研究意义，归纳总结了 STAR 模型的研究现状，并对本书的结构安排进行说明，最后提出本书研究的主要创新点。

第 2 章为完全平稳条件下的 STAR 模型。本章介绍了基本的 STAR 模型并总结了其平稳遍历性的条件；Monte Carlo 模拟分析了 STAR 模型样本矩的统计特性；讨论了 STAR 模型最大滞后阶数的确定准则，并模拟分析了六种信息准则的适用性及稳健性；最后介绍了在完全平稳条件下 STAR 模型的建模策略。

第 3 章为局部平稳性未知条件下的 STAR 模型设定。本章首先介绍了三种局部非平稳的 STAR 模型：局部随机游走的 STAR 模型、局部随机趋势的 STAR 模型以及局部或整体含有确定性趋势的 STAR 模型；然后，讨论了这三种模型下的线性性检验问题，分别构造了检验统计量，推导出这些统计量的极限分布，并分析了这些统计量有限样本下的统计特性；接下来，讨论了如何在局部平稳性未知的条件下进行 STAR 模型设定，构建了稳健检验统计量，并分析了这些稳健统计量的检验功效与检验水平；最后，讨论了在局部平稳性未知的情况下，如何选择 STAR 模型的平滑转移变量及 STAR 模型的类型。

第 4 章为 STAR 框架下的单位根检验。本章首先介绍了线性与非线性单位根过程的界定，指出了已有文献中基于 LSTAR 模型的单位根检验方法与基于 ESTAR 模型的单位根检验方法的缺陷；其次，本章在 STAR 模型框架下构建了两个 Wald 类统计量，用于检验数据中是否含有单位根，并构造了两个检验程序，用于区分数据是线性 $I(0)$ 过程还是 STAR 类 $I(0)$ 过程，Monte Carlo 模拟分析了这两个统计量及检验程序的检验功效与检验水平；最后，介绍了多区制 STAR 框架下单位根检验的最新进展。

第 5 章为实证研究。首先，本章实证分析了我国通货膨胀率周期波动与非线性动态调整特征，通过对 STAR 模型的设定、估计及评价分析，采用 MRSTAR 模型刻画了我国通货膨胀率的动态过程，在此基础上分析了通胀率的周期波动与非线性动态调整特征；其次，采用本书第 4 章中提出的单位根检验方法，检验了我国 24 个重要宏观经济变量的时间趋势属性。

第 6 章为总结与展望。本章概括总结了本书的主要研究成果，提出了本书的研究不足和尚未解决的问题，并对未来的研究计划进行展望。

1.3.2　主要创新

本书的主要创新点可归纳如下：

（1）本书讨论了三种局部非平稳 STAR 模型的设定问题，分别构建了三种情况下的检验统计量，推导出了这些统计量的极限分布，分析了其有限样本下的统计特性；讨论了在局部平稳性未知的条件下的模型设定问题。

（2）本书提出了新的基于 STAR 模型框架下的单位根检验方法，并构造了两个序贯检验程序，用于区分数据是线性 $I(0)$ 过程还是 STAR 类 $I(0)$ 过程。

（3）本书模拟分析了 STAR 模型样本矩的统计特性，模拟分析了六种信息准则在确定 STAR 模型最大滞后阶数中的适用性及稳健性。

（4）本书采用多区制 STAR 模型研究我国通胀率的周期阶段划分、通胀率周期波动的非线性和非对称性动态特征，以及通胀率不同阶段相互转移的路径及其内在机理。

第2章

完全平稳条件下的 STAR 模型

为讨论不同条件下的 STAR 模型，本书首先界定完全平稳与整体平稳 STAR 模型。完全平稳 STAR 模型是指局部各区制与整体均具有平稳性的 STAR 模型；整体平稳 STAR 模型则允许局部区制出现非平稳动态特性而整体上仍满足平稳遍历性条件。本章讨论完全平稳条件下的 STAR 模型，第 3 章讨论局部非平稳而整体平稳的 STAR 模型。本章内容包括：2.1 节介绍基本 STAR 模型及其平稳遍历性条件；2.2 节讨论 STAR 模型样本矩的统计特性；2.3 节讨论常用信息准则对选择 STAR 模型最大滞后阶数的有效性；2.4 节介绍 STAR 模型的建模策略；2.5 节是本章小结。

2.1 基本 STAR 模型与平稳遍历性

2.1.1 基本 STAR 模型

对于单变量时间序列 y_t，p 阶的两区制 STAR 模型 STAR（p）可以表述为

$$
\begin{aligned}
y_t = &(\phi_{10} + \phi_{11}y_{t-1} + \cdots + \phi_{1p}y_{t-p})[1 - F(s_t; \gamma, c)] + \\
&(\phi_{20} + \phi_{21}y_{t-1} + \cdots + \phi_{2p}y_{t-p})F(s_t; \gamma, c) + \varepsilon_t, \ t = 1, 2, \cdots, T
\end{aligned}
\tag{2.1}
$$

或者

$$
\begin{aligned}
y_t = &(\phi_{10} + \phi_{11}y_{t-1} + \cdots + \phi_{1p}y_{t-p}) + \\
&(\theta_{20} + \theta_{21}y_{t-1} + \cdots + \theta_{2p}y_{t-p})F(s_t; \gamma, c) + \varepsilon_t, \ t = 1, 2, \cdots, T
\end{aligned}
\tag{2.2}
$$

式中，$\theta_{20} = \phi_{20} - \phi_{10}, \theta_{2j} = \phi_{2j} - \phi_{1j}, \phi_{1j} \neq \phi_{2j}, j = 1,2,\cdots,p$，如果 $\phi_{1j} = \phi_{2j}$，则上述模型退化为线性的 AR 模型。为简便起见，本书假设误差项 ε_t 为一个鞅差分序列，且其条件方差为常数，当然，也可以将其扩展为服从自回归条件异方差情形下，如 Lundbergh 和 Teräsvirta（1999）。$F(s_t; \gamma, c)$ 表示平滑转移函数，是一个取值在 [0,1] 的平滑连续函数，s_t, γ, c 分别表示转移变量、转移速度参数及转移发生的位置参数，c 的取值称作阈值或门限值（threshold）。Teräsvirta（1994）假定 s_t 为内生变量的滞后变量，即 $s_t = y_{t-d}$，而 van Dijk 等（2002）则认为不应该约束转移变量的选取，转移变量既可以是内生变量的滞后项，也可以是其他外生变量（$s_t = z_t$），或者是滞后内生变量的函数，甚至也可以是确定性时间变量（$s_t = t$）。本书在下面的讨论中将沿用这一主张。

对于 STAR 模型的含义，van Dijk 等（2002）给出了两种不同的解释，其恰好分别对应于式（2.1）和式（2.2）。式（2.1）可以表示两个极端区制 [$F(s_t; \gamma, c)$ 分别取值 0 或者 1] 的加权平均，其权数是一个平滑转移函数，因此两区制 STAR 模型可以表示系统从一个区制到另一个区制的平滑转移过程，其转移速度取决于平滑转移速度系数 γ。式（2.2）则对应另外一种解释，即 STAR 模型可以看作若干连续区制的集合，$F(s_t; \gamma, c)$ 取值的不同对应于不同的区制，且这些区制间相互转移具有连续平滑性，而 $F(s_t; \gamma, c)$ 取 0 或 1 时的区制只是集合中的两个极端区制。从应用的角度出发，式（2.1）的解释更具有可操作性，其经济学含义也更为直观，而式（2.2）的解释在理论演绎及数学推导中会有较大优势，因此，本书在下面的讨论中会根据不同的研究目的采用不同的表达式及相应的解释含义。

常用的 $F(s_t; \gamma, c)$ 有两种函数形式，logistic 函数及指数函数，如下所示：

$$F(s_t; \gamma, c) = \{1 + \exp[-\gamma(s_t - c)]\}^{-1}, \quad \gamma > 0 \tag{2.3}$$

$$F(s_t; \gamma, c) = 1 - \exp[-\gamma(s_t - c)^2], \quad \gamma > 0 \tag{2.4}$$

式（2.3）和式（2.4）所对应的 STAR 模型分别被称作 LSTAR 模型及 ESTAR 模型。

logistic 函数是单调递增函数，随着转移变量取值的增加，$F(s_t; \gamma, c)$ 的值增大，转移速度系数 γ 与门限值 c 决定着转移函数曲线的形态和位置。我们采用式（2.1）的解释，当转移变量取值超过门限值时，系统由一个区制转向另一个区制。

当 $\gamma \to \infty$ 时，式（2.3）中 $F(s_t;\gamma,c)$ 的值在 $s_t = c$ 处会瞬间在 0 与 1 之间转换，从而使得系统从一个区制转移到另一个区制，此时式（2.1）和式（2.3）所表示的 LSTAR 模型退化为门限自回归模型（TAR）；而当 $\gamma \to 0$ 时，$F(s_t;\gamma,c)$ 的取值接近常数 0.5，从而数据生成过程近似为 AR 模型。我们模拟了一个 LSTAR（1）过程，其样本容量为 100，数据生成过程为

$$y_t = 0.2y_{t-1} \times [1 - F(s_t;\gamma,c)] + 0.4y_{t-1} \times F(s_t;\gamma,c) + \varepsilon_t$$
$$\varepsilon_t \sim \text{iid}N(0,1), \ y_0 \sim \text{iid}N(0,1) \tag{2.5}$$

式中，$F(s_t;\gamma,c)$ 为式（2.3）表示的 logistic 函数形式。选取 y_{t-1} 作为转移变量，图 2.1 显示了不同转移速度系数及门限值所对应的转移函数曲线，图中的 F_1、F_2 和 F_3 分别对应三种情况下的转移函数[①]。图 2.1（a）的门限值固定为 0 不变，而 γ 分别取值 1、5 及 20；图 2.1（b）的转移速度系数 γ 为 5，而 c 分别取值 -1、0 及 1。可以看出，随着转移速度系数的增大，转移函数曲线变得更加陡峭，表明区制间的转移速度随之增大，由于门限值固定不变，转移函数曲线在"原位置"变形，这也导致分布在极端区制的样本点发生变化，即随着转移速度的增加，样本数据处在极端区制的数量增加，而在中间平滑转移的样本点减少。图 2.1（b）

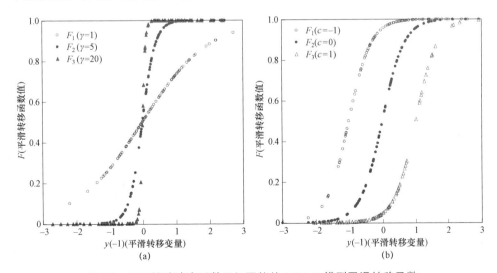

图 2.1　不同转移速度系数及门限值的 LSTAR 模型平滑转移函数

---

① 图中的 $y(-1)$ 表示平滑转移变量 y_{t-1}。

则是另一种情况，转移速度系数不变而门限值发生变化，所以转移函数曲线的形状基本不发生变化，而位置则随门限值的增加而右移，这也使得分布在两个极端区制的样本点数量发生变化。

如果平滑转移函数是如式（2.4）的指数函数，则性质与 logistic 函数有所不同。当 $\gamma \to 0$ 或 $\gamma \to \infty$ 时，转移函数值接近为常数，因而 ESTAR 模型退化为线性的 AR 模型。当 $s_t \to -\infty$ 或者 $s_t \to \infty$ 时，$F(s_t; \gamma, c) \to 1$；而当 $s_t = c$ 时，$F(s_t; \gamma, c) = 0$。可见，一个含有两区制的 ESTAR 模型，其不同区制间相互转移的路径有两条，或者通过大于门限值的路径，或者经由小于门限值的路径来完成。为了更为直观地了解 ESTAR 模型的转移模式，我们考虑如下数据生成过程：

$$y_t = 0.2 y_{t-1} \times [1 - F(s_t; \gamma, c)] + 0.4 y_{t-1} \times F(s_t; \gamma, c) + \varepsilon_t$$
$$\varepsilon_t \sim \text{iid} N(0, 0.01), \quad y_0 \sim \text{iid} N(0, 0.01) \tag{2.6}$$

式中，$F(s_t; \gamma, c)$ 为式（2.4）表示的指数函数形式，选取 y_{t-1} 作为转移变量，样本容量同样为 100，图 2.2（a）所示的门限值固定为 0 不变，而 γ 分别取值 10、60 及 260；图 2.2（b）所示的转移速度系数 γ 为 60，而 c 分别取值 0、0.05 及 0.1。可以看出，如果门限值为 0 且不变，ESTAR 系统从中间区制转向外部区制会沿两条不同的路径完成，且机会几乎是同等的，转移速度随着 γ 值的增加而加快，

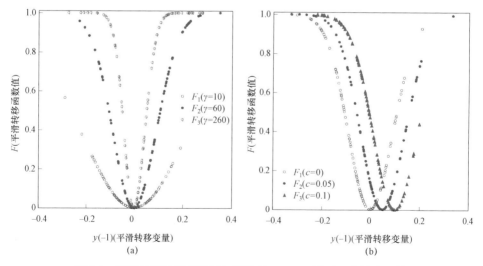

图 2.2　不同转移速度系数及门限值的 ESTAR 模型平滑转移函数

因而转移函数曲线的形状变得陡峭，两条路径的间距也随之变窄；另外，如果门限值逐渐变大，则系统试图通过大于门限值这条路径完成区制转移变得更加困难，因而转移函数曲线右半部分的样本点逐渐减少，样本点主要集中在更容易完成区制转移的路径上，如图 2.2（b）所示。

同样，对于一个两区制的 LSTAR 模型而言，也存在类似上述 ESTAR 的转移过程。Jansen 和 Teräsvirta（1996）提出一个二次 LSTAR 模型，其平滑转移函数是一个二次 logistic 函数：

$$F(s_t; \gamma, c) = \left\{ 1 + \exp\left[-\gamma(s_t - c_1)(s_t - c_2) \right] \right\}^{-1}, \ c_1 \leqslant c_2, \gamma > 0 \tag{2.7}$$

这样，当系统处在下区制时，可由两种路径转移到上区制，即 $s_t < c_1$ 或者 $s_t > c_2$；而当 $c_1 < s_t < c_2$ 时，系统开始由上区制向下区制转移。并且，这种模型的好处还在于，当 $\gamma \to \infty$ 且 $c_1 \neq c_2$ 时，LSTAR 模型仍退化为 TAR 模型。van Dijk 等（2002）将其扩展为更一般的 n 次 LSTAR 模型：

$$F(s_t; \gamma, c) = \left\{ 1 + \exp\left[-\gamma \prod_{i=1}^{n} (s_t - c_i) \right] \right\}^{-1}, \ c_1 \leqslant c_2 \leqslant \cdots \leqslant c_n, \gamma > 0 \tag{2.8}$$

这样，系统在两个区制之间相互转移的路径变得更多。但在实际的应用中，我们更多的是采用一次 LSTAR 模型或 ESTAR 模型。

式（2.1）中的两区制 STAR 模型自然可以扩展到多区制情形下，van Dijk 和 Franses（1999）对此做了系统阐述，本章将在 2.4 节中简单介绍多区制 STAR 模型的建模问题。

2.1.2 STAR 序列的平稳遍历性

平稳性与遍历性是时间序列理论中非常重要的概念。对于一个随机过程，如果随机变量的任意子集的联合分布函数与时间无关，则称其为强平稳过程；如果仅是 m 阶以下的矩的取值全部与时间无关，则称该过程为 m 阶平稳过程。在应用中，通常我们只考虑二阶平稳（协方差平稳）过程，相应地，称之为弱平稳过程。对于时间序列的遍历性，Greene（2002）认为是"非常微妙和困难的概念"（much more subtle and difficult concept），尽管有很多表述方法，但"没有哪个特别符合直觉"，他引用 Davidson 和 Mackinnon（1993）的定义：

给定一个时间序列 z_t，如果对于任意两个映射 $f: \mathbf{R}^a \to \mathbf{R}^1$，$g: \mathbf{R}^b \to \mathbf{R}^1$，都有

$$
\begin{aligned}
&\lim_{k\to\infty}\left|E[f(z_t,z_{t+1},\cdots,z_{t+a})g(z_{t+k},z_{t+k+1},\cdots,z_{t+k+b})]\right| \\
&=\left|E[f(z_t,z_{t+1},\cdots,z_{t+a})]\right|\left|E[g(z_{t+k},z_{t+k+1},\cdots,z_{t+k+b})]\right|
\end{aligned}
\tag{2.9}
$$

那么，这个过程就是遍历的。这个定义从本质上表明，如果事件在时间维度上隔得足够远，那么它们就是渐近独立的。只有时间序列具备遍历性特征，参数估计以及相关的假设检验才有意义。但是，求解一个时间序列具有遍历性的充分必要条件却是相当困难的事情，因此，在大多数情况下，遍历性都将是一个给定的条件。

已有文献对于 STAR 序列的平稳遍历性的讨论并不多见。Chan 和 Tong（1986）考虑一个 STAR 模型[①]：

$$
\begin{aligned}
x_t &= (a_0 + a_1 x_{t-1} + \cdots + a_p x_{t-p}) + \\
&\quad (b_0 + b_1 x_{t-1} + \cdots + b_p x_{t-p})F\left(\frac{x_{t-d}-r}{z}\right) + e_t \ , \ t=1,2,\cdots,T
\end{aligned}
\tag{2.10}
$$

式中，e_t 为独立同分布序列，其均值为 0 且具有有限二阶矩，并且独立于 x_{t-d}，$p \geqslant 1, d \geqslant 1$；$F(\cdot)$ 为标准正态分布的分布函数；x_{t-d} 为转移变量；r 表示门限值；z 是一个实参数，其值的大小决定着转移函数的平滑程度。

Chan 和 Tong（1986）给出了一阶 STAR 序列遍历性的充分和几乎必要条件（almost necessary condition），即当 $p=1$，$d=1$ 时，式（2.10）具有遍历性的充分几乎必要条件为：$a_1 < 1, a_1 + b_1 < 1, a_1(a_1 + b_1) < 1$。或者满足如下条件：

$$
\sup_{0\leqslant\theta\leqslant1}\left(\sum_{i=1}^{p}\left|a_i + \theta b_i\right|\right) < 1
\tag{2.11}
$$

式（2.10）表示的 p 阶 STAR 模型具有平稳性，当然他们承认这仅是一个很强的充分条件[②]。

---

① 符号与原文保持一致，本质上式（2.10）与式（2.2）相同。

② 原文未对式（2.11）中的 θ 给予解释，笔者认为应该是 $F(\cdot)$ 的取值，这使得 θb_i 有界，因此，式（2.11）本质上是线性模型下的充分条件，对于 STAR 模型而言，这个条件却是不必要的。

　　Nur（1998）同样研究了一阶 STAR 序列遍历性问题，他将式（2.10）的 $F(\cdot)$ 函数扩展为任意分布的分布函数，并且给出了如下几种情况下遍历性的充分条件或必要条件。

　　（1）如果 $p=1$，$d=1$，且式（2.10）所表示的 STAR 序列是遍历的，则有 $a_1 \leqslant 1, a_1 + b_1 \leqslant 1, a_1(a_1 + b_1) \leqslant 1, b_1 \neq 0$。

　　（2）如果 $F(\cdot)$ 是薄尾分布的分布函数，即当 $x \to \infty, x(1-F(x)) \to 0$，以及当 $x \to -\infty, xF(x) \to 0$ 时，一阶 STAR 模型遍历的充分条件为：$a_1 < 1, a_1 + b_1 < 1$，$a_1(a_1 + b_1) < 1$，满足这个条件的分布有正态分布、Laplace 分布、Gamma 分布、对数正态分布、Beta 分布、指数分布、F 分布、t 分布等；对于一些特殊的薄尾分布，如果满足 $x > k_1, 0 < k_1 < \infty, x[1-F(x)]=0$，以及 $x < -k_1, xF(x)=0$，此时的充分条件同样也是必要条件。

　　（3）如果 $F(\cdot)$ 是厚尾分布的分布函数，即当 $x \to \infty, x[1-F(x)] \to k_1, k_1 > 0$，以及当 $x \to -\infty, xF(x) \to k_2, k_2 < 0$，$k_1$ 与 k_2 既可以是有限值也可以无穷时，一阶 STAR 模型遍历的充分条件为：$a_1 \leqslant 1, a_1 + b_1 \leqslant 1, a_1(a_1 + b_1) < 1$，满足这个条件的分布有 Cauchy 分布和 Pareto 分布。

　　（4）如果 $F(\cdot)$ 是左尾厚右尾薄的分布的分布函数，则一阶 STAR 模型遍历的充分条件为：$a_1 \leqslant 1, a_1 + b_1 < 1, a_1(a_1 + b_1) < 1$；如果 $F(\cdot)$ 是左尾薄右尾厚的分布的分布函数，则遍历性的充分条件为：$a_1 < 1, a_1 + b_1 \leqslant 1, a_1(a_1 + b_1) < 1$。

　　此外，Chen 和 Tsay（1993）提出了函数系数自回归模型（functional-coefficient autoregressive models，FAR）：

$$x_t = f_1(X_{t-1}^*)x_{t-1} + \cdots + f_p(X_{t-1}^*)x_{t-p} + \varepsilon_t, \ X_{t-1}^* = (x_{t-i_1}, x_{t-i_2}, \cdots, x_{t-i_k})' \quad (2.12)$$

假设系数函数 $f_i(\cdot)$ 有界，$|f_i(\cdot)| \leqslant c_i$，并且 ε_t 的密度函数在实数域内处处为正，如果特征多项式 $\lambda^p - c_1\lambda^{p-1} - \cdots - c_p = 0$ 的根都在单位圆内，则 FAR 过程具有几何遍历性。

　　考虑到 STAR 模型是 FAR 模型的一个特例，并且平滑转移函数有界（小于等于 1），误差项 ε_t 的密度函数在实数域内处处为正，因此，根据式（2.1）或式（2.2）中两区制自回归系数的和，我们可以构建特征多项式，进而求出遍历性的充分条件解。但这种做法实际上是让 STAR 模型退化为线性 AR 模型，其条件过强，同时也是不必要的。

对于 STAR 模型的平稳性与遍历性，已有文献仅就一阶 STAR 模型且转移变量为一阶滞后项的情况做了较为完备的讨论，而在更为一般条件下，STAR 模型的平稳性与遍历性条件仍在探讨之中。本书下面的讨论中，如未作特殊说明，所有时间序列均假定为平稳遍历过程。

▊ 2.2　STAR 模型样本矩的统计特性[①]

关于 STAR 模型总体矩的特性，目前尚未有文献做过讨论，本节通过分析样本矩的统计特性对总体矩进行推断，试图以此获悉更多关于 STAR 模型的统计性质。

Hamilton（1994）总结了协方差平稳过程的样本均值及样本二阶矩的极限分布，在具有序列相关的情形下，样本均值及样本方差仍然依概率收敛于总体均值及总体方差。Kendall 和 Stuart（1969）讨论了独立正态分布序列的样本偏度估计量与样本峰度估计量的极限分布，即 $\sqrt{T}\hat{\tau} \xrightarrow{d} N(0,6)$，$\sqrt{T}(\hat{\kappa}-3) \xrightarrow{d} N(0,24)$，其中，$\hat{\tau},\hat{\kappa}$ 分别表示偏度估计量与峰度估计量。Bai 和 Ng（2005）讨论了弱相关序列的样本偏度与样本峰度，并且序列可以是非线性的，令 μ_r,τ,κ 分别表示总体 r 阶矩、总体偏度及总体峰度，则有

$$\mu_r = E[(x-\mu)^r]$$
$$\tau = \frac{\mu_3}{\sigma^3} = \frac{E[(x-\mu)^3]}{E[(x-\mu)^2]^{3/2}} \qquad (2.13)$$
$$\kappa = \frac{\mu_4}{\sigma^4} = \frac{E[(x-\mu)^4]}{E[(x-\mu)^2]^2}$$

$$\sqrt{T}(\hat{\tau}-\tau) \xrightarrow{d} N\left(0, \frac{\alpha_2 \Gamma_{22} \alpha_2'}{\sigma^6}\right) \qquad (2.14)$$

$$\sqrt{T}(\hat{\kappa}-\kappa) \xrightarrow{d} N\left(0, \frac{\beta_2 \Omega \beta_2'}{\sigma^8}\right) \qquad (2.15)$$

上述这些研究表明，对于非线性序列而言，样本均值、样本方差、样本偏度及

---

① 本节部分内容发表在《统计与信息论坛》2013 年第 6 期。

样本峰度仍然是总体均值、总体方差、总体偏度及总体峰度的一致估计量。因此，可以通过分析 STAR 模型样本矩的性质获悉更多关于总体矩的性质。下面我们通过随机模拟方法分析 STAR 模型样本矩的统计特性。考虑如下 LSTAR（1）模型[①]：

$$y_t = ay_{t-1} \times [1 - F(s_t; \gamma, c)] + by_{t-1} \times F(s_t; \gamma, c) + \varepsilon_t, \quad t = 1, 2, \cdots, T$$
$$F(s_t; \gamma, c) = \{1 + \exp[-\gamma(y_{t-1} - c)]\}^{-1}, \quad \gamma > 0 \qquad (2.16)$$
$$\varepsilon_t \sim \text{iid}N(0,1), \quad y_0 \sim \text{iid}N(0,1)$$

式中，自回归系数 $a = \{0.1, 0.2, \cdots, 0.9\}^{②}$，$b = \{0.1, 0.2, \cdots, 0.9\}$，满足 STAR 模型平稳遍历的充分条件；样本容量 $T = \{100, 500, 1\,000, 2\,000, 5\,000, 10\,000, 20\,000\}$；门限值 $c = \{-3.0, -2.9, \cdots, 2.9, 3.0\}$ 共 61 个数；平滑转移速度系数 $\gamma = \{1, 2, \cdots, 30\}$ 共 30 个数。我们设定一个基准的 STAR 模型：$a = 0.2$，$b = 0.4$，$c = 0$，$\gamma = 5$，$T = 100$。当分析某个参数变化对样本矩的影响时，只改变这个参数值，而其他参数值保持在基准模型不变，如分析不同门限值对样本均值的影响，我们只改变数据生成过程中的 c 值，而其他参数均与基准模型相同。在样本容量小于 10 000 时，Monte Carlo 模拟次数均为 10 000 次；当样本容量超过 20 000 时，Monte Carlo 模拟次数与样本容量相同。

下面分别分析不同自回归系数、门限值、平滑转移速度对样本均值分布、样本方差分布、样本偏度分布及样本峰度分布的影响。其中，样本均值 $\bar{y}$、样本方差 s^2、样本偏态 $\hat{\tau}$、样本峰态 $\hat{\kappa}$ 分别表示为

$$\bar{y} = \frac{1}{T} \sum_{t=1}^{T} y_t$$
$$s^2 = \frac{1}{T} \sum_{t=1}^{T} (y_t - \bar{y})^2$$
$$\hat{\tau} = \frac{1}{T} \sum_{t=1}^{T} \left(\frac{y_t - \bar{y}}{\hat{\sigma}} \right)^3 \qquad (2.17)$$
$$\hat{\kappa} = \frac{1}{T} \sum_{t=1}^{T} \left(\frac{y_t - \bar{y}}{\hat{\sigma}} \right)^4$$
$$\hat{\sigma} = s\sqrt{(T-1)/T}$$

---

① ESTAR 模型会得到类似的结论，本书此处不做讨论。

② 本章我们均采用此方式表示参数的取值。

2.2.1 STAR 模型样本均值的统计特性

首先，分析不同样本容量下抽样均值的分布。图 2.3 显示了核密度估计的样本均值概率密度分布，可以看出，分布均具有较好的对称性，随着样本容量的增加，其方差逐渐变小。表 2.1 给出了在这些样本容量下，基准数据生成过程的样本均值的描述性统计指标，从 JB 统计量可以看出，当样本容量超过 500 后，样本均值服从正态分布，这与理论分析相吻合，即样本均值渐近服从正态分布。

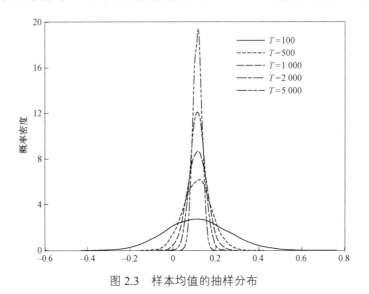

图 2.3　样本均值的抽样分布

表 2.1　样本均值的描述性统计分析

样品名称	$T=100$	$T=500$	$T=1\ 000$	$T=2\ 000$	$T=5\ 000$
均值	0.113	0.114	0.114	0.114	0.114
中位数	0.111	0.115	0.115	0.114	0.115
标准差	0.145	0.065	0.046	0.033	0.021
偏度系数	0.085	0.004	0.005	0.027	0.002
峰度系数	2.981	3.050	3.066	3.045	2.947
JB 统计量值	12.259	1.072	1.849	2.093	1.193
JB 统计量 p 值	0.002	0.585	0.397	0.351	0.551

最令人感兴趣的是，图 2.3 中的概率密度并不关于 0 对称，表 2.1 中的均值随着样本容量的增加，将稳定为 0.114 而不是 0，这意味着样本均值的期望可能不是 0，而样本均值又是依概率收敛于总体均值的，这就意味着总体均值可能也不是 0，但数据生成过程中并不含有常数项，初始值与误差项也均是 0 均值的，如果按照线性模型的逻辑分析，总体均值一定是 0。由此可见，对于 STAR 模型的总体均值，我们并不能按照线性模型的逻辑去分析，即使数据生成过程中不含有常数项，STAR 模型的总体均值也可能不是 0。下面我们试着从理论上对此给予解释。

在线性模型中，Wold 分解定理得到广泛应用，但 Teräsvirta 等（2010）指出 Wold 分解定理仅是均方意义下对序列的识别，而对于非线性模型，应该使用更一般的 Volterra 展开式：

$$y_t = \sum_{i=0}^{q} \theta_i \varepsilon_{t-i} + \sum_{i=0}^{q} \sum_{j=i}^{q} \theta_{ij} \varepsilon_{t-i} \varepsilon_{t-j} + \sum_{i=0}^{q} \sum_{j=i}^{q} \sum_{k=j}^{q} \theta_{ijk} \varepsilon_{t-i} \varepsilon_{t-j} \varepsilon_{t-k} + \cdots \quad (2.18)$$

式中，$\theta_0 = 1, \varepsilon_t \sim \text{iid}(0, \sigma^2)$。显然，Wold 分解定理仅是式（2.18）的一个线性特例。对式（2.18）的等号两边求期望可知，当 ε_t 的高阶矩不是 0 时，y_t 的均值就不是 0，从而从理论上解释了上述情况。

下面我们分析自回归系数 a、b 对样本均值分布的影响。表 2.2 给出了不同的 a、b 值对 STAR 生成过程样本均值的均值的影响，当 $a=b$ 时，数据生成过程退化为线性模型，因此，其样本均值的均值都接近于 0。从表 2.2 可以看出，自回归系数显著影响样本均值的分布，当 STAR 模型的下区制自回归系数小于上区制自回归系数时，样本均值的均值是正数，并且随着上区制自回归系数的增加而增大；当 STAR 模型的下区制自回归系数大于上区制自回归系数时，样本均值的均值是负数，并且随着下区制自回归系数的增加而减小。据此，我们推断总体均值也应具有相同的特征，因为样本均值是总体均值的一致估计量。之所以出现如此特征，我们认为式（2.16）所表示的数据生成过程中没有参与平滑转移的部分 ay_{t-1}，不含有常数项，所以它并不影响总体均值，总体均值是由 $(b-a)y_t$ 值，即平滑转移部分所决定的，当 $b-a>0$ 时，总体均值为正，且其值越大，总体均值就越大；当 $b-a<0$ 时，总体均值为负，且其值越小，总体均值就越小。但这也

仅是我们的直观推测，至于其背后所隐含的实际原理，需要求解 STAR 模型总体期望值的解析解才能获悉，而这是相当困难的工作，目前我们尚未发现有文献涉猎于此。

表 2.2　自回归系数对样本均值的均值的影响

a	b								
	0.1	0.2	0.3	0.4	0.5	0.6	0.7	0.8	0.9
0.1	0	0.04	0.09	0.16	0.23	0.34	0.47	0.71	1.21
0.2	−0.04	0	0.05	0.11	0.19	0.29	0.43	0.66	1.15
0.3	−0.10	−0.05	0	0.06	0.14	0.24	0.38	0.61	1.10
0.4	−0.16	−0.11	−0.06	0	0.07	0.17	0.32	0.55	1.03
0.5	−0.23	−0.19	−0.14	−0.08	0	0.10	0.24	0.47	0.96
0.6	−0.34	−0.29	−0.23	−0.18	−0.10	0	0.14	0.37	0.86
0.7	−0.47	−0.43	−0.38	−0.32	−0.24	−0.14	−0.01	0.23	0.72
0.8	−0.71	−0.66	−0.61	−0.55	−0.46	−0.37	−0.23	0	0.50
0.9	−1.20	−1.16	−1.10	−1.04	−0.96	−0.85	−0.72	−0.49	0

　　图 2.4 显示了不同自回归系数下 STAR 模型样本均值的分布。其中，图 2.4（a）中下区制的自回归系数 a 固定为 0.1，而上区制自回归系数 b 分别取 0.2、0.5 及 0.9，可以看出，随着 b 值的增大，STAR 模型的样本均值分布向右移，均值增大且方差变大；图 2.4（b）中上区制自回归系数固定为 0.9，而下区制自回归

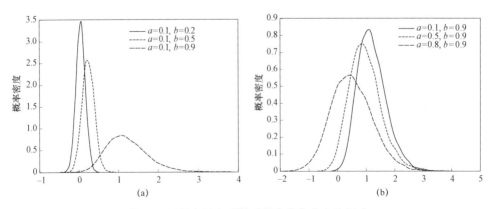

图 2.4　不同自回归系数对样本均值分布的影响

系数 a 分别取 0.1、0.5 及 0.8，随着 a 取值的增加，样本均值分布向左移，均值变小但方差变大。

图 2.5 与图 2.6 显示了不同门限值对样本均值分布的影响。其中，门限值取值在 $[-3,3]$，以保证数据在两个区制间的分布不至于过于极端，而其他参数与基准 STAR 模型相同。从图 2.5 可以看出，当门限值取 0 时，即我们所定义的基准 STAR 数据生成过程，此时样本均值的均值最大，约为 0.114，而门限值较大或门限值较小时，样本均值的均值都较小。据此可推断，数据在两个平滑转移区制间分布得越均匀，STAR 模型总体均值越大；而当数据更多地集中在某一个转移区制时，STAR 模型总体均值较小，极端的情况是，所有数据完全集中在某一个区制时，STAR 模型退化为线性 AR 模型，此时总体均值为 0。

图 2.6 显示了不同门限值对样本均值分布的影响，当 $c=0$ 时，样本均值的均值最大，因此其分布右移，而当 $c=-3$ 或 $c=3$ 时，样本均值的均值相近，而 $c=3$ 所对应的分布倾向于有更小的方差。

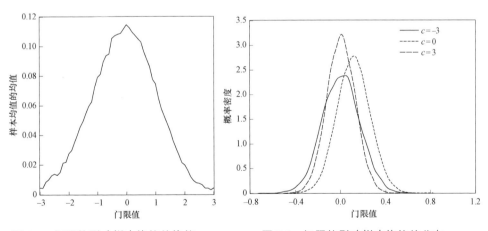

图 2.5　门限值影响样本均值的均值　　　　图 2.6　门限值影响样本均值的分布

图 2.7 与图 2.8 显示了数据生成过程中平滑转移速度参数的变化对样本均值分布的影响。从图 2.7 可以看出，随着转移速度的增加，样本均值的均值先增加，然后稳定在 0.115 左右，即当转移速度系数超过 6 后，其对样本均值的均值影响不再显著；这从图 2.8 的样本均值分布中也可以看出，$\gamma=4$，$\gamma=10$ 与 $\gamma=30$ 所对应的分布差异不大，而 $\gamma=1$ 所对应的分布，其均值明显小于其他三个分布。

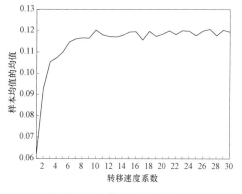

图 2.7　转移速度系数影响样本均值的均值

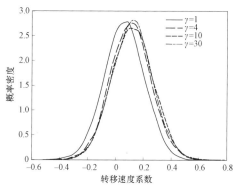

图 2.8　转移速度系数影响样本均值的分布

2.2.2　STAR 模型样本方差的统计特性

　　按照上述类似的步骤分析 STAR 模型样本方差的统计特性。图 2.9 显示了样本方差在不同样本容量下的分布，可以看出这些分布均具有很好的对称性，结合表 2.3 中的描述性统计分析，可知当样本容量超过 10 000 后，样本方差的分布开始近似为正态分布，即样本方差渐近服从正态分布，样本方差的均值稳定在 1.111 左右，但相比较于样本均值，其收敛速度很慢。

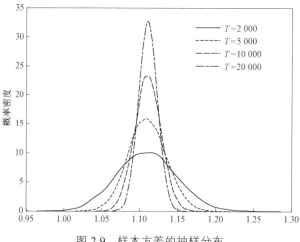

图 2.9　样本方差的抽样分布

表 2.3 样本方差的描述性统计分析

样本名称	$T = 1\,000$	$T = 2\,000$	$T = 5\,000$	$T = 10\,000$	$T = 20\,000$
均值	1.108	1.110	1.110	1.111	1.111
中位数	1.108	1.109	1.110	1.111	1.111
标准差	0.055	0.039	0.025	0.017	0.012
偏度系数	0.121	0.129	0.085	0.043	0.033
峰度系数	3.168	3.016	2.975	3.003	3.001
JB 统计量值	36.253	28.024	12.346	3.095	1.775
JB 统计量 p 值	0	0	0.002	0.213	0.412

表 2.4 给出了不同区制下自回归系数对样本方差的均值的影响,当 $a = b$ 时,STAR 模型退化为线性 AR 模型,其总体方差为 $1/(1-a^2)$,但在小样本下,样本方差与总体方差仍有较大差距,所以,表 2.4 中主对角线上的数值未必满足 $1/(1-a^2)$。可以看出,表 2.4 中的样本方差基本上是对称的,其数值随着 a^2 及 $(b-a)^2$ 值的增加而增大。由此可以推断,STAR 模型的总体方差依赖于非平滑转移部分 a^2 以及平滑转移部分 $(b-a)^2$,并且总体方差随着 a^2 及 $(b-a)^2$ 值的增加而增大。

表 2.4 自回归系数对样本方差的均值的影响

a	b								
	0.1	0.2	0.3	0.4	0.5	0.6	0.7	0.8	0.9
0.1	1.00	1.01	1.04	1.07	1.13	1.21	1.36	1.66	2.45
0.2	1.01	1.02	1.05	1.09	1.15	1.23	1.39	1.69	2.49
0.3	1.03	1.05	1.08	1.11	1.18	1.27	1.42	1.73	2.54
0.4	1.07	1.09	1.12	1.16	1.22	1.32	1.48	1.78	2.60
0.5	1.13	1.15	1.18	1.23	1.29	1.39	1.56	1.87	2.69
0.6	1.21	1.24	1.27	1.32	1.39	1.49	1.67	1.97	2.79
0.7	1.37	1.39	1.42	1.48	1.56	1.66	1.84	2.15	3.01
0.8	1.65	1.68	1.73	1.78	1.87	1.98	2.15	2.49	3.35
0.9	2.44	2.50	2.54	2.61	2.68	2.82	3.01	3.33	4.18

图 2.10 显示了不同自回归系数对 STAR 样本方差分布的影响。其中图 2.10 (a) 中下区制自回归系数 a 固定为 0.1,而上区制自回归系数 b 分别取 0.2、0.5

及 0.9，可以看出，随着 b 值的增大$(b-a)^2$增大，STAR 模型的样本方差分布向右移，其均值增大且方差变大；图 2.10（b）中上区制自回归系数 b 固定为 0.9，下区制自回归系数 a 分别取 0.1、0.5 及 0.8，随着 a 值的增加 a^2 增大，而$(b-a)^2$减小，但其和在增加，所以，样本方差分布仍然向右移，其均值变大，同时方差也变大。可见，样本方差的分布与 a^2 及 $(b-a)^2$ 值有关，随着 a^2 及 $(b-a)^2$ 值的增大，样本方差的分布具有更大的均值和方差。

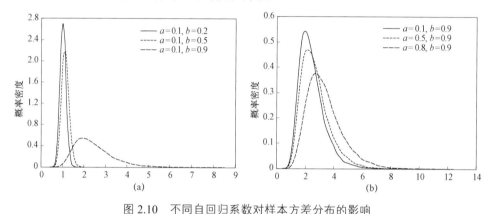

图 2.10　不同自回归系数对样本方差分布的影响

图 2.11 与图 2.12 显示了门限值对样本方差分布的影响。可以看出，随着门限值的增加，样本方差的均值逐渐下降，由此推断，STAR 生成过程的总体方差也有可能随门限值的增加而下降。图 2.12 的样本方差分布也显示，随着门限值增加，样本方差的分布左移，其均值与方差都变得更小。

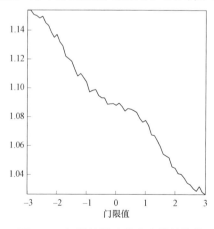

图 2.11　门限值影响样本方差的均值

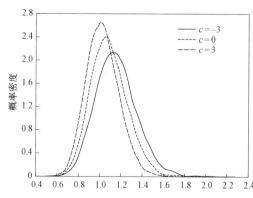

图 2.12　门限值影响样本方差的分布

图 2.13 与图 2.14 是转移速度系数对样本方差的均值及分布的影响。从图 2.13 可以看出，不同转移速度系数所对应的样本方差的均值都比较接近，没有显著的差异，这从图 2.14 的分布上也能看出来，$\gamma=1$，$\gamma=10$ 与 $\gamma=30$ 所对应的样本方差的分布差异不大，几乎重合。可见，数据生成过程中的平滑转移速度系数不影响样本方差的分布，由此推断，STAR 模型中的平滑转移速度可能并不影响总体方差。

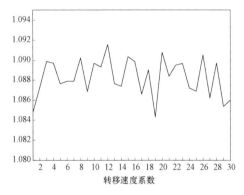

图 2.13　转移速度系数影响样本方差的均值

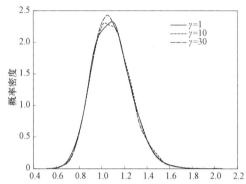

图 2.14　转移速度系数影响样本方差的分布

2.2.3　STAR 模型样本偏态的统计特性

本节分析 STAR 模型样本偏态的统计特性。图 2.15 给出了样本偏态在不同样本容量下的分布，可以看出这些分布均具有很好的对称性，结合表 2.5 中的描述

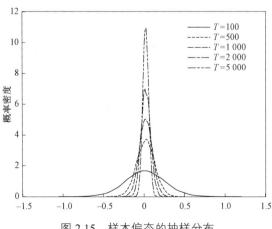

图 2.15　样本偏态的抽样分布

性统计分析，可知当样本容量超过 1 000 后，样本偏态的分布开始近似为正态分布，即样本偏态渐近服从正态分布，从基准 STAR 模型的数据生成过程看，随着样本容量的增大，样本偏态的均值稳定在 0.024 左右而不是 0，由此可推断，即使数据生成过程中的误差项服从正态分布，STAR 模型也有可能呈右偏分布。

表 2.5 样本偏态的描述性统计分析

样本名称	$T=100$	$T=500$	$T=1\,000$	$T=2\,000$	$T=5\,000$
均值	0.014	0.022	0.024	0.024	0.024
中位数	0.013	0.023	0.024	0.023	0.024
标准差	0.245	0.112	0.079	0.057	0.036
偏度系数	0.022	−0.019	−0.002	0.026	−0.010
峰度系数	3.228	3.142	3.053	3.074	2.960
JB 统计量值	22.480	8.952	1.162	3.371	0.828
JB 统计量 p 值	0	0.011	0.559	0.185	0.661

表 2.6 给出了不同的 a、b 值对样本偏态的均值的影响，当 $a=b$ 时，数据生成过程退化为线性模型，因此，其样本偏态的均值都接近于 0，即总体线性模型是对称的。从表 2.6 可以看出，自回归系数显著影响样本偏态的均值，其影响模式与样本均值的情况类似。当 STAR 模型的下区制自回归系数小于上区制自回归系数时，样本偏态的均值是正数，并且随着上区制自回归系数的增加而增大；当 STAR 模型的下区制自回归系数大于上区制自回归系数时，样本偏态的均值是负数，并且随着下区制自回归系数的增加而减小。据此可推断，总体偏态也应具有相同的特征，因为样本偏态是总体偏态的一致估计量。

表 2.6 自回归系数对样本偏态的均值的影响

a	b								
	0.1	0.2	0.3	0.4	0.5	0.6	0.7	0.8	0.9
0.1	0	0	0.01	0.02	0.03	0.06	0.12	0.18	0.28
0.2	0	0	0	0.01	0.04	0.06	0.11	0.19	0.27
0.3	0	−0.01	0	0.01	0.03	0.06	0.11	0.18	0.27

续表

a	b								
	0.1	0.2	0.3	0.4	0.5	0.6	0.7	0.8	0.9
0.4	−0.01	−0.01	−0.01	0	0.02	0.05	0.10	0.17	0.25
0.5	−0.03	−0.03	−0.03	−0.02	0	0.02	0.07	0.15	0.24
0.6	−0.06	−0.06	−0.06	−0.05	−0.03	0	0.05	0.12	0.22
0.7	−0.11	−0.11	−0.11	−0.09	−0.08	−0.05	0	0.07	0.17
0.8	−0.18	−0.19	−0.18	−0.17	−0.15	−0.11	−0.07	−0.01	0.10
0.9	−0.27	−0.27	−0.27	−0.26	−0.24	−0.21	−0.17	−0.10	0

　　所以，即使数据生成过程中的误差项是对称的，STAR 模型可能也不是对称的，具体是左偏分布还是右偏分布，是由 $b-a$ 值，即平滑转移部分所决定的，当 $b-a>0$ 时，总体偏态为正，且其值越大，总体偏态就越大，此时 STAR 模型是右偏分布；当 $b-a<0$ 时，总体偏态为负，且其值越小，总体偏态就越小，此时 STAR 模型是左偏分布。同样，这也仅是直观推测，其背后所隐含的实际原理，需要求解 STAR 模型的总体偏态解析解才能获悉。

　　图 2.16 显示了不同自回归系数对 STAR 模型样本偏态分布的影响。其中图 2.16（a）固定下区制自回归系数 a 为 0.1，而上区制自回归系数 b 分别取 0.2、0.5 及 0.9，可以看出，随着 b 值的增大，STAR 模型的样本偏态的分布向右移，均值增大且方差变大；图 2.16（b）固定上区制自回归系数 b 为 0.9，下区制自

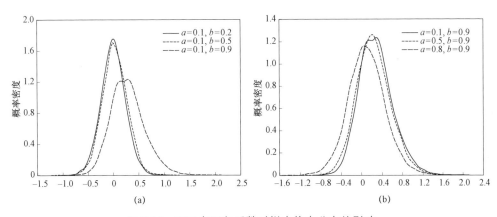

图 2.16　不同自回归系数对样本偏态分布的影响

回归系数 a 分别取 0.1、0.5 及 0.8，随着 a 取值的增加，样本偏态的分布向左移，均值变小但方差变大。

图 2.17 与图 2.18 显示了不同门限值对样本偏态均值及分布的影响。从图 2.17 可以看出，当门限值在 $[-3, -1]$ 时，样本偏态的均值将随着门限值的增加而有轻微的增加；当门限值在 $[-1, 1]$ 时，门限值的变化对样本偏态的均值影响并不显著，样本偏态的均值稳定在较高水平上；当门限值在 $[1, 3]$ 时，样本偏态的均值将随着门限值的增加而略有下降。据此可推断，当门限值为 $[-1, 1]$ 时，即数据较为均匀地分布在两个平滑转移区制时，STAR 模型总体偏态较大，数据表现为右偏分布；而当数据更多地集中在某一个转移区制时，STAR 模型总体偏态较小，极端的情况是，所有数据完全集中在某一个区制时，STAR 模型退化为线性 AR 模型，此时总体偏态为 0，数据表现为对称分布。从图 2.18 上看，不同门限值所对应的样本偏态的分布仅在均值上有较小的差异，而分布的形状与方差差异不大。

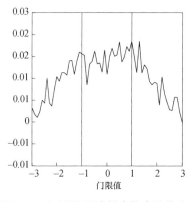

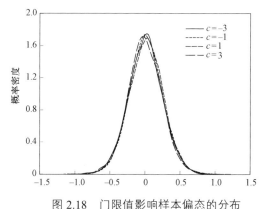

图 2.17　门限值影响样本偏态的均值　　图 2.18　门限值影响样本偏态的分布

图 2.19 与图 2.20 是转移速度系数对样本偏态的均值及其分布的影响。从图 2.19 可以看出，不同转移速度系数所对应的样本偏态的均值都比较接近，没有显著的差异，这从图 2.20 的分布上也能看出来，$\gamma = 1$，$\gamma = 10$ 与 $\gamma = 30$ 所对应的样本偏态的分布差异不大。可见，数据生成过程中的平滑转移速度系数不影响样本偏态的分布，由此可推断，STAR 模型中的平滑转移速度可能并不影响总体偏态，即改变数据生成过程中的平滑转移速度，数据的左偏还是右偏的分布特征基本不变。

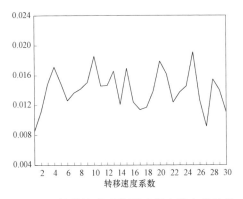

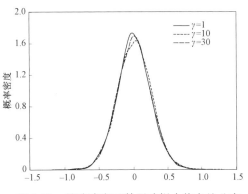

图 2.19　转移速度系数影响样本偏态的均值　　图 2.20　转移速度系数影响样本偏态的分布

2.2.4　STAR 模型样本峰态的统计特性

最后分析样本峰态的统计特性。图 2.21 所示为不同样本下样本峰态的抽样分布，可以看出，当样本容量很大时，其分布表现出很好的对称性。表 2.7 样本峰态的描述性统计分析中，在较大样本容量下，样本峰态的均值都是 3，说明当误差项服从正态分布时，STAR 模型的峰态与正态分布的峰态是相同的，但只有当样本容量超过 100 000 时，样本峰态才表现出具有正态分布特征，即在小样本条件下，样本峰态的分布并不是正态分布，同时也说明样本峰态的收敛速度非常慢，这与 Bai 和 Ng（2005）的结论相同，他们认为由于样本峰态的极限分布中含有总体四阶矩，而总体四阶矩的偏态值很大，导致样本峰度的收敛速度非常慢。

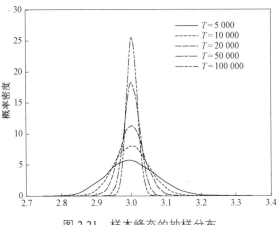

图 2.21　样本峰态的抽样分布

表 2.7　样本峰态的描述性统计分析

样本名称	$T=5\,000$	$T=10\,000$	$T=20\,000$	$T=50\,000$	$T=100\,000$
均值	3.00	3.00	3.00	3.00	3.00
中位数	3.00	3.00	3.00	3.00	3.00
标准差	0.07	0.05	0.04	0.02	0.02
偏度系数	0.23	0.14	0.14	0.06	0.04
峰度系数	3.09	2.98	3.06	2.93	3.02
JB 统计量值	90.30	33.18	36.00	7.69	3.54
JB 统计量 p 值	0	0	0	0.02	0.17

表 2.8 给出了 $T=100$ 时不同区制自回归系数对样本峰态的均值的影响，当 $a=b$ 时，STAR 模型退化为线性 AR 模型，所以，表 2.8 中主对角线上的数值是线性 AR 模型的样本峰态的均值。对比表 2.8 的数据，发现 STAR 模型的样本峰态均值与 AR 模型的样本峰态均值，在数值上差异很小，但在小样本条件下，样本峰态的分布不是正态分布，所以其峰态均值不是 3。由此可推断，STAR 模型的总体峰态可能与线性模型的总体峰态相同，且数据生成过程中的自回归系数不影响总体峰态值。

表 2.8　自回归系数对样本峰态的均值的影响

a	b								
	0.1	0.2	0.3	0.4	0.5	0.6	0.7	0.8	0.9
0.1	2.94	2.93	2.94	2.93	2.94	2.94	2.93	2.91	2.83
0.2	2.95	2.94	2.94	2.93	2.93	2.93	2.92	2.89	2.82
0.3	2.93	2.93	2.93	2.93	2.93	2.92	2.92	2.90	2.81
0.4	2.94	2.93	2.92	2.92	2.91	2.91	2.90	2.89	2.79
0.5	2.93	2.92	2.92	2.91	2.91	2.91	2.88	2.86	2.78
0.6	2.93	2.93	2.92	2.90	2.90	2.89	2.87	2.85	2.76
0.7	2.94	2.92	2.92	2.90	2.89	2.88	2.86	2.83	2.76
0.8	2.91	2.90	2.89	2.87	2.87	2.84	2.83	2.80	2.73
0.9	2.82	2.83	2.80	2.80	2.78	2.76	2.76	2.73	2.67

图 2.22 给出了 $T=100$ 条件下，不同自回归系数对样本峰态分布的影响。从这两个图可以看出，在小样本下，样本峰态呈现右偏分布特征。图 2.22（a）显示，当固定 a 值不变时，样本峰态分布的方差随着 b 值的增加而增大，但均值基本不变；图 2.22（b）是当固定 b 值不变时，样本峰态分布随着 a 值增加的变化情况，可以看出，在小样本下，我们很难通过图 2.22（b）发现其变化的规律性。

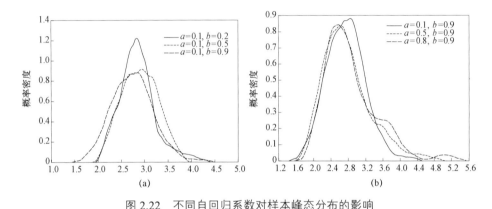

图 2.22　不同自回归系数对样本峰态分布的影响

图 2.23 与图 2.24 显示了门限值对样本峰态均值及分布的影响。可以看出，不同门限值对样本峰态分布的均值的影响并不显著，同时不同门限值所对应的样本峰态分布也没有很大差异，几乎重合。由此可推断，STAR 模型的总体峰态并不因门限值的不同而有所变化。

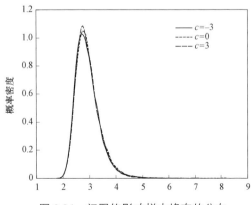

图 2.23　门限值影响样本峰态的均值　　　图 2.24　门限值影响样本峰态的分布

　　类似的结论出现在图 2.25 与图 2.26 上。从图 2.25 可以看出，不同平滑转移速度系数对样本峰态均值的影响并不显著，同时，图 2.26 的样本峰态分布也显示，不同平滑转移速度系数并不影响样本峰态的分布。由此可推断，STAR 模型的总体峰态不受数据生成过程中平滑转移速度系数的影响。

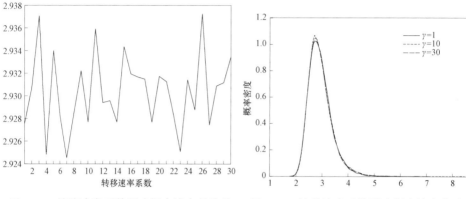

图 2.25　转移速度系数影响样本峰态的均值　　图 2.26　转移速度系数影响样本峰态的分布

▨ 2.3　STAR模型最大滞后阶数的确定[①]

2.3.1　确定最大滞后阶数的信息准则

　　对于时间序列模型而言，如何确定模型的最大滞后阶数是个重要问题。本节讨论 STAR 模型的最大滞后阶数选择问题。

　　在时间序列建模过程中，最常用的确定最大滞后阶数的方法是构建拟合模型的 Kullback−Leibler 信息估计量，如 Akaike（1973）提出的 AIC 准则，便是 Kullback−Leibler 信息的渐近无偏估计量，通过最小的 AIC 值来获取模型的最大滞后阶数，这在线性建模中得到广泛应用。但 Hurvich 和 Tsai（1989）指出在小样本下使用 AIC 准则倾向于选择过大的滞后阶数，导致过度拟合，为了避免这种情况，他们提出一种修正的 AIC 准则（corrected AIC），即 AICc 准则，该准则不

　　[①] 本节部分内容发表在《统计研究》2014 年第 6 期。

改变 AIC 准则的渐近性质，但在小样本下，其有效地避免了过度拟合现象，并且可以应用到非线性模型中。除了 AIC 准则和 AICc 准则之外，在建模应用中还经常使用的信息准则包括：Schwarz（1978）提出的 SC 准则（有些文献也称 SIC 或 BIC）、Akaike（1970）提出的 FPE 准则、Hannan 和 Quinn（1979）提出的 HQ 准则等。Hurvich 和 Tsai（1989）总结了这五种信息准则的有效性与一致性，其中，AIC、AICc 及 FPE 准则具有有效性，而 SC 与 HQ 准则具有一致性。尽管这些信息准则在建模中得到广泛应用，但其对非线性模型的适用性问题却很少有文献提及，Wong 和 Li（1998）研究了 TAR 模型的滞后阶数选择问题，他们的研究结果表明，在小样本情况下，使用 AICc 准则的正确率要明显高于 AIC 准则及 SC 准则。本书通过 Monte Carlo 试验研究这些准则在确定 STAR 模型最大滞后阶数中的适用性问题，除了上述这五种信息准则外，又考虑一种将这五种信息准则进行简单算术平均的方法，将其命名为 ACC 准则。对于这些准则的表达式，不同的文献会有不同的表述方法，为了编程方便，本书采用的是与 EViews 软件相同的表示方法，下面给出这些准则的具体表达式。

$$\text{AIC} = -2(l/T) + 2(m/T) \tag{2.19}$$

$$\text{AICc} = \text{AIC} + \frac{2(m+1)(m+2)}{T-m-2} \tag{2.20}$$

$$\text{SC} = -2(l/T) + m\log(T)/T \tag{2.21}$$

$$\text{HQ} = -2(l/T) + 2m\log[\log(T)]/T \tag{2.22}$$

$$\text{FPE} = \hat{\sigma}_a^2(T+p)/(T-p) \tag{2.23}$$

$$\text{ACC} = 1/5(\text{AIC} + \text{AICc} + \text{SC} + \text{HQ} + \text{FPE}) \tag{2.24}$$

式中，l 表示似然函数的对数值，m 是模型参数个数，T 是样本容量，p 表示模型滞后阶数，$\hat{\sigma}_a^2$ 是向后预测一期误差的估计量。

2.3.2　滞后阶数选择的模拟试验

本节采用 Monte Carlo 模拟试验分析上述信息准则对 STAR 模型的适用性。仿照 Wong 和 Li（1998）的做法，在模拟试验中所建立的仍是线性 AR 模型，即实际的数据生成过程是 STAR 模型，而仍然建立 AR 模型，并采用以 AR 模型为基础的信息准则值来确定最大滞后阶数，此种做法的合理性在于，AR 模型本质上是 STAR 模型的一个近似，当实际数据生成过程是 STAR 模型时，用此数据建立一个 AR 模型，其最大滞后阶数往往与真实的 STAR 模型中的最大滞后阶数相同。我们的模拟试验结果也显示，对于某些信息准则，此种做法具有较高的准确率。

为了考察信息准则能正确识别较短 STAR 模型与较长 STAR 模型最大滞后阶数的能力[①]，分别考虑如下 LSTAR（2）、ESTAR（2）、LSTAR（9）及 ESTAR（9）的数据生成过程。其中，式（2.25）的 LSTAR（2）与式（2.26）的 ESTAR（2）数据生成过程来自 Teräsvirta（1994）的例 1 与例 2，式（2.27）的 LSTAR（9）与式（2.28）的 ESTAR（9）的数据生成过程来自 Teräsvirta 和 Anderson（1992）对欧洲和意大利工业产出所做的估计。

$$y_t = 1.80 y_{t-1} - 1.08 y_{t-2} + (0.006 - 0.74 y_{t-1} + 0.82 y_{t-2}) \times$$
$$(1 + \exp[-8.9 \times 13(y_{t-1} - 0.021)])^{-1} + u_t \tag{2.25}$$
$$y_0, y_1 \sim \mathrm{iid} N(0,1), u_t \sim \mathrm{iid} N(0, 0.020\ 9^2)$$

$$y_t = 1.74 y_{t-1} - 1.21 y_{t-2} + (0.018 - 0.85 y_{t-1} + 1.02 y_{t-2}) \times$$
$$\{1 - \exp[-2.59 \times 473(y_{t-1} - 0.024)^2]\} + u_t \tag{2.26}$$
$$y_0, y_1 \sim \mathrm{iid} N(0,1), u_t \sim \mathrm{iid} N(0, 0.020\ 2^2)$$

$$y_t = 0.44 y_{t-1} - 1.17 y_{t-4} + 0.56 y_{t-5} - 0.89 y_{t-8} + 0.26 y_{t-9} +$$
$$(0.69 y_{t-1} + 0.47 y_{t-4} + 0.59 y_{t-8}) \times \{1 + \exp[-5.4 \times 59.5(y_{t-3} + 0.022)]\}^{-1} + u_t \tag{2.27}$$
$$y_0, y_1, y_2, y_3, y_4, y_5, y_6, y_7, y_8 \sim \mathrm{iid} N(0,1), u_t \sim \mathrm{iid} N(0, 0.016\ 5^2)$$

$$y_t = 0.48 y_{t-1} + 0.57 y_{t-2} + (0.009 + 0.91 y_{t-1} - 0.98 y_{t-2} - 1.01 y_{t-4} + 0.86 y_{t-5} -$$
$$0.45 y_{t-8} + 0.31 y_{t-9}) \times \{1 - \exp[-1.25 \times 273(y_{t-3} - 0.028)^2]\} + u_t \tag{2.28}$$
$$y_0, y_1, y_2, y_3, y_4, y_5, y_6, y_7, y_8 \sim \mathrm{iid} N(0,1), u_t \sim \mathrm{iid} N(0, 0.027\ 9^2)$$

Monte Carlo 模拟试验次数为 1 000 次，分别考虑样本容量 $T=50$ 及 100 两种情况。K 表示模拟试验中所允许的最大滞后阶数，当实际生成过程是 LSTAR（2）与 ESTAR（2）时，K 分别取 5 和 10；当实际生成过程是 LSTAR（9）与 ESTAR（9）时，K 分别取 10 和 15。表 2.9～表 2.12 显示了各种信息准则能正确识别真实最大滞后阶数的频率。

---

① 本书界定，当 STAR 模型的滞后阶数小于 5 时为短 STAR 模型，当 STAR 模型的滞后阶数大于 5 时为长 STAR 模型。

表 2.9　各种信息准则正确选择滞后阶数的频率［LSATR（2），$T=50$，100］

参数	$K=5$					$K=10$				
	1	2	3	4	5	1	2	3	4	5～10
AIC	0	67.2	16.9	6.8	9.1	0.8	51.9	17.3	8.8	21.2
AICc	7.2	92.6	0.2	0	0	14.3	85.6	0.1	0	0
SC	0.3	83.3	12.5	2.1	1.8	2.0	78.3	14.1	2.9	2.7
HQ	0	75.4	16.6	3.7	4.3	1.0	66.2	17.6	5.6	9.6
FPE	0.1	77.0	16.2	3.1	3.6	1.1	68.6	18.0	5.4	6.9
ACC	1.1	94.1	4.8	0	0	3.0	90.4	6.6	0	0
AIC	0	56.1	22.3	8.5	13.1	0	47.9	25.2	8.1	18.8
AICc	0.2	99.6	0.2	0	0	0.2	98.8	1.0	0	0
SC	0	79.7	16.7	1.8	1.8	0	77.9	19.2	2.2	0.7
HQ	0	69.3	21.4	3.9	5.4	0	65.4	24.5	4.9	5.2
FPE	0	68.0	21.7	4.2	6.1	0	63.5	25.5	5.0	6.0
ACC	0	89.2	10.5	0.2	0.1	0	87.7	11.9	0.4	0

注：表中数字为百分数，第一栏样本容量为 50，第二栏样本容量为 100。

从表 2.9 可以看出，当真实的数据生成过程是较短的 LSTAR（2）模型时，采用更大的允许滞后阶数，即更大的 K 值时，本书提到的六种信息准则的正确识别率均倾向于下降；在所有信息准则中，AICc 准则的正确识别率最高，在 $T=100$ 的情况下，其正确率接近 100%，其次是本书提出的 ACC 准则，在几种情况下，其正确率均在 90% 左右；随后的是 SC 准则，在小样本下，其正确率也在 80% 左右，而 HQ 准则与 FPE 准则的正确率相当，正确率最低的是 AIC 准则，尤其是在 K 值较大时，其过度拟合的现象相当严重。

表 2.10 给出了 ESTAR（2）的情况，与 LSTAR（2）模型不同，当采用更大的 K 值时，各种信息准则均倾向于有更高的正确率；在 $T=50$ 时，AICc 准则的正确率最低，而在 $T=100$ 时，AICc 却变成正确率最高的信息准则，可见，AICc 准则在样本容量超过 100 的条件下更为有效；ACC 准则更加稳健一些，无论是在 $T=50$ 还是 $T=100$，$K=5$ 还是 $K=10$ 的条件下，ACC 准则均有接近 90% 的正确率；其次是 SC 准则，在 $K=10$ 的条件下，其正确率接近 90%，HQ 准则与 FPE 准则的正确率仍然比较接近，但还是低于 SC 准则的正确率；AIC 的正确率仍然较低，且在 $K=5$ 的条件下，其过度拟合现象仍然十分严重。

表 2.10　各种信息准则正确选择滞后阶数的频率［ESATR（2），T = 50，100］

参数	K = 5					K = 10				
	1	2	3	4	5	1	2	3	4	5～10
AIC	0.2	53.9	23.7	9.1	13.1	0.4	65.3	10.8	6.7	16.8
AICc	48.9	51.1	0	0	0	43.6	56.4	0	0	0
SC	1.4	79.3	13.9	3.5	1.9	3.0	88.0	6.0	1.4	1.6
HQ	0.5	65.9	20.6	6.1	6.9	1.4	77.7	9.6	3.8	7.5
FPE	0.5	69.7	19.6	5.4	4.8	1.5	79.3	9.4	3.9	5.9
ACC	5.7	88.0	6.3	0	0	6.1	92.2	1.5	0.2	0
AIC	0	42.5	29.5	9.1	18.9	0	68.8	12.7	5.4	13.1
AICc	2.4	97.3	0.3	0	0	0	98.0	0	0	0
SC	0	77.1	19.9	1.6	1.4	0	95.2	3.5	0.9	0.4
HQ	0	58.8	29.0	3.9	8.3	0	87.5	7.9	2.9	1.7
FPE	0	57.0	29.5	4.3	9.2	0	86.2	8.5	3.2	2.1
ACC	0	87.1	12.6	0.3	0	0	98.7	1.2	0.1	0

注：表中数字为百分数，第一栏样本容量为 50，第二栏样本容量为 100。

当实际数据生成过程是较长的 STAR 模型时，情况稍显复杂，我们先分析 LSTAR 的情况。表 2.11 给出了实际生成过程是 LSTAR（9）的情况。

表 2.11　各种信息准则正确选择滞后阶数的频率［LSATR（9），T = 50，100］

参数	K = 10					K = 15				
	1～3	4～6	7～8	9	10	1～3	4～6	7～8	9	10～15
AIC	0	0.7	4.0	34.2	61.1	0	0.4	0.7	15.0	83.9
AICc	93.2	5.4	0	1.3	0.1	98.0	2.0	0	0	0
SC	0.1	2.1	9.1	44.0	44.7	0.7	0.9	3.9	29.2	65.3
HQ	0	1.0	5.8	38.0	55.2	0	0.5	1.6	20.4	77.5
FPE	0	1.2	7.4	40.5	50.9	0	0.6	2.4	25.0	72.0
ACC	19.0	34.8	18.6	23.1	4.5	35.0	21.6	15.5	27.1	0.8
AIC	0	0.1	1.2	32.4	66.3	0	0.1	0	12.0	87.9
AICc	53.7	31.6	1.9	12.4	0.4	67.2	22.1	0.6	10.1	0
SC	0	1.1	2.2	44.0	52.7	0	0.2	0.1	23.8	75.9

续表

参数	$K=10$					$K=15$				
	1~3	4~6	7~8	9	10	1~3	4~6	7~8	9	10~15
HQ	0	0.4	1.3	38.1	60.2	0	0.1	0	17.2	82.7
FPE	0	0.4	1.3	37.6	60.7	0	0.1	0	17.2	82.7
ACC	0.4	4.7	12.2	60.1	22.6	2.0	4.4	7.2	61.5	24.9

注：表中数字为百分数，第一栏样本容量为 50，第二栏样本容量为 100。

可以看出，在 $T=50$ 的条件下，六种信息准则的正确率都很低，其中 AIC 准则表现出严重的过度拟合，而 AICc 准则则会严重低估滞后阶数，相比之下，SC 准则与 FPE 准则的正确率会高一些，但如果 $K=15$，则其正确率下降得很明显，由此可见，在诸如 $T=50$ 的很小样本容量下，各种信息准则对较长的 LSTAR 模型均无能为力；在 $T=100$ 的情况下，ACC 准则表现得相对稳健，无论是在 $K=10$ 还是 $K=15$ 的情况下，其正确率均达到 60%，而 AICc 准则仍然表现出低估滞后阶数特征，其他的信息准则仍出现过度拟合现象；也对较大样本容量进行了模拟试验，当取 $T=200$ 时，AICc 的正确率是最高的，其次是 ACC 准则，可见，当实际数据生成过程是较长的 LSTAR 模型时，AICc 准则在较大样本下才具有很高的正确率。

表 2.12 给出了 ESTAR（9）的情况。可以看出，当 $K=15$ 时，各种信息准则的正确率下降，尤其在 $T=100$ 时，各种信息准则的正确率都不超过 20%；而当 $K=10$ 较为接近真实滞后阶数时，SC 与 ACC 准则均具有较高的正确率，在 $T=100$ 时，其正确率接近 90%，其次是 HQ、FPE 及 AIC 准则，而 AICc 准则仍然严重低估滞后阶数，只有当样本容量超过 200 后，其正确率才重新回到最高的位置，但与其他信息准则相比，其优势已不再明显。

表 2.12　各种信息准则正确选择滞后阶数的频率 ［ESATR（9），$T=50$，100］

参数	$K=10$					$K=15$				
	1~3	4~6	7~8	9	10	1~3	4~6	7~8	9	10~15
AIC	0	0.3	0.6	78.5	20.6	0.1	1.0	1.4	55.7	41.8
AICc	30.4	54.8	1.5	13.3	0	49.5	51.5	0.1	0.3	0

参数	K = 10					K = 15				
	1~3	4~6	7~8	9	10	1~3	4~6	7~8	9	10~15
SC	0	0.6	1.3	87.0	11.1	1.1	5.2	3.1	71.7	18.9
HQ	0	0.3	0.8	83.2	15.7	0.4	2.1	1.8	65.8	29.9
FPE	0	0.4	0.9	85.3	13.4	0.4	2.8	1.9	70.0	24.9
ACC	1.4	16.8	4.9	76.3	0.6	7.9	32.6	5.9	53.4	0.2
AIC	0	0	0.5	78.0	21.5	5.0	5.1	3.2	7.3	79.4
AICc	12.3	51.1	2.5	34.1	0	71.4	28.5	0.1	0	0
SC	0	0.2	0.9	89.5	9.4	12.4	11.5	8.9	18.0	49.2
HQ	0	0	0.6	84.8	14.6	8.8	6.4	6.3	12.3	66.2
FPE	0	0	0.6	84.6	14.8	7.9	6.4	5.5	12.1	68.1
ACC	0.8	4.4	3.1	89.2	2.5	25.6	44.7	10.6	14.5	4.6

注：表中数字为百分数，第一栏样本容量为 50，第二栏样本容量为 100。

2.3.3　信息准则稳健性分析

上述分析的数据生成过程的误差项均服从标准正态分布，本节分析误差项服从更一般分布的情形下，上述信息准则能正确识别 STAR 模型最大滞后阶数的能力，并且考察数据生成过程中不同门限值及平滑转移速度系数对信息准则正确识别率的影响，以此来分析信息准则正确识别最大滞后阶数的稳健性。

首先，考虑 STAR 模型数据生成过程中误差项服从如下广义误差分布（generalized error distribution）：

$$f(x,r) = \frac{r\Gamma\left(\frac{3}{r}\right)^{1/2}}{2\Gamma\left(\frac{1}{r}\right)^{3/2}} \exp\left[-|x|^r \left(\frac{\Gamma\left(\frac{3}{r}\right)^{r/2}}{\Gamma\left(\frac{1}{r}\right)}\right)\right] \qquad (2.29)$$

式中，$\Gamma(\cdot)$ 表示 Gamma 函数，参数 r 衡量分布尾部的薄厚，如果 $r > 2$，则误差分布的尾部比正态分布的薄；如果 $r < 2$，则误差分布的尾部比正态分布的厚；当 $r = 2$ 时，式（2.29）所表示的分布与正态分布的尾部相同。分别考虑 $r = 1$ 及 $r = 3$

两种情况，分析误差项具有不同尾部特征时，信息准则能正确识别最大滞后阶数的能力。

其次，为了分析非对称误差对信息准则识别最大滞后阶数的影响，分别考虑误差项服从经过标准化的 $\chi^2(3)$ 分布，即 $[\chi^2(3)-3]/\sqrt{6}$，此分布为右偏分布，以及经过标准化的 $-\chi^2(3)$ 分布，即 $[3-\chi^2(3)]/\sqrt{6}$，此分布为左偏分布。

将式（2.25）～式（2.28）的数据生成过程中的误差项换成非正态分布，采用 Monte Carlo 模拟分析信息准则对非正态分布误差的稳健性。模拟结果显示，误差项分布是厚尾还是薄尾并不显著影响信息准则识别最大滞后阶数的正确率；对比表 2.13 与表 2.9 可知，对于短 LSTAR 模型，如果误差项服从右偏分布，则信息准则的正确识别率会比正态误差情况下有所增加；如果误差项服从左偏分布，信息准则的正确识别率会有轻微的下降；而对于较短的 ESTAR 模型而言，误差项的分布对信息准则的正确识别率没有显著影响；对于较长的 STAR 模型，不管是 LSTAR 还是 ESTAR 模型，误差项无论是左偏还是右偏分布，信息准则的正确识别率均与正态误差下的情况无显著差异。

表 2.13　非对称误差分布下信息准则正确选择滞后阶数的频率［LSTAR（2），$T=100$］

参数	误差项服从零均值右偏分布，$K=10$					误差项服从零均值左偏分布，$K=10$				
	1	2	3	4	5～10	1	2	3	4	5～10
AIC	0	54.3	18.5	8.8	18.4	0	34.9	29.0	13.7	22.4
AICc	1.2	97.7	1.1	0	0	0	97.6	2.4	0	0
SC	0	84.0	12.9	1.9	1.2	0	65.1	28.8	4.6	1.5
HQ	0	73.1	17.8	4.2	4.9	0	51.5	32.2	10.2	6.1
FPE	0	71.1	18.3	5.0	5.6	0	49.0	33.0	10.7	7.3
ACC	0	91.4	7.9	0.4	0.3	0	79.1	19.8	1.0	0.1

注：表中数字为百分数。

下面考察数据生成过程中不同平滑转移速度系数及门限值对信息准则正确识别率的影响，以此进一步分析信息准则的稳健性。

采用式（2.25）～（2.28）作为基准的数据生成过程，样本容量 $T=100$，当分析平滑转移速度系数的影响时，固定其他参数不变，而转移速度系数分别取

$\gamma=\{1, 2, \cdots, 99, 100\}$；当分析门限值的影响时，门限值 $c=\{0, 0.01, \cdots, 0.49, 0.50\}$，而保持其他参数固定不变。Monte Carlo 模拟次数为 1 000 次，信息准则的正确识别率随平滑转移速度系数及门限值的变化趋势如图 2.27～图 2.30 所示。

从图 2.27（a）可以看出，对于较短的 LSTAR 模型而言，随着平滑转移速度系数的增大，AICc 准则的正确识别率都保持在很高的水平上，其正确识别率基本不受转移速度系数的影响；其他信息准则的正确识别率均随着平滑转移系数的增大先降低后保持稳定，其中，ACC 准则在各种平滑转移速度下都具有较高的正确识别率，并且其正确识别率受平滑转移速度影响的幅度最小。这表明，在本书提到的六种信息准则中，如果数据生成过程是较短的 LSTAR 过程，那么 AICc 准则及 ACC 准则对数据生成过程的平滑转移系数具有较高的稳健性，因此这两种信息准则要比其他信息准则更具适用性。

图 2.27（b）显示了数据生成过程是 ESTAR（2）的情况，可以看出，随着平滑转移速度系数的增大，六种信息准则的正确识别率都增加，其中，AICc 准则在各种平滑转移速度水平下，其正确识别率都是最高的，并且在 γ 值超过 20 后，其正确识别率基本上不受转移速度系数的影响；其次是 ACC 准则，当 γ 值超过 40 后，其正确识别率基本上不受转移速度系数的影响。这表明，如果数据生成过程是较短的 ESTAR 过程，那么 AICc 准则及 ACC 准则对数据生成过程的平滑转移系数具有一定的稳健性。

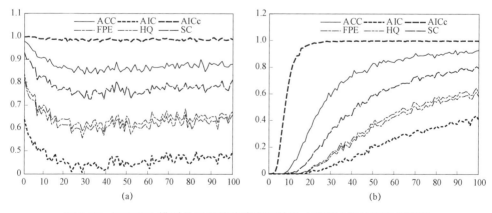

图 2.27 短 STAR 模型的平滑转移速度系数影响信息准则的正确识别率

（a）LSTAR（2）；（b）ESTAR（2）

　　图 2.28 显示了较长 STAR 模型的平滑转移速度系数对信息准则正确识别率的影响。从图 2.28（a）可以看出，对于 LSTAR 模型而言，在各种平滑转移速度系数下，ACC 准则的正确识别率均最高，并且平滑转移速度系数对其正确识别率的影响也很小，这表明，ACC 准则具有较好的稳健性；其次是 SC 准则，平滑转移速度系数对其正确识别率的影响也较小；而 AICc 准则在 $T=100$ 情况下，其正确识别率最低，只有当样本容量超过 200 后，AICc 准则才具有较高的正确识别率，并且受平滑转移速度系数的影响较小，因此，只有在较大样本下，AICc 准则才对平滑转移速度系数具有较好的稳健性。

　　图 2.28（b）给出了 ESTAR 模型的情况，可以看出，随着平滑转移速度系数的增大，各种信息准则的正确识别率都增加，其中，SC 准则与 ACC 准则的正确识别率最高，而 AICc 准则最低，因此，SC 准则与 ACC 准则对平滑转移速度系数具有较好的稳健性，而 AICc 准则在较大样本下才表现出较好的稳健性。

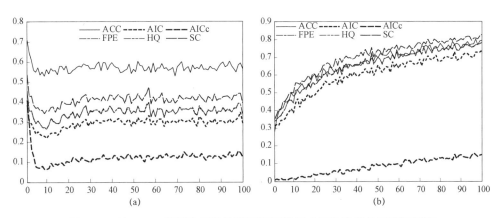

图 2.28　长 STAR 模型的平滑转移速度系数影响信息准则的正确识别率
（a）LSTAR（9）；（b）ESTAR（9）

　　下面分析数据生成过程中门限值的变化对信息准则正确识别率的影响。图 2.29 与图 2.30 分别显示了门限值从 0 逐渐增加到 0.5 时，信息准则正确识别率随门限值变化的趋势。

　　图 2.29（a）显示了短 LSTAR 模型的情况，可以看出，随着门限值的增加，

AICc 准则的正确识别率一直处在最高水平，并且门限值对其正确识别率的影响很小，所以，在短 LSTAR 模型下，AICc 准则对门限值具有很好的稳健性；其次是 ACC 准则，而其他信息准则随着门限值的增加，正确识别最大滞后阶数的频率逐渐下降，所以其稳健性较差。

图 2.29（b）显示了短 ESTAR 模型的情况，可以看出，与 LSTAR 模型的情况有所不同，AICc 准则的正确识别率仅在门限值较小时才处在较高水平，而当门限值较大时，其正确识别率下降很大，从图中可以看出，当门限值超过 0.2 时，在样本容量 $T=100$ 情况下，AICc 准则的正确识别率不足 10%，相比之下，SC 准则及 HQ 准则要更加稳健，但在小样本下，其正确识别率仍不足 60%；我们同样模拟 $T=500$ 情况下信息准则的正确识别率，模拟结果表明 AICc 准则的这种特征并未因样本容量的增加而改善，其正确识别率仍是六种信息准则中最低的，而 ACC 准则及 SC 准则在较大样本容量下则具有很高的稳健性。由此可见，对于短 ESTAR 模型而言，ACC 准则及 SC 准则对门限值具有较高的稳健性，因而具有更广泛的适用性，而其他信息准则仅对较小门限值的短 ESTAR 过程具有较高的正确识别率。

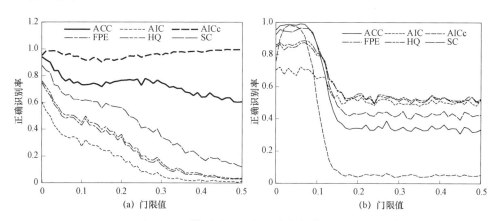

图 2.29　短 STAR 模型的门限值影响信息准则的正确识别率
（a）LSTAR（2）；（b）ESTAR（2）

最后分析对于较长 STAR 模型，不同门限值对信息准则正确识别率的影响。图 2.30（a）显示了 LSTAR 模型的情况，可以看出，在不同的门限值下，ACC 准则的正确识别率均最高，且其受门限值的影响最小，所以，ACC 准则对不同门限值具有很好的稳健性，其次是 SC 准则，而 AICc 准则的稳健性则最差。图 2.30（b）显示了 ESTAR 模型的情况，类似于 LSTAR 模型的情况，仍然是 ACC 准则及 SC 准则对门限值具有很好的稳健性，而 AICc 准则的稳健性则最差。

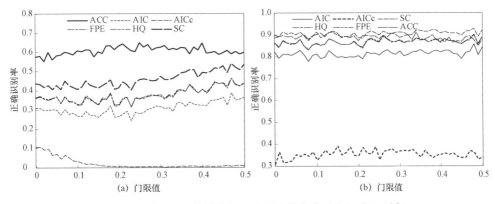

图 2.30　长 STAR 模型的门限值影响信息准则的正确识别率
（a）LSTAR（9）；（b）ESTAR（9）

综合以上分析，本书所介绍的六种信息准则对数据生成过程的误差项具有较好的稳健性，误差项服从正态分布与否，是厚尾分布还是薄尾分布，是右偏分布还是左偏分布，在多数情况下，并不影响信息准则正确识别模型最大滞后阶数的能力。当实际数据生成过程是短 STAR 模型时，ACC 准则不仅能以较高的正确率捕捉到实际最大滞后阶数，而且 ACC 准则对不同平滑转移系数及不同门限值具有很好的稳健性，因而，比其他信息准则更具有广泛的应用性；当实际数据生成过程是较长的 STAR 模型时，SC 准则及 ACC 准则能以更高的正确率确定最大滞后阶数，同时对不同的平滑转移系数及不同的门限值具有较高的稳健性，因此，在较长的 STAR 模型中，应采用 SC 准则或 ACC 准则来确定模型的最大滞后阶数。但问题的关键在于，在建模之前，事先并不知道 STAR 模型是短模型还是长模型，此时，可根据数据频率作经验判断，如果数据的类型是年度数据或季度数据，则一般 STAR 模型较短，可选用 ACC 准则确定最大滞后阶数；如果数据是月度数据，则建立一个长 STAR 模型的可能性更大，因此可使用 SC 准则及 ACC 准则确定最大滞后阶数。

2.4　STAR模型的建模策略

类似于线性 ARMA 模型的建模，STAR 模型也有一套逻辑体系严密的建模策略。Teräsvirta（1994）、van Dijk 等（2002）以及 Teräsvirta 等（2010）都较为详细地介绍了 STAR 模型的建模策略，主要包括模型的设定、模型的估计以及模型的评价等，本节简要介绍这些建模策略的具体方法及步骤，并介绍广义脉冲响应函数方法。

2.4.1　模型的设定

STAR 模型的设定包括线性性检验、平滑转移变量的选择及 STAR 模型类型的确定三部分。如果线性性原假设没有被拒绝，则建模者考虑建立线性的 ARMA 模型或 ARMA－GARCH 模型；如果线性性原假设被拒绝，则在此基础上确定 STAR 模型的类型及平滑转移变量，建立 STAR 模型。下面简要介绍 STAR 模型的设定策略。

1. 线性性检验

在计量经济学中，有一些传统的经典方法可用于非线性特征的识别与检验，如 McLeod－Li 检验、RESET 检验以及其他一些基于残差的合成检验（portmanteau tests）等，但这些检验方法都没有特定的备择假设形式，即使拒绝原假设，也只能说明数据存在非线性特征，但其具体的模型设定形式却无法从这些检验中获悉。而拉格朗日乘数检验（以下简称"LM 检验"）方法，因其能够检验特定的非线性类型，所以在理论与应用研究中得到了更多的关注。下面简要介绍 STAR 模型中线性性的 LM 检验原理。

考虑如下两区制的 STAR 模型：

$$y_t = (\phi_{10} + \phi_{11}y_{t-1} + \cdots + \phi_{1p}y_{t-p}) + \\ (\theta_{20} + \theta_{21}y_{t-1} + \cdots + \theta_{2p}y_{t-p})F(s_t; \gamma, c) + \varepsilon_t \ , \ t = 1, 2, \cdots, T \tag{2.30}$$

线性性检验的原假设为 H_0：$\theta_{2i} = 0, i = 0, 1, \cdots, p$ 或者 H_0：$\gamma = 0$，但在这两个原假设下，都存在参数不可识别问题，因此无法获得检验统计量的极限分布。为克服这种参数不可识别问题，Luukkonen 等（1988）及 Teräsvirta（1994）在 LSTAR 平滑转移函数的基础上，将式（2.30）中的平滑转移函数进行关于 $\gamma = 0$ 的三阶泰勒展开，即

$$T_3(s_t; \gamma, c) = F(s_t; 0, c) + \gamma \left. \frac{\partial F(s_t; \gamma, c)}{\partial \gamma} \right|_{\gamma=0} + \frac{1}{6} \gamma^3 \left. \frac{\partial^3 F(s_t; \gamma, c)}{\partial \gamma^3} \right|_{\gamma=0} + o(s_t; \gamma, c)$$

$$= \frac{1}{2} + \frac{1}{4} \gamma(s_t - c) - \frac{1}{48} \gamma^3 (s_t - c)^3 + o(s_t; \gamma, c)$$

$$(2.31)$$

则式（2.30）可重新写成

$$y_t = \boldsymbol{\beta}_0' \boldsymbol{x}_t + \boldsymbol{\beta}_1' \boldsymbol{x}_t s_t + \boldsymbol{\beta}_2' \boldsymbol{x}_t s_t^2 + \boldsymbol{\beta}_3' \boldsymbol{x}_t s_t^3 + \varepsilon_t^*, \ t = 1, 2, \cdots, T \qquad (2.32)$$

式中，$\boldsymbol{x}_t = (1, y_1, y_2, \cdots, y_p)'$，$\boldsymbol{\beta}_0' = (\beta_{00}, \beta_{01}, \beta_{02}, \cdots, \beta_{0p})$，$\boldsymbol{\beta}_1' = (\beta_{10}, \beta_{11}, \beta_{12}, \cdots, \beta_{1p})$，$\boldsymbol{\beta}_2' = (\beta_{20}, \beta_{21}, \beta_{22}, \cdots, \beta_{2p})$，$\boldsymbol{\beta}_3' = (\beta_{30}, \beta_{31}, \beta_{32}, \cdots, \beta_{3p})$，此时，原假设 H_0：$\gamma = 0$ 等价于原假设 H_0'：$\boldsymbol{\beta}_1 = \boldsymbol{\beta}_2 = \boldsymbol{\beta}_3 = 0$，在原假设下，$\varepsilon_t^*$ 渐近等价于 ε_t。可构建 LM 统计量对 H_0' 进行检验，具体步骤如下：

（1）估计式（2.32）在原假设下 H_0' 的约束模型，即 y_t 对 $\boldsymbol{x}_t$ 进行回归，计算约束模型的残差平方和 $\text{SSR}_0 = \sum_{t=1}^{T} \hat{\varepsilon}_t^2$。

（2）估计式（2.32）的辅助回归式，即非约束模型，计算非约束模型的残差平方和 $\text{SSR}_1 = \sum_{t=1}^{T} \hat{e}_t^2$。

（3）令原假设下的 LM 类统计量 $\text{LM}_3 = \dfrac{T(\text{SSR}_0 - \text{SSR}_1)}{\text{SSR}_0}$，在完全平稳的条件下，$\text{LM}_3 \sim \chi^2[3(p+1)]$；Teräsvirta（1994）建议在小样本下，采用 F 类统计量，线性性检验功效更高，F 类检验统计量 $F_3 = \dfrac{(\text{SSR}_0 - \text{SSR}_1)/3(p+1)}{\text{SSR}_1/[T-4(p+1)]} \sim F[3(p+1), T-4(p+1)]$。

（4）如果平滑转移变量为 $y_{t-d}, d < p$，为避免检验回归式中出现完全共线性情况，在原假设中应剔除掉 $\beta_{i0} = 0, i = 1, 2, 3$，因此，LM 类检验统计量的自由度为 $3p$，F 类检验统计量的分子自由度为 $3p$，分母自由度为 $T - 4p - 1$。

2. 选择转移变量与平滑转移函数类型

为确定平滑转移变量，Teräsvirta（1994）认为建模者可以预先确定一个平滑

转移变量的备选集合，我们将其定义为 $S=\{s_{1t},s_{2t},\cdots,s_{kt}\}$，将集合 S 中的每一个元素依次作为平滑转移变量，按照上述步骤（1）～步骤（4）进行线性性检验，如果在几个备选平滑转移变量下，线性性检验都拒绝原假设，则选择检验统计量所对应的 p 值最小的作为平滑转移变量，Teräsvirta（1994）的模拟结果显示，此种选择程序具有较高的检验功效。在实际应用中，集合 S 中的元素通常为因变量的滞后变量或者差分滞后变量，或是根据特定经济理论选择集合 S 中的备选元素。

van Dijk 等（2002）指出，尽管 LM_3 或者 F_3 是在 LSTAR 模型基础上构建的，但其同样适用于 ESTAR 模型，因为 ESTAR 模型关于 $\gamma=0$ 的一阶泰勒近似嵌套于式（2.32），这也表明，在 STAR 的模型设定阶段，可以先确定平滑转移变量，然后确定平滑转移函数的类型。为确定 STAR 模型的具体类型，Teräsvirta（1994）在辅助检验回归式（2.32）的基础上提出了三个序贯假设检验：

$$H_{03}:\ \boldsymbol{\beta}_3=0$$
$$H_{02}:\ \boldsymbol{\beta}_2=0\big|\boldsymbol{\beta}_3=0$$
$$H_{01}:\ \boldsymbol{\beta}_1=0\big|\boldsymbol{\beta}_2=\boldsymbol{\beta}_3=0 \tag{2.33}$$

式（2.33）所表示的三个序贯假设检验都可以通过构造 LM 类统计量来完成，Teräsvirta（1994）建议：若 H_{02} 检验统计量所对应的 p 值最小，应建立 ESTAR 模型；若 H_{03} 或 H_{01} 检验统计量所对应的 p 值最小，则建立 LSTAR 模型。

但 Escribano 和 Jordá（1999）指出，采用式（2.32）及上述序贯检验程序确定 STAR 模型的类型，其检验结果更倾向于选择 LSTAR，因为式（2.32）中有两个参数向量含有 LSTAR 的信息，而仅有一个参数向量含有 ESTAR 的信息。对此，他们提出将式（2.32）扩展为下式：

$$y_t=\boldsymbol{\beta}_0'\boldsymbol{x}_t+\boldsymbol{\beta}_1'\boldsymbol{x}_ts_t+\boldsymbol{\beta}_2'\boldsymbol{x}_ts_t^2+\boldsymbol{\beta}_3'\boldsymbol{x}_ts_t^3+\boldsymbol{\beta}_4'\boldsymbol{x}_ts_t^4+\varepsilon_t^*,\ t=1,2,\cdots,T \tag{2.34}$$

在式（2.34）的基础上，他们提出了用于选择 STAR 模型类型的检验程序：

$$H_{04}^*:\ \boldsymbol{\beta}_2=\boldsymbol{\beta}_4=0$$
$$H_{03}^*:\ \boldsymbol{\beta}_1=\boldsymbol{\beta}_3=0 \tag{2.35}$$

如果 H_{04}^* 检验统计量所对应的 p 值更小，则应建立 ESTAR 模型；如果 H_{03}^* 检验统计量所对应的 p 值更小，则应建立 LSTAR 模型。

Escribano 和 Jordá（1999）的模拟结果表明，对于数据主要集中在转移函数某一区制上的 ESTAR 模型，Escribano – Jordá 检验程序比 Teräsvirta 检验程序更有效；而 van Dijk 等（2002）则认为，如果 ESTAR 模型的数据大部分集中在转移函数的某一侧，那么 ESTAR 模型可以很好地由 LSTAR 模型来近似，因此，数据是由 ESTAR 模型还是由 LSTAR 模型来刻画显得不再重要，并且他们指出，在实际应用中，"没有哪一个检验程序比另一个更好"。

Teräsvirta 等（2010）指出，Escribano – Jordá 检验程序的缺陷在于检验回归式中出现了 4 次多项式，这增加了待估计参数的个数，因而减少了自由度。同时，现代计算技术的发展也使区分 LSTAR 模型与 ESTAR 模型的检验程序显得不那么重要了，因为建模者完全可以既估计 LSTAR 模型也估计 ESTAR 模型，而在模型的评价阶段确定最终模型。

2.4.2　模型的估计

当确定平滑转移变量及转移函数类型后，建模流程的下一步便是模型参数的估计。本节简要介绍两区制 STAR 模型参数的估计，其方法同样适用于多区制 STAR 模型的估计。

将式（2.30）表示的 STAR 模型简写为

$$
\begin{aligned}
y_t &= \phi_1' \boldsymbol{x}_t + \theta_1' \boldsymbol{x}_t F(s_t; \gamma, c) + \varepsilon_t \ , \ t = 1, 2, \cdots, T \\
&= f(\boldsymbol{x}_t; \boldsymbol{\theta}) + \varepsilon_t
\end{aligned}
\tag{2.36}
$$

式中，$\boldsymbol{x}_t = (1, y_1, y_2, \cdots, y_p)'$，$\boldsymbol{\theta} = (\phi_1', \theta_1', \gamma, c)'$，式（2.36）的参数可以用非线性最小二乘估计（NLS）或极大似然方法估计（MLE），即

$$
\hat{\boldsymbol{\theta}} = \arg\min_{\theta} Q_T(\boldsymbol{\theta}) = \arg\min_{\theta} \sum_{t=1}^{T} [y_t - f(\boldsymbol{x}_t; \boldsymbol{\theta})]^2
\tag{2.37}
$$

当误差项服从正态分布时，式（2.37）表示的 NLS 等价于 MLE，如果误差项不服从正态分布，则 NLS 可看成拟极大似然估计（quasi MLE）。

在正则条件下，参数的非线性最小二乘估计量及（拟）极大似然估计量是一致估计量且具有渐近正态性，即 $\sqrt{T}(\hat{\boldsymbol{\theta}} - \boldsymbol{\theta}) \Rightarrow N(0, \boldsymbol{C})$，其中，$\boldsymbol{C}$ 表示参数方差协方差矩阵。

对于非线性最小二乘估计或极大似然估计，初始值的确定尤为重要。van Dijk等（2002）及 Teräsvirta 等（2010）总结了确定初始值的格点搜索方法。当给定 γ 及 c 值时，式（2.36）与式（2.30）成为线性模型，因此可以采用 OLS 估计参数 ϕ_i 及 θ_i，同时可以估计残差平方和。构建一个含有 γ 与 c 的 N 种不同组合的格子，依次选择这 N 种不同组合，重复计算残差平方和，选择最小值所对应的 γ 与 c 的组合作为其初始值。在这个格子中，c 值通常选择转移变量的样本分位数，这样可以保证转移函数具有一定的变异性，以使得 OLS 估计中不会出现奇异矩阵的情况。

值得一提的是，当采用格点搜索时，参数 γ 受量纲的影响，为消除这种量纲的影响，Teräsvirta（1994）建议在参数估计时，可先用转移变量的样本标准差（对于 LSTAR 模型）或方差（对于 ESTAR）转移速度参数，然后确定初始值及进行参数估计。

最后，需要注意的是，STAR 模型的参数估计存在一个特殊的数值问题，即当实际的 γ 值很大时，STAR 模型类似于 TAR 模型，平滑转移函数也接近于阶跃函数（step function），因此，要想准确估计 γ 值，需要有大量观测值集中在门限值附近。在有限样本下，尤其是小样本下，γ 值的估计往往有很大的标准差，导致在 $\gamma=0$ 的原假设下，t 统计量值不显著，但这并不意味着数据不具有非线性特征，因为在 $\gamma=0$ 的原假设下存在参数不可识别问题，此时的 t 统计量并不服从其常规的 t 分布。因此，Teräsvirta（1994）认为，在这种情况下，对于 γ 值的精确估计其实并无必要。

2.4.3　模型的评价

类似于线性 ARMA 模型的建模过程，当估计出模型的参数后，建模者需要对所估计的 STAR 模型进行诊断和评价，这个过程主要是针对残差的评价及模型误设检验来完成的，Eitrheim 和 Teräsvirta（1996）及 Teräsvirta 等（2010）对此进行了详细的阐述，本节简要介绍 STAR 模型的评价。STAR 模型的评价主要包括三个部分——误差项无自相关检验、无非线性剩余检验以及不变参数检验，这三个检验都是通过构建 LM 类或者 F 类统计量完成的。

1. 误差项无自相关检验

采用与 Teräsvirta 等（2010）相同的表述方式，假设条件均值 $m(z_t;\theta)$ 在样本空间内关于参数至少二次连续可微，并且有

$$
\begin{aligned}
&y_t = m(x_t;\theta) + u_t, t = 1,2,\cdots,T \\
&m(x_t;\theta) = \varphi' x_t + \psi' x_t F(s_t;\gamma,c) \\
&u_t = \alpha' v_t + \varepsilon_t \\
&\varepsilon_t \sim N(0,\sigma^2)
\end{aligned}
\tag{2.38}
$$

式中，$\alpha = (\alpha_1,\alpha_2,\cdots,\alpha_q)'$，$v_t = (u_{t-1},u_{t-2},\cdots,u_{t-q})'$，$x_t = (1,y_1,y_2,\cdots,y_p)'$，$\theta = (\varphi',\psi',\gamma,c)'$，误差项无自相关的原假设为 $\alpha_1 = \alpha_2 = \cdots = \alpha_q = 0$，为构建 LM 检验的辅助回归式，需要求出如下偏导：

$$
w_t = \frac{\partial m(x_t;\theta)}{\partial \theta} = [x_t', x_t' F(s_t;\gamma,c), f_\gamma(s_t), f_c(s_t)]'
\tag{2.39}
$$

$$
f_\gamma(s_t) = F(s_t;\gamma,c)[1 - F(s_t;\gamma,c)](s_t - c)\psi' x_t
$$

$$
f_c(s_t) = \gamma F(s_t;\gamma,c)[1 - F(s_t;\gamma,c)]\psi' x_t
\tag{2.40}
$$

对于 LM 检验，可以通过 TR^2 形式来完成，因此 STAR 模型误差项无自相关检验的步骤如下：

（1）估计式（2.38）在原假设下的约束模型，提取残差 $\tilde{u}_t$，并计算残差平方和 $\mathrm{SSR}_0 = \sum_{t=1}^{T} \tilde{u}_t^2$。

（2）计算 w_t 及 v_t 在原假设下的估计值 $\tilde{w}_t$ 和 $\tilde{v}_t$，计算 $\tilde{u}_t$ 对 $\tilde{w}_t$ 和 $\tilde{v}_t$ 进行回归的残差平方和 SSR_1。

（3）计算 F 类统计量 F_{LM}，在完全平稳条件下，$F_{\mathrm{LM}} \sim F(q,T-n-q)$。

$$
F_{\mathrm{LM}} = [(\mathrm{SSR}_0 - \mathrm{SSR}_1) / q] / [\mathrm{SSR}_1 / (T-n-q)]
\tag{2.41}
$$

在原假设下，如果假定误差项服从独立的正态分布，则上述无自相关检验即误差项的独立性检验，在应用中，可以采用 Brock–Dechert–Scheinkman 独立性检验（以下简称 BDS 检验）来考察模型的残差是否近似为独立同分布过程。

2. 无非线性剩余检验

在实际应用中，当一个两区制的 STAR 模型并不能充分刻画数据的动态波动特性时，其残差部分具有非线性剩余，此时，建模者需要增加 STAR 模型区制的

个数，重新估计模型的参数，直至残差近似为独立同分布过程。因此，无非线性剩余检验实际上也是一种多区制 STAR 模型的检验。Eitrheim 和 Teräsvirta（1996）及 van Dijk 和 Franses（1999）分别提出了用于检验非线性剩余的 LM 类检验统计量。

Eitrheim 和 Teräsvirta（1996）采用了在两区制 LSTAR 模型的基础上增加额外的平滑转移函数，构建如下的检验式：

$$y_t = \boldsymbol{\varphi}' \boldsymbol{x}_t + \boldsymbol{\psi}' \boldsymbol{x}_t F(s_{1t}; \gamma_1, c_1) + \boldsymbol{\zeta}' \boldsymbol{x}_t G(s_{2t}; \gamma_2, c_2) + \varepsilon_t \qquad (2.42)$$

式中，$G(s_{2t}; \gamma_2, c_2)$ 表示另外一个平滑转移函数，无非线性剩余的原假设为 H_0: $\gamma_2 = 0$，为避免参数在原假设下的不可识别，Eitrheim 和 Teräsvirta 同样采用三阶泰勒展开形式：

$$y_t = \boldsymbol{\beta}_0' \boldsymbol{x}_t + \boldsymbol{\psi}' \boldsymbol{x}_t F(s_{1t}; \gamma_1, c_1) + \sum_{j=1}^{3} \boldsymbol{\beta}_j' (\tilde{\boldsymbol{x}}_t s_{2t}^j) + \varepsilon_t^* \qquad (2.43)$$

式中，$\boldsymbol{x}_t$ 的含义与式（2.38）相同，当 s_{2t} 是 $\tilde{\boldsymbol{x}}_t$ 其中的一个元素时，$\tilde{\boldsymbol{x}}_t = (y_1, y_2, \cdots, y_p)$，否则，$\tilde{\boldsymbol{x}}_t$ 与 $\boldsymbol{x}_t$ 相同；原假设变为 H_0: $\boldsymbol{\beta}_1 = \boldsymbol{\beta}_2 = \boldsymbol{\beta}_3 = 0$，在此原假设下 ε_t^* 渐近等价于 ε_t。在式（2.43）基础上，可以很容易地构建 LM 类或 F 类统计量进行无非线性剩余检验，其检验步骤类似于上述线性检验，此处不再赘述。

van Dijk 和 Franses（1999）提出了一种多区制 STAR 模型（multiple regimes STAR，MRSTAR）：

$$\begin{aligned} y_t = &\{\boldsymbol{\theta}_1' \boldsymbol{x}_t [1 - F_1(s_{1t}; \gamma_1, c_1)] + \boldsymbol{\theta}_2' \boldsymbol{x}_t F_1(s_{1t}; \gamma_1, c_1)\}[1 - F_2(s_{2t}; \gamma_2, c_2)] + \\ &\{\boldsymbol{\theta}_3' \boldsymbol{x}_t [1 - F_1(s_{1t}; \gamma_1, c_1)] + \boldsymbol{\theta}_4' \boldsymbol{x}_t F_1(s_{1t}; \gamma_1, c_1)\}[F_2(s_{2t}; \gamma_2, c_2)] + \varepsilon_t, \, t = 1, 2, \cdots, T \end{aligned}$$

$$(2.44)$$

式中，$F_1(s_{1t}; \gamma_1, c_1)$ 与 $F_2(s_{2t}; \gamma_2, c_2)$ 表示两个不同的 logistic 平滑转移函数，式（2.44）的模型最多可以形成 4 个不同的极端区制。类似地，这种"细胞分裂"形式的模型可以扩展到有 k 个平滑转移函数的情况，会形成 2^k 个极端区制。

van Dijk 和 Franses（1999）建议采用"从特殊到一般"的模型设定方式检验 MRSTAR 模型的适用性，即先建立一个两区制的 LSTAR 模型，然后以式（2.44）作为备择假设，检验所估计的两区制 LSTAR 模型是否充分，为此，将式（2.44）重新整理成下式：

$$y_t = \boldsymbol{\theta}_1^{*\prime}\boldsymbol{x}_t + \boldsymbol{\theta}_2^{*\prime}\boldsymbol{x}_t F_1(s_{1t};\gamma_1,c_1) + \boldsymbol{\theta}_3^{*\prime}\boldsymbol{x}_t F_2(s_{2t};\gamma_2,c_2) +$$
$$\boldsymbol{\theta}_4^{*\prime}\boldsymbol{x}_t F_1(s_{1t};\gamma_1,c_1) F_2(s_{2t};\gamma_2,c_2) + \varepsilon_t \tag{2.45}$$

不失一般性，假定 $F_1(s_{1t};\gamma_1,c_1)$ 为两区制 LSTAR 模型的平滑转移函数，检验 MRSTAR 模型是否适用，等价于检验原假设 $\gamma_2 = 0$ 是否成立，由于在此原假设下，参数不可识别，所以再次使用三阶泰勒展开将式（2.45）重新写成

$$y_t = \boldsymbol{\theta}_1^{\prime}\boldsymbol{x}_t + \boldsymbol{\theta}_2^{\prime}\boldsymbol{x}_t F_1(s_{1t};\gamma_1,c_1) + \boldsymbol{\beta}_1^{\prime}\tilde{\boldsymbol{x}}_t s_{2t} + \boldsymbol{\beta}_2^{\prime}\tilde{\boldsymbol{x}}_t F_1(s_{1t};\gamma_1,c_1) s_{2t} +$$
$$\boldsymbol{\beta}_3^{\prime}\tilde{\boldsymbol{x}}_t s_{2t}^2 + \boldsymbol{\beta}_4^{\prime}\tilde{\boldsymbol{x}}_t F_1(s_{1t};\gamma_1,c_1) s_{2t}^2 + \boldsymbol{\beta}_5^{\prime}\tilde{\boldsymbol{x}}_t s_{2t}^3 + \boldsymbol{\beta}_6^{\prime}\tilde{\boldsymbol{x}}_t F_1(s_{1t};\gamma_1,c_1) s_{2t}^3 + e_t \tag{2.46}$$

此时，原假设变为 H_0：$\boldsymbol{\beta}_i^{\prime} = 0, i = 1,2,\cdots,6$，在此基础上，可构建 LM 类或 F 类统计量进行检验，在应用中，通常采用辅助回归式构建 TR^2 形式的统计量来完成，为此，首先求出如下偏导：

$$F_{\gamma_1} = \frac{\partial F_1}{\partial \gamma_1} = F_1^2 \exp[-\gamma_1(s_{1t}-c)](s_{1t}-c) \tag{2.47}$$

$$F_{c_1} = \frac{\partial F_1}{\partial c_1} = \gamma_1 F_1^2 \exp[-\gamma_1(s_{1t}-c)] \tag{2.48}$$

在中小样本下，F 类统计量更为有效，其计算步骤如下：

（1）估计式（2.46）在原假设下的约束模型，提取残差 $\tilde{e}_t$，并计算残差平方和 $\text{SSR}_0 = \sum_{t=1}^{T}\tilde{e}_t^2$。

（2）以残差 $\tilde{e}_t$ 为因变量，对自变量 $\boldsymbol{x}_t, \boldsymbol{x}_t \hat{F}_1, \hat{\boldsymbol{\theta}}_2^{\prime}\boldsymbol{x}_t \hat{F}_{\gamma_1}, \hat{\boldsymbol{\theta}}_2^{\prime}\boldsymbol{x}_t \hat{F}_{c_1}, \boldsymbol{x}_t s_{2t}^i, \boldsymbol{x}_t \hat{F}_1 s_{2t}^i, i = 1,2,3$ 进行回归，计算残差平方和 SSR_1。

（3）计算 F 类统计量 F_{MR}，在完全平稳条件下，$F_{\text{MR}} \sim F[6p, T-(2p+2)-6p]$。

$$F_{\text{MR}} = \frac{(\text{SSR}_0 - \text{SSR}_1)/(6p)}{\text{SSR}_1/[T-(2p+2)-6p]} \tag{2.49}$$

如果式（2.49）拒绝两区制的原假设，可以采用 NLS 或 MLE 方法估计四区制的 MRSTAR 模型，然后对估计结果重新进行无非线性剩余检验，直至所估计模型的残差近似为独立同分布过程，无非线性剩余检验结束。

以上的分析也表明，Eitrheim 和 Teräsvirta（1996）的无非线性剩余检验实际上是 van Dijk 和 Franses（1999）MRSTAR 模型检验的一个特例，为增加模

型设定的稳健性，在实际应用中，可以同时采用两种方法对所估计的模型进行诊断。

3. 不变参数检验

以上所提到的 STAR 模型都假定其参数是不变的，但如果模型误设或者真实的数据生成过程中确实存在变参数情况，那么所估计的 STAR 模型表现出具有时变参数特性。Eitrheim 和 Teräsvirta（1996）提出了用于检验不变参数的方法，将上述式（2.36）的两区制 STAR 模型改写为

$$y_t = \boldsymbol{\theta}(t)' \boldsymbol{x}_t + \boldsymbol{\psi}(t)' \boldsymbol{x}_t F(s_t; \gamma, c) + \varepsilon_t \ , \ t = 1, 2, \cdots, T \qquad (2.50)$$

$$\boldsymbol{\theta}(t) = \boldsymbol{\theta} + \lambda_\theta H_\theta(t^*; \gamma_\theta, c_\theta) \qquad (2.51)$$

$$\boldsymbol{\psi}(t) = \boldsymbol{\psi} + \lambda_\psi H_\psi(t^*; \gamma_\psi, c_\psi) \qquad (2.52)$$

式中，$t^* = t/T$，$\varepsilon_t \sim \text{iid} N(0, \sigma^2)$，式（2.51）与式（2.52）定义了两个时变参数向量，其平滑转移函数分别为 $H_\theta(t^*; \gamma_\theta, c_\theta)$ 与 $H_\psi(t^*; \gamma_\psi, c_\psi)$，平滑转移变量均为 t^*，式（2.50）实际上是 Lundbergh 等（2003）提出的时变 STAR 模型（time–varying STAR）。不变参数检验的原假设为 H_0：$\gamma_\theta = \gamma_\psi = 0$，由于存在参数的不可识别问题，所以对式（2.51）及式（2.52）进行三阶泰勒展开，经过参数重新整理，式（2.50）变为

$$y_t = \boldsymbol{\beta}_0' \boldsymbol{x}_t + \sum_{j=1}^3 \boldsymbol{\beta}_j' \boldsymbol{x}_t t^{*j} + \sum_{j=1}^3 \boldsymbol{\beta}_{j+3}' \boldsymbol{x}_t t^{*j} F(s_t; \gamma, c) + \varepsilon_t^* \qquad (2.53)$$

因此，新的原假设为 H_0^*：$\boldsymbol{\beta}_j = 0, j = 1, 2, \cdots, 6$，在此原假设及式（2.53）的检验回归式下，可构建 LM 类或者 F 类统计量进行不变参数检验，F 类统计量的分子自由度为 $6(p+1)$，分母自由度为 $T - 7(p+1)$。同样，可以采用 TR^2 形式来构建 F 类统计量，其计算步骤类似于上述线性性检验过程，详细计算过程可参见 Eitrheim 和 Teräsvirta（1996）、Lundbergh 等（2003）及 Teräsvirta 等（2010），本书此处不再赘述。

2.4.4 脉冲响应分析

脉冲响应分析方法被广泛应用在刻画模型的动态行为中。在线性模型条件下，传统的脉冲响应函数有三点主要的性质：第一，具有对称性（symmetry），

即对系统施加相同容量但方向相反的冲击时，脉冲响应函数的绝对值相同，但符号相反；第二，具有线性性（linearity），即脉冲响应与冲击量呈比例变化；第三，脉冲响应函数不依赖于系统的特定历史状态（history independent）。但是，在非线性模型下，Koop 等（1996）指出脉冲响应函数不再具有上述三个性质，脉冲响应函数既依赖于特定历史状态，也依赖于冲击的符号和容量，往往表现出具有非线性和非对称性的特点，传统脉冲响应函数的计算方法不再适用。对此，他们提出了用于非线性模型的广义脉冲响应函数（generalized impulse response function）概念，其基本思想可表述为

$$GI_y(h, \varepsilon_t, \varOmega_{t-1}) = E[y_{t+h} | \varepsilon_t, \varOmega_{t-1}] - E[y_{t+h} | \varOmega_{t-1}], h = 0, 1, 2 \cdots \qquad (2.54)$$

式中，$h, \varepsilon_t, \varOmega_{t-1}$ 分别表示时期、冲击随机变量和历史状态随机变量，这表明广义脉冲响应函数是一个随机变量，当冲击随机变量和历史状态随机变量取某一固定值时，可以获得广义脉冲函数的一次具体实现，如：

$$GI_y(h, \delta, \omega_{t-1}) = E[y_{t+h} | \varepsilon_t = \delta, \omega_{t-1}] - E[y_{t+h} | \omega_{t-1}] \qquad (2.55)$$

在非线性脉冲响应分析中，更关心的是脉冲响应的持久性及非对称性。Potter（1995），Koop 等（1996）指出，如果冲击对系统的影响是暂时的，那么当 $h \to \infty$ 时，GI 的概率分布会在 0 点处退化为针状，即方差为 0；反之，如果冲击具有持久性，那么 GI 的概率分布将会永远存在，不会退化。因此，可以通过 GI 概率分布的分散情况来判断和比较脉冲响应的持久性。对于脉冲响应的非对称性，Potter（1995）指出可以用如下方法来度量：

$$\text{ASY}_y(h, \varepsilon_t^+, \varOmega_{t-1}) = GI_y(h, \varepsilon_t^+, \varOmega_{t-1}) + GI_y(h, -\varepsilon_t^+, \varOmega_{t-1}) \quad h = 0, 1, 2 \cdots \qquad (2.56)$$

将 $\text{ASY}_y(h, \varepsilon_t^+, \varOmega_{t-1})$ 定义为非对称脉冲响应变量，其中，$\varepsilon_t^+ = \{\varepsilon_t | \varepsilon_t > 0\}$，表示所有可能的正向冲击集合。如果脉冲响应具有对称性，即正向冲击与等量的负向冲击具有相同的效应（但符号相反），那么 $\text{ASY}_y(h, \varepsilon_t^+, \varOmega_{t-1})$ 的概率分布将关于均值 0 对称。因此，可以根据 $\text{ASY}_y(h, \varepsilon_t^+, \varOmega_{t-1})$ 概率分布的分散情况来判断系统对正向冲击与负向冲击的响应是否具有对称性。

对于 STAR 模型，无法获取广义脉冲响应函数的解析表达式。对此，Koop

等（1996）指出可采用随机模拟方法来计算脉冲响应函数及 GI 的概率分布，其计算步骤如下：

（1）选择历史状态 ω_{t-1} 及冲击变量 ε_t。ω_{t-1} 可以选择已有的样本观测值，即 $y_{t-1}, y_{t-2}, \cdots, y_1$，也可以根据所估计的模型及随机抽取的扰动（或用 bootstrap 方法对残差重复抽样）重新生成历史状态序列 ω_{t-1}。如果有先验的假设 ε_t 服从正态分布或其他分布，则 ε_t 可以从这些分布中随机抽取；如果没有任何先验假设，或 ε_t 的分布根本就是未知的，则可以采用 bootstrap 方法对所估计模型的残差进行重复抽样来获取 ε_t。Koop（1996）建议，如果 ε_t 独立于历史状态，则重复抽样权重可以设置为 $1/T$，即等权抽样，此种做法在门限模型中（TAR、STAR 等）非常有效。不同区制可以将残差分成不同的集合，这样就可以分别从不同区制中抽取历史状态 ω_{t-1}，以及从不同的残差集合中抽取冲击变量 ε_t，进而可以分别估计不同区制的脉冲响应函数。

（2）确定脉冲响应函数的步长 $h=N$，然后采用步骤（1）确定下来的方式，随机抽取 N 个随机扰动及一个冲击变量 ε_t。

（3）采用样本观测值及步骤（2）抽取的 N 个随机扰动及一个冲击，计算初始值 $y_t^1(\varepsilon_t, \omega_{t-1})$，并根据已估计的模型进行迭代从而获得 $y_{t+h}^1(\varepsilon_t, \omega_{t-1})$，$h=1,2,\cdots,N$，这个表达式含有初始的冲击；采用同样的 N 个随机扰动及观测值并经迭代获得 $y_{t+h}^1(\omega_{t-1})$，$h=1,2,\cdots,N$，这个表达式不含有初始的冲击。

（4）重复步骤（2）与步骤（3）R 次，然后计算下面两个平均数：

$$\overline{y}_{R,t+h}(\varepsilon_t, \omega_{t-1}) = \frac{1}{R}\sum_{i=1}^{R} y_{t+h}^i(\varepsilon_t, \omega_{t-1}), h=1,2,\cdots,N \qquad (2.57)$$

$$\overline{y}_{R,t+h}(\omega_{t-1}) = \frac{1}{R}\sum_{i=1}^{R} y_{t+h}^i(\omega_{t-1}), h=1,2,\cdots,N \qquad (2.58)$$

根据大数定律，当 $R\to\infty$ 时，上述两个均值将收敛于它们的真实值，即两个条件期望：$E[y_{t+h}|\varepsilon_t, \omega_{t-1}]$ 和 $E[y_{t+h}|\omega_{t-1}]$，而它们的差便是广义脉冲响应函数，据此，我们可以得到脉冲响应函数一个具体实现的估计值：

$$\hat{GI}_y(h, \delta, \omega_{t-1}) = \overline{y}_{R,t+h}(\varepsilon_t = \delta, \omega_{t-1}) - \overline{y}_{R,t+h}(\omega_{t-1}), h=1,2,\cdots,N \qquad (2.59)$$

（5）因为广义脉冲响应函数是个随机变量，而步骤（4）仅获得了这个随机变量的一次具体实现,为了获得广义脉冲响应函数的概率分布,需要采用 Monte Carlo 模拟方法重复步骤（1）~步骤（4）足够多的次数,同样根据大数定律,当重复次数无穷大时,所获得的分布即广义脉冲响应函数的真实分布。在实际应用中,最常用的方法是采用非参数的核密度方法来估计广义脉冲响应函数的分布。

■ 2.5　小结

本章介绍了 STAR 模型的基本形式及其平稳遍历性条件,并在完全平稳条件下模拟分析了 STAR 模型样本矩的统计特性,讨论了确定最大滞后阶数的信息准则对 STAR 模型的适用性及其稳健性,介绍了 STAR 模型设定、估计、评价及脉冲响应分析方法。通过以上分析,本章的主要结论总结如下:

（1）STAR 模型的样本均值、样本方差、样本偏度及样本峰度都渐近服从正态分布;即使 STAR 模型的数据生成过程中不含有常数项,其总体均值可能也并不是 0,这与线性 ARMA 模型有显著区别;即使 STAR 模型数据生成过程中的误差项服从正态分布,其总体偏度也未必一定是 0,这表明,在这种情况下,数据仍有可能是有偏分布。

（2）当实际数据生成过程是短 STAR 模型时,ACC 准则能以较高的正确率识别实际最大滞后阶数,并且其对不同平滑转移系数及不同门限值具有很好的稳健性;当实际数据生成过程是较长的 STAR 模型时,SC 准则及 ACC 准则能以更高的正确率确定最大滞后阶数,同时对不同的平滑转移系数及不同的门限值具有较高的稳健性。如果数据的类型是年度数据或季度数据,可选用 ACC 准则确定最大滞后阶数;如果数据是月度数据,可使用 SC 准则或 ACC 准则确定最大滞后阶数。

（3）STAR 模型的建模策略包括模型设定、模型参数估计及模型的评价,其建模流程如图 2.31 所示。

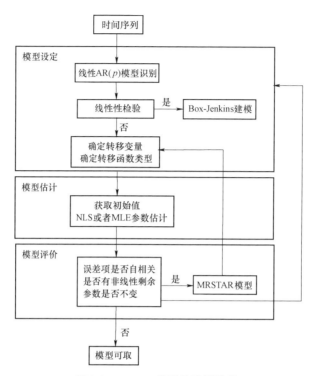

图 2.31　STAR 模型的建模流程

第 3 章

局部平稳性未知条件下的 STAR 模型设定

本章讨论局部非平稳条件下的 STAR 模型设定问题。3.1 节提出三种常见的局部非平稳 STAR 模型；3.2 节讨论局部非平稳 STAR 模型的线性性检验统计量的构造、极限分布的推导以及这些统计量在有限样本下的统计特性；3.3 节讨论局部平稳性未知情况下的线性性检验问题，构造了两类稳健统计量；3.4 节分析检验统计量的检验水平与检验功效；3.5 节讨论局部平稳性未知情况下的平滑转移变量选择及 STAR 模型类型的确定问题；3.6 节是本章小结。

■ 3.1 局部非平稳的 STAR 模型

所谓局部非平稳的 STAR 模型，就是指 STAR 模型的某个区制是非平稳过程，但整体上数据生成过程仍具有平稳遍历性。本书所讨论的非平稳过程限制在二阶矩非平稳以内，即非平稳特征表现在均值或协方差上，从这个角度讲，非平稳过程包括随机游走过程、随机趋势过程、趋势平稳过程、结构突变过程及分整过程等。本章仅讨论三种最常见的非平稳过程：随机游走过程、随机趋势过程和趋势平稳过程。

3.1.1 局部随机游走过程的 STAR 模型

考虑如下两区制的 LSTAR（1）模型：

$$y_t = \phi_{11}y_{t-1} + (\theta_{10} + \theta_{11}y_{t-1})F(s_t;\gamma,c) + \varepsilon_t\ ,\ t = 1,2,\cdots,T$$
$$F(s_t;\gamma,c) = \{1 + \exp[-\gamma(s_t - c)]\}^{-1},\ \gamma > 0 \tag{3.1}$$
$$\varepsilon_t \sim \text{iid}(0,\sigma^2)$$

如果式（3.1）的某个区制是个随机游走过程，不失一般性，假设下区制是随机游走过程，即 $\phi_{11} = 1$，且 $\phi_{11} + \theta_{11} \leqslant 1, \phi_{11}(\phi_{11} + \theta_{11}) < 1$，满足 LSTAR（1）模型平稳遍历的充分条件，那么式（3.1）即被称为局部随机游走过程的 STAR 模型。同样，如果是 ESTAR（1）模型，则可认为中间区制是随机游走过程，而整体具有平稳性。

考虑更一般的 LSTAR（p）过程：

$$y_t = (\phi_{11}y_{t-1} + \phi_{12}y_{t-2} + \cdots + \phi_{1p}y_{t-p}) +$$
$$(\theta_{20} + \theta_{21}y_{t-1} + \cdots + \theta_{2p}y_{t-p})F(s_t;\gamma,c) + \varepsilon_t\ ,\ t = 1,2,\cdots,T$$
$$F(s_t;\gamma,c) = \{1 + \exp[-\gamma(s_t - c)]\}^{-1},\ \gamma > 0 \tag{3.2}$$
$$\varepsilon_t \sim \text{iid}(0,\sigma^2)$$

当数据处于下区制时，其生成过程可表示为：$(1 - \phi_{11}L - \phi_{12}L^2 - \cdots - \phi_{1p}L^p)y_t = \varepsilon_t$，将其变为

$$\left\{(1 - \rho) - (1 - \varsigma_1 L - \varsigma_2 L^2 - \cdots - \varsigma_{p-1}L^{p-1})(1 - L)\right\}y_t = \varepsilon_t \tag{3.3}$$

式中，$\rho \equiv \phi_{11} + \phi_{12} + \cdots + \phi_{1p}$，$\varsigma_j \equiv -(\phi_{1,j+1} + \phi_{1,j+2} + \cdots + \phi_{1p}), j = 1,2,\cdots,p-1$，如果 $\rho = 1$，而 $1 - \varsigma_1 z - \varsigma_2 z^2 - \cdots - \varsigma_{p-1}z^{p-1} = 0$ 的根均在单位圆之外，那么式（3.2）的下区制含有一个单位根，式（3.3）可写成

$$\Delta y_t = u_t,\quad u_t = (1 - \varsigma_1 L - \varsigma_2 L^2 - \cdots - \varsigma_{p-1}L^{p-1})^{-1}\varepsilon_t \tag{3.4}$$

式（3.4）形式上是一个随机游走过程，但误差项具有序列相关性。如果式（3.2）中的自回归系数满足 STAR 模型的平稳遍历性条件，则式（3.2）也可视为含有局部单位根的 STAR 模型。综合以上分析，做如下定义：

定义 3.1：满足式（3.5）成立的平稳遍历过程，我们称为局部随机游走过程的 STAR（p）模型。

$$y_t = y_{t-1} + (\theta_0 + \theta_1 y_{t-1} + \cdots + \theta_p y_{t-p})F(s_t;\gamma,c) + u_t \ , \ t=1,2,\cdots,T$$

$$u_t = \psi(L)\varepsilon_t = \sum_{i=0}^{\infty}\psi_i\varepsilon_{t-i}, \sum_{i=0}^{\infty}i|\psi_i| < \infty \qquad\qquad (3.5)$$

$$\varepsilon_t \sim \text{iid}(0,\sigma^2)$$

式中，$F(s_t;\gamma,c)$ 表示平滑转移函数，既可以是 logistic 函数，也可以是指数函数；s_t,γ,c 分别表示转移变量、转移速度系数和门限值。

下面给出几种局部含有随机游走过程的实际数据生成过程，考虑式（3.6）的 LSTAR（1）过程，$T=500$。

$$y_t = y_{t-1} + (0.1 - 0.5 y_{t-1})F(s_t;\gamma,c) + u_t \ , \ t=1,2,\cdots,500$$

$$y_0 = 0, F(s_t;\gamma,c) = \{1 + \exp[-2(y_{t-1} - c)]\}^{-1} \qquad\qquad (3.6)$$

$$u_0 = 0, u_t = \rho_1 u_{t-1} + \varepsilon_t \ , \varepsilon_t \sim \text{iid}N(0,1)$$

式中，$\rho_1 = \{0,\ 0.1\}$，$c = \{0,\ 1\}$[①]，图 3.1 所示为当 $\rho_1 = 0$ 时 STAR 模型的生成过程。图 3.2 所示为当 $\rho_1 = 0.1$ 时 STAR 模型的生成过程。仅从这四个图的数据波动情况，很难判断出数据的实际生成过程。

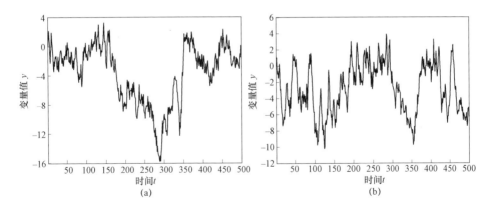

图 3.1　局部随机游走 STAR 过程（$\rho_1 = 0$）

（a）$c=0$；（b）$c=1$

注：图中时间可为任意单位，如年、季、月等，此处不做具体要求。

---

① 在本章中，以下均用此方式表示参数的取值。

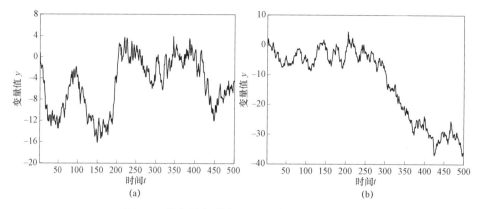

图 3.2　局部随机游走 STAR 过程（$\rho_1 = 0.1$）

（a）$c = 0$；（b）$c = 1$

3.1.2　局部随机趋势的 STAR 模型

定义 3.2：满足式（3.7）的平稳遍历过程，本书定义为局部随机趋势的 STAR（p）模型。

$$y_t = a + y_{t-1} + (\theta_0 + \theta_1 y_{t-1} + \cdots + \theta_p y_{t-p}) F(s_t; \gamma, c) + u_t , \quad t = 1, 2, \cdots, T$$

$$u_t = \psi(L)\varepsilon_t = \sum_{i=0}^{\infty} \psi_i \varepsilon_{t-i}, \quad \sum_{i=0}^{\infty} i|\psi_i| < \infty \quad (3.7)$$

$$\varepsilon_t \sim \mathrm{iid}(0, \sigma^2)$$

式中，$a \neq 0$，其他参数含义与式（3.5）相同。从式（3.7）可知，当数据处于下区制时，其动态特性是一个随机趋势过程，但整体上满足 STAR 过程的平稳遍历条件，因此，称为局部随机趋势 STAR 过程。类似于随机趋势过程，将式（3.7）迭代成为

$$y_t = at + y_0 + \sum_{i=1}^{t} [(\theta_0 + \theta_1 y_{i-1} + \cdots + \theta_p y_{i-p}) F(s_i; \gamma, c) + u_i] , \quad t = 1, 2, \cdots, T \quad (3.8)$$

尽管式（3.8）中含有时间趋势项 t，但根据 Granger 等（1997）关于数据趋势形成机制的阐述，y_t 未必一定能表现出具有时间趋势特性。Granger 等（1997）考虑了一个随机趋势过程：

$$x_t = x_{t-1} + g + \varepsilon_t$$

$$g > 0, \ E(\varepsilon_t) = 0, \ \mathrm{Var}(\varepsilon_t) = \sigma^2(t) \quad (3.9)$$

式中，g 为常数，ε_t 为独立随机过程。经过迭代，式（3.9）变为[①]

$$x_t = gt + \sum_{j=0}^{t} \varepsilon_{t-j}$$

$$E(x_t) = gt, \; \mathrm{Var}(x_t) \equiv v_t = \sum_{j=0}^{t} \sigma^2(j) \tag{3.10}$$

在大样本情况下有 $x_t \sim N(gt, v_t)$，因此，均值区间估计的下限可写成：$\underline{A}_\alpha = gt - b\sqrt{v_t}$。对于一个特定的常数 b，如果 $b\sqrt{v_t} > gt$，那么 x_t 不可能形成生长机制，序列 x_t 也不能表现出具有时间趋势特性。另外，序列 x_t 要表现出具有时间趋势特性，需要满足的必要条件是 $ct^2 > v_t$，c 是一个常数。根据式（3.10），$dv/dt \simeq \sigma^2(t)$，因此，如果 x_t 表现出具有时间趋势特性，需要满足 $\sigma^2(t) < 2ct$。对于 Granger 等（1997）的思想，本书总结了如下两个更为直观的理解：

（1）在大样本条件下，如果序列 x_t 均值的置信区间包含零，则表明 $\mathrm{prob}(x_t \to \infty) \neq 1$，即不能保证 x_t 一定能形成生长机制，因而数据也不一定能表现出具有时间趋势特征。

（2）序列 x_t 能否表现出具有时间趋势特性，依赖于数据生成中的趋势性与误差项方差间的强弱关系[②]，如果趋势性强于方差，则序列会表现出具有时间趋势特性；如果趋势性弱于方差，则趋势性会因方差过大而被掩盖，进而没有表现出具有时间趋势特性。

式（3.8）的求和部分可以看作误差项，y_t 能否表现出具有时间趋势性，依赖于误差项的方差与趋势项 at 的强弱关系，因此，从这个角度分析，尽管 y_t 数据生成过程中有时间趋势项，但也未必一定能表现出具有时间趋势性。我们模拟生成几个数据生成过程来进一步说明这个问题。

考虑如下 LSTAR（1）的数据生成过程：

$$y_t = 0.3 + y_{t-1} + (0.1 - 0.01 y_{t-1}) F(s_t; \gamma, c) + \varepsilon_t, \; t = 1, 2, \cdots, 500$$

$$y_0 = 0, \; F(s_t; \gamma, c) = [1 + \exp(-2 y_{t-1})]^{-1} \tag{3.11}$$

$$\varepsilon_t \sim \mathrm{iid} N(0, \sigma^2)$$

式中，$\sigma^2 = \{0.01, 1, 2, 5\}$，对式（3.11）中平滑转移部分的自回归系数取值 -0.01，

[①] Granger 等（1997）原文中并没有说明两个初始值 x_0 和 ε_0 的取值，根据文章内容，我们推断初始值均为 0。

[②] 严格来讲是误差项的变异程度或波动性，因其度量变量为方差，所以此处简单说成方差。

使得 y_t 近似于一个随机趋势过程。图 3.3（a）所示为 $\sigma^2 = 0.01$ 时的数据生成过程，可以看出数据表现出具有很强的时间趋势性，但看上去却不是线性时间趋势，而更类似于时间趋势的对数函数；图 3.3（b）是 $\sigma^2 = 1$ 时的数据生成过程，尽管数据有波动，但总体上仍表现出具有时间趋势特征，看上去也更类似一个线性随机趋势过程；而图 3.3（c）与图 3.3（d）的数据生成过程中，σ^2 分别取 2 和 5，整体上看，这两个图的时间趋势性并不明显，说明随着误差项方差的增大，数据生成过程中的趋势特性相对于方差在不断弱化，因而数据的生长机制也不断弱化，其时间趋势性也没有表现出来，可以肯定的是，随着方差的不断增大，数据的时间趋势特性将完全被掩盖。这就印证了 Granger 等（1997）所阐述的数据趋势生成机制不仅适用于线性随机趋势过程，同样适用于本书提出的具有局部随机趋势的 STAR 过程。

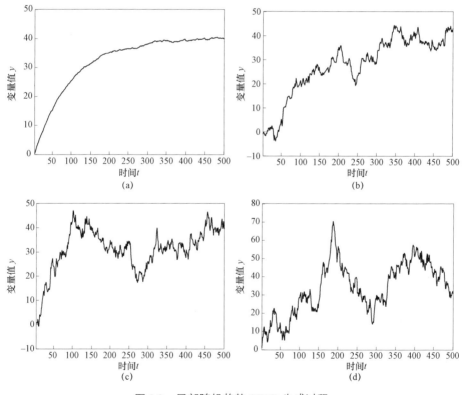

图 3.3　局部随机趋势 STAR 生成过程

（a）$\sigma^2 = 0.01$；（b）$\sigma^2 = 1$；（c）$\sigma^2 = 2$；（d）$\sigma^2 = 5$

3.1.3　含有确定性趋势的 STAR 模型

定义 3.3：满足式（3.13）中的条件，形如式（3.12）中的任意一个模型，我们称之为含有确定性趋势的 STAR 模型。

（1）$y_t = \phi_{10} + \phi_{11}y_{t-1} + \delta t + (\theta_{20} + \theta_{21}y_{t-1})F(s_t;\gamma,c) + u_t$　，$t = 1,2,\cdots,T$

（2）$y_t = \phi_{10} + \phi_{11}y_{t-1} + (\theta_{20} + \theta_{21}y_{t-1} + \delta t)F(s_t;\gamma,c) + u_t$ 　　(3.12)

（3）$y_t = \phi_{10} + \phi_{11}y_{t-1} + \delta_1 t + (\theta_{20} + \theta_{21}y_{t-1} + \delta_2 t)F(s_t;\gamma,c) + u_t$

$$\phi_{11} \leqslant 1, \ (\phi_{11} + \theta_{21}) < 1, \ \phi_{11}(\phi_{11} + \theta_{21}) < 1$$

$$u_t = \psi(L)\varepsilon_t = \sum_{i=0}^{\infty}\psi_i\varepsilon_{t-i}, \ \sum_{i=0}^{\infty}i|\psi_i| < \infty \qquad (3.13)$$

$$\varepsilon_t \sim \mathrm{iid}(0,\sigma^2)$$

式（3.12）、式（3.13）中的参数含义与式（3.5）中相同。在剔除时间趋势后，如果参数的约束满足 STAR 模型平稳遍历性条件，式（3.12）的表达式可以扩展到更一般的 p 阶情况。

考虑式（3.12）的第一种情况，在整体数据生成过程中，都含有确定性时间趋势，并且时间趋势的斜率不参与平滑转移，保持不变，因此，简单的 OLS（最小二乘线性）退势处理就可以将确定性趋势剔除掉；在第二种情况中，确定性时间趋势出现在平滑转移部分，因此，数据表现出在下区制（或者中间区制）没有时间趋势性，而在平滑转移区间及上区制（或者外部区制）存在时间趋势性，并且时间趋势的斜率也随着平滑转移函数的变化而平滑改变；第三种情况是前两种情况的综合，在数据整体生成过程中，都存在确定性时间趋势性，并且时间趋势的斜率发生平滑改变。尽管后两种情况的斜率都发生平滑转移，但模拟研究表明，对数据进行简单的 OLS 退势处理也可以将确定性趋势剔除掉。

值得一提的是，尽管数据生成中含有确定性时间趋势项，但根据前文所述，数据也未必就能够形成生长机制，也不一定能表现出具有时间趋势特征，下面生成几个具体的数据过程做进一步分析。

考虑式（3.12）中第一种情况的数据生成过程：

$$y_t = 0.1 + 0.2y_{t-1} + 0.01t + (0.1 + 0.1y_{t-1})F(s_t;\gamma,c) + \varepsilon_t, \quad t = 1,2,\cdots,500$$
$$y_0 = 0, \quad F(s_t;\gamma,c) = [1 + \exp(-2y_{t-1})]^{-1} \tag{3.14}$$
$$\varepsilon_t \sim \mathrm{iid}N(0,\sigma^2)$$

式中，$\sigma^2 = \{0.01, 25\}$，生成数据如图 3.4 所示。图 3.4（a）的数据生成中 $\sigma^2 = 0.01$，方差弱于线性趋势性，所以数据表现出较强的线性趋势特征，由于平滑转移部分不含有确定性趋势，所以图 3.4（a）的斜率不发生变化；图 3.4（b）的数据生成中 $\sigma^2 = 25$，很明显图 3.4（b）没有表现出线性趋势特征，其原因是方差过大，掩盖了线性趋势，使得数据生成过程没有形成生长机制。

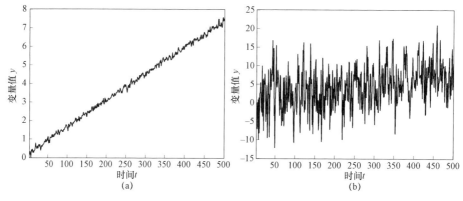

图 3.4　含有确定性趋势的 STAR 模型（情况 1）
（a）$\sigma^2 = 0.01$；（b）$\sigma^2 = 25$

考虑式（3.12）中第二种情况的数据生成过程：

$$y_t = 0.1 + 0.2y_{t-1} + (0.1 + 0.1y_{t-1} + 0.1t)F(s_t;\gamma,c) + \varepsilon_t, \quad t = 1,2,\cdots,500$$
$$y_0 = 0, \quad F(s_t;\gamma,c) = \{1 + \exp[-5(y_{t-1} - c)]\}^{-1} \tag{3.15}$$
$$\varepsilon_t \sim \mathrm{iid}N(0,1)$$

在这种情况下，分析不同门限值下的数据生成过程，$c = \{0, 3\}$，图 3.5（a）的数据生成中 $c = 0$，由于门限值较小，使得大部分数据都集中在 LSTAR 模型的上区制，所以数据表现出具有较强的线性趋势，且斜率不发生变化；图 3.5（b）的数据生成中 $c = 3$，可以看出数据表现出明显的区制转移特征，由于平滑转移速度系数 $\gamma = 5$，相对于数据的标准差而言较大，所以数据在门限值附近转移的很快，形成了类似于门限自回归模型（TAR）的特征，在门限值附近发生结构突变，下区制不含有时间趋势，而上区制含有时间趋势。

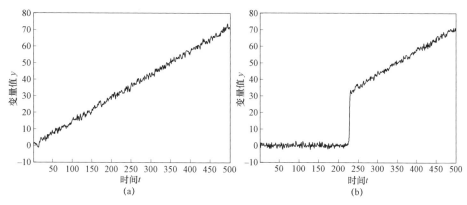

图 3.5　含有确定性趋势的 STAR 模型（情况 2）
（a）$c=0$；（b）$c=3$

考虑式（3.12）中第三种情况的数据生成过程：

$$y_t = 0.1 + 0.2y_{t-1} + 0.1t + (0.1 + 0.1y_{t-1} + 0.1t)F(s_t;\gamma,c) + \varepsilon_t,\quad t=1,2,\cdots,500$$

$$y_0 = 0,\ F(s_t;\gamma,c) = \{1 + \exp[-\gamma(y_{t-1} - 30)]\}^{-1} \tag{3.16}$$

$$\varepsilon_t \sim \mathrm{iid}N(0,1)$$

在这种情况下，两区制都含有时间趋势，分析不同转移速度系数对数据生成过程的影响，$\gamma=\{5,\ 0.1\}$。图 3.6（a）类似于图 3.5（b）的情况，平滑转移速度

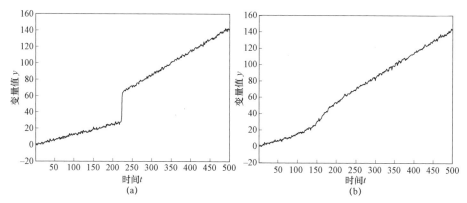

图 3.6　含有确定性趋势的 STAR 模型（情况 3）
（a）$\gamma=5$；（b）$\gamma=0.1$

系数较大，使得数据生成过程看起来更像 TAR 模型，发生了两区制间的结构突变，两区制都含有时间趋势，下区制的斜率是 0.1，上区制的斜率是 0.2；图 3.6（b）的情况有较大不同，$\gamma=0.1$，数据在两区制间的转移较为平滑缓慢，使得数据在局部看起来有些非线性时间趋势特征。

3.2 局部非平稳 STAR 模型的线性性检验

在第 2 章，本书介绍了完全平稳 STAR 模型的线性性检验，以如下 LSTAR（1）为例做简单回顾[①]：

$$y_t = \phi_{11}y_{t-1} + (\theta_{10}+\theta_{11}y_{t-1})F(s_t;\gamma,c) + \varepsilon_t , \quad t=1,2,\cdots,T$$
$$F(s_t;\gamma,c) = \{1+\exp[-\gamma(y_{t-d}-c)]\}^{-1} - 0.5, \quad \gamma>0 \tag{3.17}$$
$$\varepsilon_t \sim \text{iid}(0,\sigma^2)$$

式中，$\phi_{11}<1,(\phi_{11}+\theta_{11})<1,\phi_{11}(\phi_{11}+\theta_{11})<1$，以保证 STAR 模型的完全平稳性。根据 Teräsvirta（1994），在式（3.17）基础上进行线性性检验，原假设为 $H_0: \gamma=0$，为克服在原假设下参数的不可识别，对平滑转移函数进行关于 $\gamma=0$ 的三阶泰勒展开，结果为

$$T_3(t;\gamma,c) = \gamma(y_{t-d}-c)/4 - \gamma^3(y_{t-d}-c)^3/48 + r(\gamma) \tag{3.18}$$

在原假设下，$r(\gamma)=0$，将式（3.18）代入式（3.17），得

$$y_t = \theta_{21}(\gamma^3c^3/48-\gamma c/4) + [\phi_{11}+\theta_{21}(\gamma^3c^3/48-\gamma c/4)]y_{t-1} + $$
$$\beta_2 y_{t-1}y_{t-d} + \beta_3 y_{t-1}y_{t-d}^2 + \beta_4 y_{t-1}y_{t-d}^3 + \varepsilon_t^* \tag{3.19}$$

在原假设 $H_0: \gamma=0$ 下，式（3.19）的常数项为 0，并且 y_{t-1} 对应的参数仅为 ϕ_{11}，以及 ε_t^* 渐近等价于 ε_t，此时原假设等价于：$H_0: \beta_2=\beta_3=\beta_4=0$，因此约束模型可表示为

$$y_t = \phi_{11}y_{t-1} + \varepsilon_t \tag{3.20}$$

可以构造 LM 统计量或者 Wald 统计量检验模型的线性性，定义 Wald 统计量

① 为了数学推导上的方便，式（3.17）的平滑转移函数中多了 -0.5 一项，此种做法并不改变 STAR 模型及平滑转移函数的其他性质。

W_0，如果是 STAR（p）模型，定义相应的 Wald 统计量为 W_0'，则有

$$W_0 = T \frac{\tilde{\varepsilon}'\tilde{\varepsilon} - \hat{\varepsilon}'\hat{\varepsilon}}{\hat{\varepsilon}'\hat{\varepsilon}} \qquad (3.21)$$

式中，$\hat{\varepsilon}$ 表示非约束模型的残差向量，$\tilde{\varepsilon}$ 表示约束模型的残差向量。在原假设下，如果约束模型是平稳的，即 $\phi_{11} < 1$，那么 W_0 服从自由度为 3 的 χ^2 分布；但如果约束模型是随机游走过程，即 $\phi_{11} = 1$，W_0 的极限分布并不是常规的 χ^2 分布。

目前，已经有文献开始对此问题进行讨论，如 Kilic（2004），Harvey 和 Leybourne（2007），Harvey 等（2008）。但他们的研究均是在一阶泰勒展开的基础上进行的，并且仅讨论了原假设是随机游走的情况。对此，本书将在局部非平稳 STAR 框架下，更为深入地讨论线性性检验问题：一方面，将已有文献的研究框架拓展到在三阶泰勒展开下进行，使其更具有广泛适用性；另一方面，本书不仅讨论了局部随机游走 STAR 过程，还讨论了局部随机趋势 STAR 过程以及含有确定性趋势的 STAR 模型的线性性检验。

3.2.1 局部随机游走的 STAR 模型线性性检验

1. 检验统计量的构建与极限分布

考虑如下含有局部随机游走过程的 LSTAR（1）模型：

$$
\begin{aligned}
&y_t = y_{t-1} + (\theta_0 + \theta_1 y_{t-1})F(s_t;\gamma,c) + \varepsilon_t \ , \ t = 1,2,\cdots,T \\
&F(s_t;\gamma,c) = \{1 + \exp[-\gamma(y_{t-1} - c)]\}^{-1} - 0.5, \ \gamma > 0 \qquad (3.22) \\
&\varepsilon_t \sim \mathrm{iid}(0,\sigma^2)
\end{aligned}
$$

式中，$F(s_t;\gamma,c)$ 为平滑转移函数；s_t,γ,c 分别表示转移变量、转移速度参数及门限值，为了行文方便，本书选择 y_{t-1} 作为转移变量，在此基础上构建的 Wald 统计量的极限分布与 y_{t-d} 作为转移变量的极限分布相同。当然，常用的转移变量也可以是 Δy_{t-d} 或者确定性趋势 t，其 Wald 统计量的极限分布推导原理及有限样本下统计特性的分析也与 y_{t-1} 作为转移变量情形下相似，因此，本小节只给出 y_{t-1} 作为转移变量情形下的分析结果。在式（3.22）基础上，通过三阶泰勒展开构造检验回归式：

$$y_t = \beta_0 + \beta_1 y_{t-1} + \beta_2 y_{t-1}^2 + \beta_3 y_{t-1}^3 + \beta_4 y_{t-1}^4 + \varepsilon_t^* \qquad (3.23)$$

原假设为 H_0: $\beta_2 = \beta_3 = \beta_4 = 0$，并且在原假设下，约束模型为随机游走过程，定义 Wald 统计量 W_{nd}，其表达式为

$$W_{\mathrm{nd}} = T \frac{\tilde{\varepsilon}'\tilde{\varepsilon} - \hat{\varepsilon}'\hat{\varepsilon}}{\hat{\varepsilon}'\hat{\varepsilon}} \qquad (3.24)$$

或者

$$W_{\mathrm{nd}} = (\boldsymbol{b}_T - \boldsymbol{\beta})' \boldsymbol{R}' [\boldsymbol{R} s_T^2 (\boldsymbol{X}'\boldsymbol{X})^{-1} \boldsymbol{R}']^{-1} \boldsymbol{R}(\boldsymbol{b}_T - \boldsymbol{\beta}) \qquad (3.25)$$

式中，$\hat{\varepsilon}$ 表示非约束模型的残差向量，$\tilde{\varepsilon}$ 表示约束模型的残差向量；$\boldsymbol{\beta}$ 为参数向量，$\boldsymbol{b}_T$ 为 $\boldsymbol{\beta}$ 的最小二乘估计向量；$\boldsymbol{R}$ 为参数约束矩阵，其行数为约束条件个数，列数是参数个数，元素为约束条件对每个参数的偏导数；$\boldsymbol{X}$ 为检验回归式中的解释变量矩阵，s_T^2 为误差项方差的估计量，T 为样本容量。

假定 3.1：数据生成过程 $y_t = y_{t-1} + \varepsilon_t$，$y_0$ 可以是 $O_p(1)$ 的随机变量或者是常数，为方便推导，假设 $y_0 = 0$，$\varepsilon_t \sim \mathrm{iid}(0, \sigma^2)$，$E|\varepsilon_t|^\tau < \infty, \tau \geqslant 8$。

定理 3.1：满足假定 3.1，在原假设 H_0: $\beta_2 = \beta_3 = \beta_4 = 0$ 下，W_{nd} 的极限分布为[①]

$$W_{\mathrm{nd}} \Rightarrow (\boldsymbol{R}\boldsymbol{Q}_{\mathrm{nd}}^{-1}\boldsymbol{h}_{\mathrm{nd}})'(\boldsymbol{R}\boldsymbol{Q}_{\mathrm{nd}}^{-1}\boldsymbol{R}')^{-1}(\boldsymbol{R}\boldsymbol{Q}_{\mathrm{nd}}^{-1}\boldsymbol{h}_{\mathrm{nd}}) \qquad (3.26)$$

在备择假设下，W_{nd} 是一致检验统计量。附录 A 中给出了详细的推导过程。

当式（3.22）中的误差项具有序列相关时，可以仿照扩展的 Dickey-Fuller 单位根检验（Augmented Dickey-Fuller 单位根检验，以下简称 ADF 检验），在检验回归式（3.23）中加入因变量的差分滞后项，如式（3.27），滞后阶数由 SC 准则或 ACC 准则确定。

$$y_t = \beta_0 + \beta_1 y_{t-1} + \beta_2 y_{t-1}^2 + \beta_3 y_{t-1}^3 + \beta_4 y_{t-1}^4 + \sum_{j=1}^{p} \Delta y_{t-j} + \varepsilon_t^* \qquad (3.27)$$

假定 3.2：数据生成过程 $y_t = y_{t-1} + u_t$，y_0 可以是 $O_p(1)$ 的随机变量或者是常数，为方便推导，假设 $y_0 = 0$，$u_t = \psi(L)\varepsilon_t = \sum_{i=0}^{\infty} \psi_i \varepsilon_{t-i}, \sum_{i=0}^{\infty} i|\psi_i| < \infty$，$\varepsilon_t \sim \mathrm{iid}(0, \sigma^2)$，

---

① 在本书中，"$\Rightarrow$"表示依分布收敛于，"$\xrightarrow{p}$"表示依概率收敛于。

$E|\varepsilon_t|^\tau < \infty, \tau \geqslant 8$。

定理 3.2：满足假定 3.2，在原假设 H_0：$\beta_2 = \beta_3 = \beta_4 = 0$ 下，W_{nd} 的极限分布与式（3.26）相同，在备择假设下，W_{nd} 是一致检验统计量。附录 A 中给出了详细的推导过程。

考虑更一般的形如式（3.5）的局部随机游走 STAR（p）模型，即平滑转移部分的自回归阶数为 p 阶，在这种情况下，检验回归式变为

$$
\begin{aligned}
y_t = {}& \alpha + \rho y_{t-1} + \beta_{11} y_{t-1} y_{t-1} + \beta_{21} y_{t-1} y_{t-1}^2 + \beta_{31} y_{t-1} y_{t-1}^3 + \\
& \beta_{12} y_{t-2} y_{t-1} + \cdots + \beta_{1p} y_{t-p} y_{t-1} + \beta_{22} y_{t-2} y_{t-1}^2 + \cdots + \beta_{2p} y_{t-p} y_{t-1}^2 + \\
& \beta_{32} y_{t-2} y_{t-1}^3 + \cdots + \beta_{3p} y_{t-p} y_{t-1}^3 + \sum_{j=1}^{p} \Delta y_{t-j} + \varepsilon_t^*
\end{aligned} \tag{3.28}
$$

相应地，原假设为 H_0：$\beta_{11} = \beta_{12} = \cdots = \beta_{1p} = \cdots = \beta_{2p} = \cdots = \beta_{3p} = 0$，但由于 $\sum y_{t-i} y_{t-j}, i,j=1,2,\cdots,p$ 的极限分布都相同，使得 $(\boldsymbol{X'X})$ 成为奇异矩阵，所以，在这种情况下，无法推导出 W_{nd} 的极限分布。对此，将式（3.28）变成式（3.29）的形式：

$$
\begin{aligned}
y_t = {}& \beta_0 + \beta_1 y_{t-1} + \beta_2 y_{t-1}^2 + \beta_3 y_{t-1}^3 + \beta_4 y_{t-1}^4 + \\
& \beta_5 \Delta y_{t-1} y_{t-1} + \beta_6 \Delta y_{t-1} y_{t-1}^2 + \beta_7 \Delta y_{t-1} y_{t-1}^3 + \sum_{j=1}^{p} \Delta y_{t-j} + \varepsilon_t^*
\end{aligned} \tag{3.29}
$$

相应地，原假设变为 H_0：$\beta_2 = \beta_3 = \beta_4 = \beta_5 = \beta_6 = \beta_7 = 0$，在此基础上，构造的 Wald 统计量定义为 AW_{nd}，下面给出其极限分布定理。

定理 3.3：满足假定 3.2，在原假设 H_0：$\beta_2 = \beta_3 = \beta_4 = \beta_5 = \beta_6 = \beta_7 = 0$ 下，AW_{nd} 的极限分布为

$$
\mathrm{AW}_{nd} \Rightarrow \boldsymbol{h}_2' \boldsymbol{Q}_{nd}^{-1} \boldsymbol{R}' (\boldsymbol{R} \boldsymbol{Q}_{nd}^{-1} \boldsymbol{R}')^{-1} \boldsymbol{R} \boldsymbol{Q}_{nd}^{-1} \boldsymbol{h}_2 + \boldsymbol{h}_3' \boldsymbol{\Gamma}^{-1} \boldsymbol{h}_3 \tag{3.30}
$$

在备择假设下，AW_{nd} 是一致检验统计量。附录 A 给出了详细的推导过程。

2. 检验统计量有限样本下的性质

上述极限分布表明，W_{nd} 与 AW_{nd} 的极限分布都不是 χ^2 分布，而是维纳过程的泛函。因此，需要分析这两个统计量有限样本下的性质。本节采用 Monte Carlo 方法模拟出 W_{nd} 与 AW_{nd} 有限样本下的分布，并给出常用水平下的检验临界值。

令数据生成过程为：$y_t = y_{t-1} + \varepsilon_t$，$y_0 = 0$，$\varepsilon_t \sim \mathrm{iid}N$（0，1）。分别考察样本容

量 T 为 100、200、300、400、500、600、700、800、900、1 000 共 10 种情形，针对每个样本容量模拟 10 000 次，从而可以得到 W_{nd} 与 AW_{nd} 统计量常用检验水平 0.10、0.05、0.025、0.01 下的检验临界值。

已有文献中关于检验临界值的确定有两种方法：一种方法是，当检验统计量的有限样本分布随样本容量的变化而有较大差异时，可模拟出一些特定样本容量的分位数，然后估计出分位数的响应面函数，进而可以得到任意样本容量下的检验临界值；另一种方法是，当统计量不同样本容量的分布差异不大时，可以用一个较大样本容量下的临界值作为检验临界值。

图 3.7 与图 3.8 分别显示了在 90%、95% 以及 99% 水平下，W_{nd} 与 AW_{nd} 的分位数随样本容量的变化，可以看出在不同样本容量下，这两个统计量的分位数变化都较小，所以，采用上述第二种方法，选择 $T = 10\ 000$ 下的分位数来确定检验临界值，常用水平的检验临界值见表 3.1[①]。

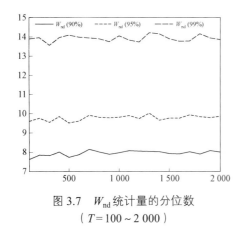

图 3.7　W_{nd} 统计量的分位数
（$T = 100 \sim 2\ 000$）

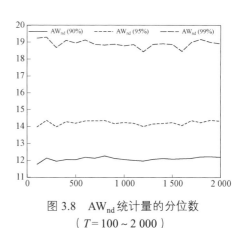

图 3.8　AW_{nd} 统计量的分位数
（$T = 100 \sim 2\ 000$）

表 3.1　W_{nd} 与 AW_{nd} 统计量的检验临界值

统计量	a			
	0.10	0.05	0.025	0.01
W_{nd}	8.04	9.90	11.66	13.87
AW_{nd}	12.14	14.30	16.37	19.02

① 表中 α 表示显著性水平，以下相同。

图 3.9 与图 3.10 给出了 W_{nd} 与 AW_{nd} 统计量在 $T=10\ 000$ 下由核密度方法估计的概率密度分布, 可以看出, 这两个统计量的分布都显著异于 χ^2 分布, W_{nd} 比 $\chi^2(3)$ 的分布尾部更厚, AW_{nd} 比 $\chi^2(6)$ 的分布尾部更厚[①]。

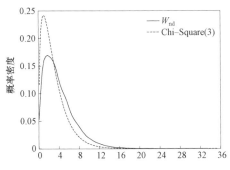 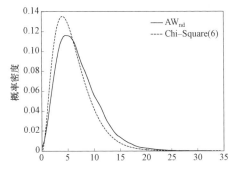

图 3.9　W_{nd} 统计量的样本分布($T=10\ 000$)　　图 3.10　AW_{nd} 统计量的样本分布($T=10\ 000$)

3.2.2　局部随机趋势的 STAR 模型线性性检验

1. 检验统计量的构建与极限分布

考虑如下含有局部随机趋势过程的 LSTAR（1）模型：

$$y_t = a + y_{t-1} + (\theta_0 + \theta_1 y_{t-1})F(s_t; \gamma, c) + \varepsilon_t, \quad t = 1, 2, \cdots, T$$
$$F(s_t; \gamma, c) = \{1 + \exp[-\gamma(y_{t-1} - c)]\}^{-1} - 0.5, \quad \gamma > 0 \quad (3.31)$$
$$\varepsilon_t \sim iid(0, \sigma^2)$$

式中, $a \neq 0$, 其他参数含义均与前文所述相同。对平滑转移函数进行三阶泰勒展开, 式（3.31）可近似为

$$y_t = \beta_0 + \beta_1 y_{t-1} + \beta_2 y_{t-1}^2 + \beta_3 y_{t-1}^3 + \beta_4 y_{t-1}^4 + \varepsilon_t^* \quad (3.32)$$

线性性检验的原假设为 $H_0: \beta_2 = \beta_3 = \beta_4 = 0$, 在此原假设下, 约束模型为随机趋势过程, 构造 Wald 检验统计量 W_1, 其表达式与式（3.24）或者式（3.25）相同, 但极限分布却差异很大。

假定 3.3：数据生成过程 $y_t = a + y_{t-1} + \varepsilon_t, a \neq 0$, y_0 可以是 $O_p(1)$ 的随机变量或者是常数, 为方便推导, 假设 $y_0 = 0$, $\varepsilon_t \sim iid(0, \sigma^2)$。

---

① 本书图中涉及的 χ^2 分布均用 Chi–Square（·）表示, 括号内数字是 χ^2 分布的自由度。

定理 3.4：满足假定 3.3，在原假设 H_0：$\beta_2 = \beta_3 = \beta_4 = 0$ 下，$W_1 \Rightarrow \chi^2(3)$。在备择假设下，$W_1$ 是一致检验统计量。附录 A 中给出了详细的推导过程。

假定 3.4：数据生成过程 $y_t = a + y_{t-1} + u_t, a \neq 0$，$y_0$ 可以是 $O_p(1)$ 的随机变量或者是常数，为方便推导，假设 $y_0 = 0$，$u_t = \psi(L)\varepsilon_t = \sum_{i=0}^{\infty} \psi_i \varepsilon_{t-i}, \sum_{i=0}^{\infty} i|\psi_i| < \infty$，$\varepsilon_t \sim \text{iid}(0, \sigma^2)$。

当式（3.31）中误差项存在序列相关时，可用式（3.27）作为检验回归式，在假定 3.4 下，W_1 的极限分布与定理 3.4 情况下相同。

在式（3.7）更一般的局部随机趋势 STAR 模型下，可采用上述式（3.29）的检验回归式，原假设 H_0：$\beta_2 = \beta_3 = \beta_4 = \beta_5 = \beta_6 = \beta_7 = 0$，在此基础上构建的 Wald 统计量定义为 AW_1。

定理 3.5：满足假定 3.4，在原假设 H_0：$\beta_2 = \beta_3 = \beta_4 = \beta_5 = \beta_6 = \beta_7 = 0$ 下，$\text{AW}_1 \Rightarrow \chi^2(6)$。在备择假设下，$\text{AW}_1$ 是一致检验统计量。附录 A 中给出了推导过程。

此外，可以先对式（3.31）进行差分，以消除局部随机趋势，然后对剩余部分进行泰勒展开，构造检验回归式（3.33），并定义 Wald 检验统计量为 W_d：

$$\Delta y_t = \beta_0 + \rho y_{t-1} + \beta_2 y_{t-1}^2 + \beta_3 y_{t-1}^3 + \beta_4 y_{t-1}^4 + \varepsilon_t^* \qquad (3.33)$$

定理 3.6：满足假定 3.3，在原假设 H_0：$\beta_2 = \beta_3 = \beta_4 = 0$ 下，$W_d \Rightarrow \chi^2(3)$。在备择假设下，$W_d$ 是一致检验统计量。附录 A 中给出了推导过程。

同样，当式（3.31）中误差项存在序列相关时，可在式（3.33）中加入差分滞后变量，所构造的 W_d 统计量同样服从 $\chi^2(3)$ 分布。

对于更一般的式（3.7）模型，可以先进行差分，然后构建检验回归式（3.34）：

$$\Delta y_t = \beta_0 + \rho y_{t-1} + \beta_2 y_{t-1}^2 + \beta_3 y_{t-1}^3 + \beta_4 y_{t-1}^4 +$$
$$\beta_5 \Delta y_{t-1} y_{t-1} + \beta_6 \Delta y_{t-1} y_{t-1}^2 + \beta_7 \Delta y_{t-1} y_{t-1}^3 + \sum_{j=1}^{p} \Delta y_{t-j} + \varepsilon_t^* \qquad (3.34)$$

定理 3.7：在原假设 H_0：$\beta_2 = \beta_3 = \beta_4 = \beta_5 = \beta_6 = \beta_7 = 0$ 下，构建 Wald 检验统计量 AW_d，满足假定 3.4，$\text{AW}_d \Rightarrow \chi^2(6)$。在备择假设下，$\text{AW}_d$ 是一致检验统计量。附录 A 中给出了推导过程。

2. 检验统计量有限样本下的性质

尽管 W_1 统计量、AW_1 统计量、W_d 统计量以及 AW_d 统计量的极限分布都是 χ^2

分布,但在有限样本尤其是小样本下,这些统计量的分布都与 χ^2 分布有较大差异。为分析这些统计量有限样本下的性质,考虑数据生成过程: $y_t = a + y_{t-1} + \varepsilon_t$, $y_0 = 0$, $\varepsilon_t \sim iidN(0, 1)$。其中, $a = \{0.1, 0.5, 0.9\}$,样本容量 $T = \{100, 500, 1\,000, 2\,000, 10\,000\}$,采用 Monte Carlo 方法对每个数据生成过程模拟 10 000 次,可以得到这四个统计量有限样本下的分布,图 3.11~图 3.16 是核密度方法估计的统计量概率密度。

从图 3.11 可以看出,在 $T = 100$ 情况下,无论 $a = 0.1$, 0.5 还是 $a = 0.9$, W_1 统计量的分布都比 $\chi^2(3)$ 分布的尾部更厚,峰值更低,但随着 a 值的增大,其所对应的 W_1 统计量的分布也越接近于 $\chi^2(3)$ 分布。图 3.12 所示为 $T = 10\,000$ 时 W_1 统计量的分布,可以看出,不管是在 $a = 0.1$ 还是 $a = 0.9$ 的情况下, W_1 统计量的分布都基本上与 $\chi^2(3)$ 分布重合。可见,在小样本下,数据生成过程的随机趋势斜率 a 值影响 W_1 统计量的样本分布,只有在大样本下, W_1 的分布才接近 $\chi^2(3)$,且不受 a 值的影响。

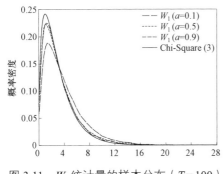 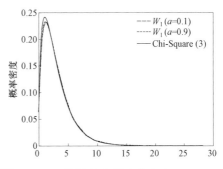

图 3.11　W_1 统计量的样本分布($T = 100$)　　图 3.12　W_1 统计量的样本分布($T = 10\,000$)

同样,对于 W_d 统计量也有类似的结论。图 3.13 给出的是 $a = 0.1$, $T = 100$, 500, 1 000, 2 000 时 W_d 统计量的分布,可以看出,随着样本容量的增加, W_d 的分布尾部变得更薄,也就越接近 $\chi^2(3)$ 分布。图 3.14 表明在小样本下, W_d 的分布并不是 $\chi^2(3)$ 分布,并且随机趋势斜率 a 值越小,其所对应的 W_d 的分布尾部就越厚,只有当样本容量很大时,如 $T = 10\,000$,即使 $a = 0.1$, W_d 的分布也接近于 $\chi^2(3)$ 分布。

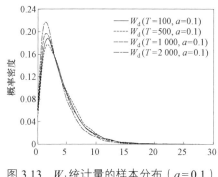

图 3.13　W_d 统计量的样本分布（$a=0.1$）

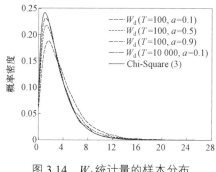

图 3.14　W_d 统计量的样本分布

由于在小样本下，W_1 与 W_d 的分布都不是 $\chi^2(3)$ 分布，所以在进行线性性检验时就不能用 $\chi^2(3)$ 分布的临界值，因此，仍需采用模拟的方法来估计小样本下的检验临界值。但还有另外一个问题困扰我们，即真实数据生成过程中的 a 值影响统计量的分布，而并不知道真实的 a 值。考虑到在经济时间序列中，时间趋势的斜率一般不可能超过 0.3，因此，为得到 W_1 与 W_d 检验统计量不受 a 值影响的检验临界值，采用 Phillips 和 Sul（2003）的方法，假定数据生成过程为 $y_t = a + y_{t-1} + \varepsilon_t$，$y_0 = 0$，并且 a 服从均匀分布 $a \sim U[0, 0.3]$，$\varepsilon_t \sim iidN(0, 1)$。采用 Monte Carlo 模拟方法在不同样本容量下均模拟 10 000 次，得到 W_1 与 W_d 统计量不同样本容量下的检验临界值，如表 3.2 与表 3.3 所示。也可以通过模拟方法获得多个样本容量下的检验临界值，并很容易估计出检验临界值的响应面函数。表 3.2 与表 3.3 中给出了几个常用样本容量下的检验临界值，这对于分析实际问题已经够用，可以看出，相同样本容量下，W_1 与 W_d 统计量的检验临界值较为接近，并且当样本容量超过 2 000 后，检验临界值便已经近似于 $\chi^2(3)$ 分布的临界值。所以，在样本容量超过 2 000 时，W_1 与 W_d 统计量可以使用 $\chi^2(3)$ 分布的临界值进行线性性检验。

表 3.2　W_1 统计量的检验临界值 $[a \sim U(0, 0.3)]$

T	a			
	0.10	0.05	0.025	0.01
$T=100$	7.96	9.92	11.56	14.00
$T=200$	7.93	9.71	11.51	13.91

续表

T	a			
	0.10	0.05	0.025	0.01
$T = 500$	7.35	9.18	10.92	13.52
$T = 1\ 000$	6.81	8.40	10.02	12.14
$T = 1\ 500$	6.57	8.36	9.99	12.41
$T = 2\ 000$	6.32	7.90	9.52	11.38
$T = 10\ 000$	6.28	7.85	9.41	11.33

表 3.3　W_d 统计量的检验临界值 $[a \sim U(0,\ 0.3)]$

T	a			
	0.10	0.05	0.025	0.01
$T = 100$	8.06	9.86	11.71	13.95
$T = 200$	8.02	9.68	11.62	14.52
$T = 500$	7.33	9.15	10.83	13.11
$T = 1\ 000$	6.89	8.69	10.34	12.37
$T = 1\ 500$	6.65	8.11	9.78	11.77
$T = 2\ 000$	6.48	7.98	9.53	11.77
$T = 10\ 000$	6.27	7.86	9.36	11.43

　　同样，AW_1 与 AW_d 统计量有限样本下的分布也可采用 Monte Carlo 模拟方法估计，如图 3.15 与图 3.16 所示。可以看出，与 W_1 及 W_d 统计量的情况类似，在小样本下，AW_1 与 AW_d 统计量的分布均比 $\chi^2(6)$ 分布的尾部更厚，峰值更低，并且其分布受随机趋势斜率 a 值的影响，当 a 值增大时，其所对应的 AW_1 与 AW_d 统计量的分布逐渐接近 $\chi^2(6)$ 分布，只有在较大样本下，如 $T = 10\ 000$ 时，AW_1 与 AW_d 统计量的分布才不受 a 值的影响，并接近于 $\chi^2(6)$ 分布。

　　由于 AW_1 与 AW_d 统计量小样本下的分布受 a 值的影响，用上述同样的方法模拟出 AW_1 与 AW_d 统计量的检验临界值。假定数据生成过程为 $y_t = a + y_{t-1} + \varepsilon_t$，$y_0 = 0$，$a$ 服从均匀分布 $a \sim U[0,\ 0.3]$，$\varepsilon_t \sim iidN(0,\ 1)$，采用 Monte Carlo 模拟方法在不同样本容量下均模拟 10 000 次，得到 AW_1 与 AW_d 统计量不同样本容量

下的检验临界值，如表 3.4 与表 3.5 所示。可以看出，相同水平下，AW_1 与 AW_d 统计量的检验临界值相差不大，当样本容量超过 2 000 后，其检验临界值与 $\chi^2(6)$ 分布的临界值较为接近，所以，在实际应用中，当样本容量超过 2 000 时，可以采用 $\chi^2(6)$ 分布的临界值作为 AW_1 与 AW_d 统计量的检验临界值。

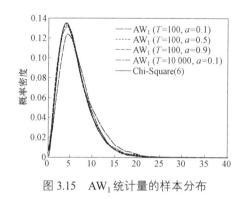

图 3.15　AW_1 统计量的样本分布

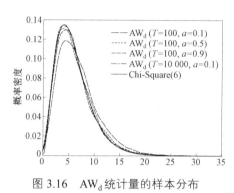

图 3.16　AW_d 统计量的样本分布

表 3.4　AW_1 统计量的检验临界值 $[a \sim U(0, 0.3)]$

T	a			
	0.10	0.05	0.025	0.01
$T=100$	12.17	14.31	16.53	19.86
$T=200$	12.13	14.09	16.38	19.51
$T=500$	11.52	13.43	15.54	17.92
$T=1\,000$	11.03	13.02	14.82	17.35
$T=1\,500$	10.91	13.08	14.77	17.16
$T=2\,000$	10.83	12.71	14.65	17.12
$T=10\,000$	10.68	12.65	14.41	16.82

表 3.5　AW_d 统计量的检验临界值 $[a \sim U(0, 0.3)]$

T	a			
	0.10	0.05	0.025	0.01
$T=100$	12.30	14.62	16.89	20.03
$T=200$	12.17	14.41	16.65	19.13
$T=500$	11.69	13.73	16.10	18.38
$T=1\,000$	11.16	13.08	15.31	18.03

续表

T	a			
	0.10	0.05	0.025	0.01
T = 1 500	10.84	12.81	14.69	17.05
T = 2 000	10.71	12.70	14.62	16.88
T = 10 000	10.67	12.59	14.50	16.81

3.2.3　含有确定性趋势的 STAR 模型线性性检验

1. 检验统计量的构建与极限分布

考虑如下含有确定性趋势的 LSTAR（1）过程：

$$y_t = a_0 + bt + (\theta_0 + \theta_1 y_{t-1})F(s_t; \gamma, c) + \varepsilon_t \tag{3.35}$$

$$b \neq 0, \ |\theta_1| < 1, \ \varepsilon_t \sim \text{iid}(0, \sigma^2)$$

如果根据 Teräsvirta（1994）进行线性性检验，则检验回归式为

$$y_t = \beta_0 + \beta_1 y_{t-1} + \beta_2 y_{t-1}^2 + \beta_3 y_{t-1}^3 + \beta_4 y_{t-1}^4 + \varepsilon_t^* \tag{3.36}$$

原假设 H_0：$\beta_2 = \beta_3 = \beta_4 = 0$，在此原假设下，式（3.35）的约束模型为趋势平稳过程。定义 Wald 类检验统计量为 W_2，根据式（3.24）或者式（3.25）可以推导 W_2 的极限分布。

假定 3.5：数据生成过程 $y_t = a_0 + bt + \varepsilon_t, b \neq 0$，$y_0$ 可以是 $O_p(1)$ 的随机变量或者常数，为方便推导，假设 $y_0 = 0$，$\varepsilon_t \sim \text{iid}(0, \sigma^2)$。

定理 3.8：满足假定 3.5，在式（3.36）及 H_0：$\beta_2 = \beta_3 = \beta_4 = 0$ 下，W_2 的极限分布为

$$\text{TW}_2 \Rightarrow \frac{1}{2}(RQ_4^{-1}h)'(RQ_4^{-1}R')^{-1}(RQ_4^{-1}h) \tag{3.37}$$

附录 A 中给出了详细的推导过程。可见，如果数据生成过程是形如式（3.35）的具有确定性趋势的 STAR 过程，采用 Teräsvirta（1994）的方法进行线性性检验，所构造的 W_2 统计量的极限分布不仅不是常规的 $\chi^2(3)$ 分布，而且是以速度 T 退化的，因此不能采用 W_2 统计量对式（3.35）的情况进行线性性检验。

为了更直观地分析这一问题，采用 Monte Carlo 模拟方法估计了有限样本下 W_2 统计量的分布。假定数据生成过程为 $y_t = 0.1 + bt + \varepsilon_t$，$\varepsilon_t \sim \text{iid}N(0, 1)$，$y_0 = 0$，

$b=\{0.1，0.5\}$，$T=\{100，500，1\,000\}$，Monte Carlo 模拟在不同数据生成过程下均模拟 10 000 次，图 3.17 显示了四种数据生成过程下 W_2 统计量的分布。可以看出，当 $b=0.1$ 时，W_2 统计量的分布随着样本容量的增加方差变得越来越小，退化迹象显著；当 $T=100$，$b=0.5$ 时，W_2 统计量的分布比 $T=1\,000$，$b=0.1$ 时的情况更加左移，这说明，在有限样本下，数据生成过程中的确定性趋势斜率 b 值越大，W_2 统计量分布的退化趋势越严重。

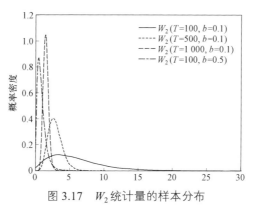

图 3.17 W_2 统计量的样本分布

为了避免上述 W_2 分布退化的情况，首先对含有确定性趋势的 STAR 模型进行 OLS 退势，然后对剩余部分采用 Teräsvirta（1994）的方法进行线性性检验，或者，也可以采用 Elliott（1996）提出的 GLS 退势方法，但对于非线性模型而言，要找到 GLS 退势方法中合适的参数可能相当困难。因此，首先对式（3.12）中的任意一个模型进行 OLS 退势，退势剩余部分用 $\tilde{y}_t$ 表示，即 $\tilde{y}_t = y_t - \tilde{\alpha} - \tilde{\beta}t$，然后对 $\tilde{y}_t$ 构建检验回归式：

$$\tilde{y}_t = \tilde{\beta}_0 + \tilde{\beta}_1 \tilde{y}_{t-1} + \tilde{\beta}_2 \tilde{y}_{t-1}^2 + \tilde{\beta}_3 \tilde{y}_{t-1}^3 + \tilde{\beta}_4 \tilde{y}_{t-1}^4 + \sum_{j=1}^{p} \Delta \tilde{y}_{t-j} + \tilde{\varepsilon}_t^* \qquad (3.38)$$

相应地，原假设为 H_0: $\tilde{\beta}_2 = \tilde{\beta}_3 = \tilde{\beta}_4 = 0$，定义 Wald 类检验统计量为 W_t，我们可以根据式（3.24）或者式（3.25）推导 W_t 的极限分布。

假定 3.6：数据生成过程 $y_t = a_0 + bt + u_t, b \neq 0$，$a_0$ 是可以取 0 的实数，y_0 是 $O_p(1)$ 的随机变量或者常数，为方便推导，假设 $y_0 = 0$，$u_t = \psi(L)\varepsilon_t = \sum_{i=0}^{\infty} \psi_i \varepsilon_{t-i}$，$\sum_{i=0}^{\infty} i|\psi_i| < \infty$，$\varepsilon_t \sim \mathrm{iid}(0, \sigma^2)$。

定理 3.9：满足假定 3.6，在检验回归式（3.38）及原假设 H_0：$\tilde{\beta}_2 = \tilde{\beta}_3 = \tilde{\beta}_4 = 0$ 下，$W_t \Rightarrow \chi^2(3)$。在备择假设下，$W_t$ 是一致检验统计量。附录 A 中给出了推导过程。

对于式（3.12）中平滑转移部分含有 p 阶自回归的更一般情况，我们仍然采用上述方法，构建式（3.39）检验回归式：

$$\tilde{y}_t = \tilde{\beta}_0 + \tilde{\beta}_1 \tilde{y}_{t-1} + \tilde{\beta}_2 \tilde{y}_{t-1}^2 + \tilde{\beta}_3 \tilde{y}_{t-1}^3 + \tilde{\beta}_4 \tilde{y}_{t-1}^4 +$$
$$\tilde{\beta}_5 \Delta \tilde{y}_{t-1} \tilde{y}_{t-1} + \tilde{\beta}_6 \Delta \tilde{y}_{t-1} \tilde{y}_{t-1}^2 + \tilde{\beta}_7 \Delta \tilde{y}_{t-1} \tilde{y}_{t-1}^3 + \sum_{j=1}^{p} \Delta \tilde{y}_{t-j} + \tilde{\varepsilon}_t^* \qquad (3.39)$$

原假设 H_0：$\tilde{\beta}_2 = \tilde{\beta}_3 = \tilde{\beta}_4 = \tilde{\beta}_5 = \tilde{\beta}_6 = \tilde{\beta}_7 = 0$，构建 Wald 检验统计量 AW_t，并可以根据式（3.24）或者式（3.25）推导 AW_t 的极限分布。

定理 3.10：满足假定 3.6，在原假设 H_0：$\tilde{\beta}_2 = \tilde{\beta}_3 = \tilde{\beta}_4 = \tilde{\beta}_5 = \tilde{\beta}_6 = \tilde{\beta}_7 = 0$ 下，$AW_t \Rightarrow \chi^2(6)$。在备择假设下，$AW_t$ 是一致检验统计量。附录 A 中给出了推导过程。

2. 检验统计量有限样本下的性质

下面分析 W_t 与 AW_t 统计量有限样本下的统计性质。假定数据生成过程为 $y_t = 0.1 + bt + \varepsilon_t$，$\varepsilon_t \sim \text{iid} N(0, 1)$，$y_0 = 0$，$b = \{0.1, 0.5\}$，$T = \{100, 500, 1\,000, 10\,000\}$，采用 Monte Carlo 模拟方法在不同数据生成过程下模拟 10 000 次，图 3.18 与图 3.19 分别显示了不同数据生成过程下 W_t 与 AW_t 统计量的样本分布。可以看出，在各种情况下，W_t 统计量的样本分布都近似为 $\chi^2(3)$ 分布，AW_t 统计量的分布也近似为 $\chi^2(6)$ 分布，因此，即使在小样本下，使用 W_t 与 AW_t 统计量进行线性性检验时，其检验临界值都可直接使用 χ^2 分布的临界值，而无须再通过模拟方式估计。

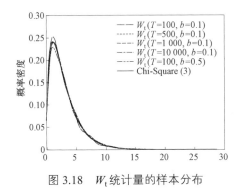

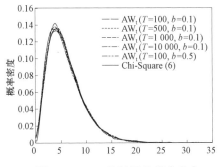

图 3.18　W_t 统计量的样本分布　　　　图 3.19　AW_t 统计量的样本分布

3.3 局部平稳性未知情况下的稳健线性性检验[①]

以上分析传递了关于线性性检验的三点重要信息。

第一，检验统计量的极限分布及有限样本分布依赖于 STAR 模型的局部平稳性。如果 STAR 模型局部区制都是平稳的，那么 Wald 检验统计量的极限分布服从 χ^2 分布；如果 STAR 模型含有局部非平稳过程，那么 Wald 检验统计量的极限分布可能服从 χ^2 分布，也有可能服从维纳过程的泛函。

第二，检验统计量的选择依赖于数据是否呈现出明显的时间趋势特征。如果数据没有明显的时间趋势，可以选择 W_0（W_0'），W_{nd}（AW_{nd}），W_d（AW_d）或者 W_1（AW_1）；如果数据显示出明显的时间趋势，可以选择 W_d（AW_d）或者 W_t（AW_t）统计量。

第三，检验统计量的选择依赖于 STAR 模型局部区制的数据生成过程。如果局部区制是平稳过程，选择 W_0（W_0'）；如果局部区制是随机游走过程，选择 W_{nd}（AW_{nd}）；如果局部区制是随机趋势过程，选择 W_d（AW_d）或者 W_1（AW_1）；如果局部区制是趋势平稳过程，选择 W_t（AW_t）统计量。

这样，在线性性检验的实际应用中，研究者将面临新的挑战，因为事先并不知道数据是线性的还是非线性的，局部区制的数据生成类型更是无从谈起，所以没有任何依据选择正确的检验统计量。一种可行的解决办法是不考虑局部平稳性问题，设法构造出一个稳健检验统计量，使其在局部平稳与局部非平稳条件下都有较高的检验功效和良好的检验水平。本节将就此问题进行尝试，根据数据是否表现出明显的时间趋势特征，本书分别构建无明显时间趋势的稳健线性性检验统计量，以及具有明显时间趋势的稳健线性性检验统计量。

3.3.1 无明显时间趋势数据的稳健线性性检验

对于没有明显时间趋势数据的线性性检验，可供选择的统计量有 W_0（W_0'），

① 本节部分内容发表在《数量经济技术经济研究》2012 年第 1 期。

W_{nd}（$\mathrm{AW}_{\mathrm{nd}}$）以及 W_1（AW_1），实际上也可以选择 W_{d}（AW_{d}），但采用这个统计量要求先对数据进行差分，因而，其检验回归式与前三个统计量有所不同，而前三个统计量具有相同的检验回归式。所以，将在这三个统计量的基础上构建稳健统计量，用于无明显时间趋势数据的线性性检验。

回顾上文所述的检验回归式：

$$y_t = \beta_0 + \beta_1 y_{t-1} + \beta_2 y_{t-1}^2 + \beta_3 y_{t-1}^3 + \beta_4 y_{t-1}^4 + \varepsilon_t^* \tag{3.40}$$

原假设 H_0：$\beta_2 = \beta_3 = \beta_4 = 0$，由于没有约束 β_0 和 β_1，所以在原假设下 y_t 的数据生成过程是未定的，可能是 $I(0)$ 过程、随机游走过程或随机趋势过程。在这种情况下，定义一个 Wald 统计量 W_{T}，在原假设 H_0：$\beta_2 = \beta_3 = \beta_4 = 0$ 及检验式（3.40）下，有以下三种可能：

$$W_{\mathrm{T}} = \begin{cases} W_0, & \text{原假设下}\,y_t\text{是}I(0)\text{过程} \\ W_{\mathrm{nd}}, & \text{原假设下}\,y_t\text{是随机游走过程} \\ W_1, & \text{原假设下}\,y_t\text{是随机趋势过程} \end{cases}$$

目标是构建一个新的统计量能融合以上这三种情况，即在原假设下不论 y_t 是什么数据生成过程，都使用同一个检验回归式以及相同的检验临界值，并使得这个统计量在三种情况下都能有较好的检验效果。已有文献中，Harvey 和 Leybourne（2007）对此进行了尝试，他们采用 Vogelsang（1998）的方法构建了一个修正统计量，本书采用类似的方法，下面简述该方法的核心思想。

假设 H_{T} 表示一个用以检验原假设下 y_t 是 $I(0)$ 还是 $I(1)$ 的统计量，在 y_t 是 $I(1)$ 情况下，该统计量的极限分布是 H，而在 y_t 是 $I(0)$ 情况下，该统计量依概率收敛于 0。定义稳健统计量 W_{m}，其计算式为

$$W_{\mathrm{m}} = \exp(-\lambda H_{\mathrm{T}}) W_{\mathrm{T}} \tag{3.41}$$

在原假设下，如果 y_t 是 $I(0)$ 过程，则 $W_{\mathrm{T}} = W_0$，并且 H_{T} 依概率收敛于 0，所以 $W_{\mathrm{m}} \Rightarrow W_0 \sim \chi^2(3)$；在原假设下，如果 y_t 是随机游走过程，则 $W_{\mathrm{T}} = W_{\mathrm{nd}}$，因为 H_{T} 存在极限分布 H，所以此时 $W_{\mathrm{m}} \Rightarrow \exp(-\lambda H) W_{\mathrm{nd}}$；在原假设下，如果 y_t 是随机趋势过程，则 $W_{\mathrm{T}} = W_1$，此时 $W_{\mathrm{m}} \Rightarrow \exp(-\lambda H) W_1$。如果找到了一个合适的 λ 使得式（3.42）成立，即

$$\Pr\{W_0 > c_\alpha\} = \Pr\{\exp(-\lambda H)W_{nd} > c_\alpha\} = \Pr\{\exp(-\lambda H)W_1 > c_\alpha\} = \alpha \quad （3.42）$$

那么，在检验水平 α 下，检验统计量 W_m 可以使用 $\chi^2(3)$ 分布的临界值 c_α，而无须考虑在原假设下 y_t 的实际数据生成过程是 $I(0)$ 还是 $I(1)$。这样，就实现了构建一个稳健统计量以融合以上三种情况的目标。但关键的问题是：如何选择检验统计量 H_T 以及合适的 λ？

Harvey 和 Leybourne（2007）采用 $\left|DF_T\right|^{-1}$ 作为 H_T，DF_T 是最常用的 DF 单位根检验统计量。在原假设下，如果 y_t 是 $I(1)$ 过程，DF_T 收敛于维纳过程的泛函；如果 y_t 是 $I(0)$ 过程，DF_T 统计量则发散，因此 $\left|DF_T\right|^{-1}$ 依概率收敛于 0，这表明 $\left|DF_T\right|^{-1}$ 符合 H_T 的要求。本书同样选择 $\left|DF_T\right|^{-1}$ 作为 H_T。

对于 λ 值的确定，Harvey 和 Leybourne（2007）认为 λ 值依赖于检验水平 α，所以采用 Monte Carlo 模拟方法模拟出一些检验水平所对应的 λ 值，然后通过回归方法估计出 λ 值关于检验水平 α 及其多项式的响应面函数，以此来确定特定检验水平下的 λ 值。Harvey 和 Leybourne（2007）的方法只适用于两种统计量的情况，而本书是三种统计量，用估计响应面的方法不可能同时兼顾 W_1 与 W_{nd}。本书采用非参数方法来获得合适的 λ 值。考虑到在有限样本下，式（3.42）所体现的本质思想实际上把两个非 χ^2 分布的统计量"扭曲"成为 χ^2 分布，而 λ 的作用是控制"扭曲"程度，因此，可以采用核密度估计方法估计出 $\exp(-\lambda H_T)W_{nd}$ 与 $\exp(-\lambda H_T)W_1$ 的概率密度，并选择这两个分布都比较接近 χ^2 分布时的 λ 值作为最终的 λ 值。基于此种想法，本书分别考虑样本容量 $T=\{100，200，500，1\,000\}$，$\lambda=\{0.05，0.10，\cdots，0.50\}$ 的不同情况，在每个样本容量及不同的 λ 值下，Monte Carlo 模拟 10\,000 次以估计概率密度。模拟结果显示，在几种样本容量下，最合适的 λ 值都是 0.25，这也表明，样本容量对 λ 值的确定影响不大。

此外，根据式（3.41）可知，$W_m = \exp(-\lambda H_T)W_T = O_p(1)W_T$，而 W_T 在三种情况下都是一致检验统计量，所以在备择假设下，W_m 是一致检验统计量。

在更一般的 STAR(p) 及误差存在序列相关情况下，检验式变为

$$y_t = \beta_0 + \beta_1 y_{t-1} + \beta_2 y_{t-1}^2 + \beta_3 y_{t-1}^3 + \beta_4 y_{t-1}^4 +$$
$$\beta_5 \Delta y_{t-1} y_{t-1} + \beta_6 \Delta y_{t-1} y_{t-1}^2 + \beta_7 \Delta y_{t-1} y_{t-1}^3 + \sum_{j=1}^{p} \Delta y_{t-j} + \varepsilon_t^* \quad （3.43）$$

原假设 H_0：$\beta_2 = \beta_3 = \beta_4 = \beta_5 = \beta_6 = \beta_7 = 0$，定义 $\mathrm{AW_T}$，同样存在三种可能：

$$\mathrm{AW_T} = \begin{cases} W_0', & \text{原假设下} y_t \text{是} I(0) \text{过程} \\ \mathrm{AW_{nd}}, & \text{原假设下} y_t \text{是随机游走过程} \\ \mathrm{AW_1}, & \text{原假设下} y_t \text{是随机趋势过程} \end{cases}$$

构建稳健统计量 $\mathrm{AW_m}$，其计算式为

$$\mathrm{AW_m} = \exp(-\lambda H_T) \mathrm{AW_T} \tag{3.44}$$

此时采用 $|\mathrm{ADF_T}|^{-1}$ 作为 H_T，按照上述同样的方法确定最合适的 λ 值为 0.15。同样，在备择假设下，$\mathrm{AW_m}$ 是一致检验统计量。

3.3.2　有明显时间趋势数据的稳健线性性检验

对于有明显时间趋势数据的稳健线性性检验，可以选择的统计量有 W_d（$\mathrm{AW_d}$）或者 W_t（$\mathrm{AW_t}$）统计量，因此将在这两个统计量的基础上构建稳健统计量。与上述无明显时间趋势数据的稳健线性性检验不同，这两个统计量的检验回归式不同，但却有相同的极限分布，都是 χ^2 分布。

首先考虑误差项不存在序列相关性的 STAR（1）模型。如前所述，如果 STAR 模型的时间趋势性源自局部区制的随机趋势，那么线性性检验的回归式应采用差分形式，即如下形式：

$$\Delta y_t = \beta_0 + \rho y_{t-1} + \beta_2 y_{t-1}^2 + \beta_3 y_{t-1}^3 + \beta_4 y_{t-1}^4 + \varepsilon_t^* \tag{3.45}$$

在原假设 H_0：$\beta_2 = \beta_3 = \beta_4 = 0$ 下，实际的数据生成过程是随机趋势过程，或者可以说 STAR（1）模型的下区制（或者中间区制）是随机趋势过程，则正确地检验统计量应为 W_d。

如果 STAR 模型的时间趋势性源自确定性趋势，那么线性性检验应采用对数据退势后的回归式，即

$$\tilde{y}_t = \tilde{\beta}_0 + \tilde{\beta}_1 \tilde{y}_{t-1} + \tilde{\beta}_2 \tilde{y}_{t-1}^2 + \tilde{\beta}_3 \tilde{y}_{t-1}^3 + \tilde{\beta}_4 \tilde{y}_{t-1}^4 + \tilde{\varepsilon}_t^* \tag{3.46}$$

式中，$\tilde{y}_t = y_t - \tilde{\alpha} - \tilde{\beta} t$，在原假设 H_0：$\tilde{\beta}_2 = \tilde{\beta}_3 = \tilde{\beta}_4 = 0$ 下，相应的检验统计量为 W_t。

由于事先不知道数据的时间趋势性是源于随机趋势还有源于确定性趋势，所

以单独使用以上任何一个统计量进行线性性检验都可能犯错误——错误差分或者错误退势，都可能使线性性检验完全失效。因此，目标是寻找一个稳健统计量，不考虑数据时间趋势的具体来源，或者说，无论时间趋势源自随机趋势还是源自确定性趋势，这个统计量都应该有较好的检验效果。

迄今为止，尚未发现已有文献讨论过这个问题。但 Harvey 等（2008）在研究上述无明显时间趋势 STAR 模型的线性性检验时，提出了一种构造稳健统计量的方法，该方法的应用条件是：有两个不同的检验回归式以及两个不同的检验统计量，但这两个检验统计量的极限分布是相同的。式（3.45）与式（3.46）及相应的检验统计量完全符合这个条件，所以，将采用他们的思想来构建稳健统计量。该方法的核心思想是：取两个统计量的加权平均作为稳健统计量，并寻找合适的权数使得稳健统计量的极限分布不变。下面阐述该思想在本书中的应用。

定义稳健统计量 W_{rt} 及加权系数 ω，使得

$$W_{\mathrm{rt}} = (1-\omega)W_t + \omega W_{\mathrm{d}} \qquad (3.47)$$

式中，ω 应该选择一个随机函数，使得：当 y_t 的时间趋势性源于确定性时间趋势时，ω 依概率收敛于 0，因而 W_{rt} 渐近等价于 W_t；当 y_t 的时间趋势性源于随机趋势时，ω 依概率收敛于 1，因而 W_{rt} 渐近等价于 W_{d}。这样，不管在哪种情况下，稳健统计量 W_{rt} 的极限分布没有改变，都是 χ^2 分布，因此可采用 χ^2 分布的临界值进行线性性检验。同时，式（3.47）的稳健表达式表明，无论 y_t 的时间趋势源于何种模式，在渐近意义上，W_{rt} 都等价于实际应该采用的正确检验统计量。

本书采用 Harvey 等（2007，2008）的做法，定义 ω 函数为

$$\omega(S,D) = \exp\left[-g\left(\frac{S}{D} \right)^2 \right] \qquad (3.48)$$

式中，g 是一个正的常数，而 S 与 D 通常是单位根检验或平稳性检验的统计量，使得式（3.47）在任何情况下都收敛于 χ^2 分布。Harvey 等（2008）选择带有截距项的 ADF 统计量作为 S，选择 Harris 等（2003）的非参数平稳性检验统计量作为 D。而本书选择带有趋势项的 ADF 检验统计量作为 S，选择带有趋势项的 KPSS 检验统计量作为 D。

如果 y_t 的时间趋势性源于确定性时间趋势，那么，ADF 统计量发散，KPSS 统计量是 $O_p(1)$，所以根据式（3.48），ω 依概率收敛于 0；采用式（3.46）及原假设 H_0：$\tilde{\beta}_2 = \tilde{\beta}_3 = \tilde{\beta}_4 = 0$ 进行线性性检验，$W_t \Rightarrow \chi^2(3)$；而由定理 3.8 可知，在原假设下，实际的数据是趋势平稳过程时，采用式（3.36）的检验式进行线性性检验，Wald 统计量是以速度 T 退化的，同样，如果采用式（3.45）及原假设 H_0：$\beta_2 = \beta_3 = \beta_4 = 0$ 进行线性性检验，W_d 统计量也是以速度 T 退化的。因此，当 y_t 的时间趋势性源于确定性时间趋势时，有

$$
\begin{aligned}
W_{rt} &= (1-\omega)W_t + \omega W_d \\
&= [1 - o_p(1)]W_t + o_p(1)O_p(T^{-1}) \\
&\xrightarrow{p} W_t \Rightarrow \chi^2(3)
\end{aligned}
\tag{3.49}
$$

如果 y_t 的时间趋势性源于随机趋势，那么 ADF 统计量是 $O_p(1)$ 变量，KPSS 统计量发散，所以根据式（3.48），ω 依概率收敛于 1；采用式（3.45）及原假设 H_0：$\beta_2 = \beta_3 = \beta_4 = 0$ 进行线性性检验，$W_d \Rightarrow \chi^2(3)$；而如果对随机趋势过程进行 OLS 退势，段鹏和张晓峒（2010）的研究表明，参数约束的 t 统计量服从维纳过程的泛函，由此表明，采用式（3.46）及原假设 H_0：$\tilde{\beta}_2 = \tilde{\beta}_3 = \tilde{\beta}_4 = 0$ 进行线性性检验，W_t 统计量是 $O_p(1)$ 变量。因此，当 y_t 的时间趋势性源于随机趋势时，有

$$
\begin{aligned}
W_{rt} &= (1-\omega)W_t + \omega W_d \\
&\xrightarrow{p} o_p(1)O_p(1) + W_d \\
&\xrightarrow{p} W_d \Rightarrow \chi^2(3)
\end{aligned}
\tag{3.50}
$$

综合式（3.49）及式（3.50），在原假设下，不论哪种情况，W_{rt} 的极限分布均是 $\chi^2(3)$。

但需要指出的是，当 y_t 的时间趋势性源于随机趋势时，W_{rt} 渐近等价于 W_d，尽管其极限分布是 $\chi^2(3)$，但在小样本下，W_d 的分布比 $\chi^2(3)$ 分布尾部更厚，前文已经对此进行了分析。因此，在小样本下，如果使用 $\chi^2(3)$ 的检验临界值进行线性性检验，会导致一定程度的水平扭曲。为避免检验水平扭曲现象，在样本容量小于 2 000 时，采用 $\chi^2(3)$ 分布临界值与 W_d 分布临界值的平均数作为 W_{rt} 统计量的检验临界值。

在备择假设下，W_d 与 W_t 都发散，而 W_{rt} 是 W_d 与 W_t 的加权平均，所以 W_{rt}

也发散，因此，W_{rt}是一致检验统计量。

g值不影响W_{rt}的极限分布，但在有限样本下，它控制着W_{rt}在W_d与W_t之间的转换。本书在$T=100$及$T=500$两个样本容量下，通过格点搜索以及Monte Carlo模拟方法，分别模拟在随机趋势与确定性趋势下，W_{rt}的实际检验水平，模拟结果显示，当$g=0.001$时，实际检验水平最接近名义检验水平，因此，在有限样本下确定g值为0.001。

在更一般的STAR(p)及误差存在序列相关情况下，定义稳健统计量为AW_{rt}，其计算式为AW_d与AW_t的加权平均：

$$\text{AW}_{\text{rt}} = (1-\omega)\text{AW}_t + \omega\text{AW}_d \tag{3.51}$$

ω表示与式（3.48）相同的随机函数，但g值却有所不同。AW_t与AW_d所对应的检验回归式及原假设与前文所述相同。

如果y_t的时间趋势性源于确定性时间趋势，那么ADF统计量为$O_p(T^{1/2})$，KPSS统计量是$O_p(1)$，对式（3.48）进行泰勒展开可得

$$\begin{aligned}
\omega(S,D) &= \exp\left[-g\left(\frac{S}{D}\right)^2\right] \\
&= \frac{1}{1+g\left(\dfrac{S}{D}\right)^2+\dfrac{g^2}{2}\left(\dfrac{S}{D}\right)^4+\dfrac{g^3}{6}\left(\dfrac{S}{D}\right)^6+\cdots} \\
&= \frac{1}{1+g\left|O_p(T)\right|+\dfrac{g^2}{2}\left|O_p(T^2)\right|+\dfrac{g^3}{6}\left|O_p(T^3)\right|+\cdots}
\end{aligned} \tag{3.52}$$

可见，ω是以任意快的速度收敛于0的。因此，在这种情况下，即使AW_d是发散的，ωAW_d仍是依概率收敛于0的，而$\text{AW}_t \Rightarrow \chi^2(6)$，所以，$\text{AW}_{\text{rt}} \Rightarrow \chi^2(6)$。

与上述式（3.50）所讨论的原理相同，如果y_t的时间趋势性源于随机趋势，在原假设下，$\text{AW}_{\text{rt}} \Rightarrow \chi^2(6)$。

因此，无论数据的时间趋势性源于随机趋势还是源于确定性趋势，都有$\text{AW}_{\text{rt}} \Rightarrow \chi^2(6)$，并且在备择假设下，$\text{AW}_{\text{rt}}$是一致检验统计量。

与W_{rt}统计量类似，在小样本下，AW_d的分布比$\chi^2(6)$分布尾部更厚，因此，在小样本下，如果使用$\chi^2(6)$的检验临界值进行线性性检验，会导致一定程度的

水平扭曲。为避免这种情况，采用小样本下 AW_d 的检验临界值与 $\chi^2(6)$ 检验临界值的平均数作为 AW_{rt} 的检验临界值。

使用上述同样的方法确定 g 值的最优取值，经过 10 000 次 Monte Carlo 模拟显示，当 $g=0.1$ 时，实际检验水平最接近名义检验水平，因此，本书在使用 AW_{rt} 统计量进行线性性检验时，g 值取 0.1。

■ 3.4　检验水平与检验功效

3.4.1　检验水平

1. 无时间趋势检验统计量的检验水平

如前文所述，无时间趋势数据线性性检验的统计量包括 W_0（W_0'），W_{nd}（AW_{nd}），W_1（AW_1）以及稳健统计量 W_{rn}（AW_{rn}），本节简称这些统计量为"无时间趋势检验统计量"，下面分析这些统计量的检验水平。

首先考虑 AR（1）数据生成过程：$y_t=a+\rho y_{t-1}+\varepsilon_t$，$y_0=0$，$\varepsilon_t \sim iidN(0，1)$。其中，$a=\{0，0.1，0.2，0.3\}$，$\rho=\{0.1，0.5，0.9，1.0\}$，考虑两个样本容量 $T=100$，500，Monte Carlo 模拟 10 000 次，名义检验水平为 5%[①]，实际检验水平模拟结果如表 3.6 所示。正如我们所预料的那样，当原假设下的数据生成过程含有单位根时，常规的检验统计量 W_0 出现检验水平扭曲现象，在样本容量是 100 的情况下，其实际检验水平大概是名义检验水平的 2 倍；本书构造的其他统计量的实际检验水平均在 5% 左右，因此，不存在检验水平扭曲现象。

表 3.6　无时间趋势数据线性性检验统计量的实际检验水平［AR（1）］　　%

ρ，a	$T=100$				$T=500$			
	W_0	W_{nd}	W_1	W_{rn}	W_0	W_{nd}	W_1	W_{rn}
0.1，0	5.9	3.5	3.7	4.2	4.9	2.0	2.7	4.4
0.5，0	4.4	3.7	3.7	4.2	4.2	1.4	2.1	4.2

---

① 本书余下部分的检验水平及检验功效的模拟均在 5% 名义水平下进行，模拟次数均为 10 000 次，考察样本容量都是 $T=100$，500。下文不再一一说明。

续表

ρ, a	$T=100$				$T=500$			
	W_0	W_{nd}	W_1	W_{rn}	W_0	W_{nd}	W_1	W_{rn}
0.9，0	5.0	3.1	3.8	4.1	4.1	1.6	2.2	4.2
1.0，0	8.9	4.2	4.0	4.2	10.7	5.0	5.5	4.3
1.0，0.1	10.2	4.7	4.7	4.3	10.5	4.8	5.3	4.4
1.0，0.2	11.5	4.5	4.6	4.4	6.9	2.9	4.0	3.9
1.0，0.3	9.5	4.5	4.5	4.1	5.5	2.2	3.1	3.8

为了分析更一般情况下检验统计量的检验水平，考虑 AR（2）数据生成过程：$(1-\phi_1 L)(1-\phi_2 L) y_t = a + \varepsilon_t$，$y_0 = 0$，$\varepsilon_t \sim \text{iid} N(0, 1)$。其中，$a = \{0, 0.1, 0.3\}$，$\phi_1 = \{1.0, 0.1\}$，$\phi_2 = \{0.1, 0.5, 0.9\}$，实际检验水平模拟结果如表 3.7 所示。同样，在线性单位根过程下，常规的检验统计量 W'_0 存在检验水平扭曲现象，而其他统计量没有检验水平扭曲现象。

表 3.7　无时间趋势数据线性性检验统计量的实际检验水平［AR（2）］　　%

a, ϕ_1, ϕ_2	$T=100$				$T=500$			
	W'_0	AW_{nd}	AW_1	AW_{rn}	W'_0	AW_{nd}	AW_1	AW_{rn}
0，0.1，0.1	5.4	3.3	3.3	4.7	4.7	2.3	2.8	4.3
0，0.1，0.5	4.9	3.1	2.9	4.2	4.0	2.0	2.3	3.5
0，0.1，0.9	5.2	2.9	2.9	4.4	4.5	2.3	2.8	4.0
0，1.0，0.1	8.2	5.5	5.5	5.4	9.5	5.4	6.6	5.2
0，1.0，0.5	9.6	5.6	5.6	5.6	8.5	5.2	6.1	4.8
0.1，1.0，0.1	9.4	4.5	4.5	4.5	9.4	4.7	5.9	3.8
0.3，1.0，0.5	11.0	7.3	7.3	5.8	6.0	3.3	3.9	2.0

2. 有时间趋势检验统计量的检验水平

对于具有时间趋势数据的线性性检验，本书构造的统计量包括 W_t（AW_t），W_d（AW_d）以及稳健统计量 W_{rt}（AW_{rt}），本节简称这些统计量为"有时间趋势检验统计量"，下面分析这些统计量的检验水平。

考虑 AR（1）过程：$y_t = a + bt + \rho y_{t-1} + \varepsilon_t$，$y_0 = 0$，$\varepsilon_t \sim \text{iid}N(0, 1)$。其中，$a = \{0, 0.1, 0.2, 0.3\}$，$\rho = \{0.1, 1.0\}$，$b = \{0, 0.1, 0.2, 0.3\}$。当 $\rho = 1.0$，$b = 0$ 时，数据的时间趋势来源于随机趋势；当 $\rho = 0.1$，$b = \{0.1, 0.2, 0.3\}$ 时，数据的时间趋势来源于确定性时间趋势。同样，Monte Carlo 模拟 10 000 次，上述三个变量的实际检验水平如表 3.8 所示。可以看出，除了 W_d 统计量在确定性时间趋势过程 $b = 0.1$ 时有水平扭曲外，其他统计量在几种数据生成过程下均具有良好的检验水平，不存在扭曲现象。而在确定性时间趋势过程下，使用 W_d 统计量进行线性性检验本身就是错误的，因此，出现检验水平扭曲也在预料之中。我们更关心的是所构建的稳健统计量 W_{rt} 是否具有良好的检验水平，模拟结果显示，W_{rt} 统计量的实际检验水平均接近或小于 5%，不存在水平扭曲现象。

表 3.8　有时间趋势数据线性性检验统计量的实际检验水平 [AR（1）]　　　　%

ρ，a，b	$T = 100$			$T = 500$		
	W_t	W_d	W_{rt}	W_t	W_d	W_{rt}
1.0，0.1，0	4.7	6.0	5.5	6.6	5.8	6.4
1.0，0.2，0	4.4	5.2	5.4	6.9	3.3	5.1
1.0，0.3，0	4.1	4.4	4.8	5.5	2.3	3.2
0.1，0，0.1	4.4	9.2	3.1	4.4	0.0	3.0
0.1，0，0.2	5.0	0.6	3.3	4.2	0.0	3.3
0.1，0，0.3	4.5	0.0	2.4	4.3	0.0	3.2

考虑 AR（2）过程：$(1 - \phi_1 L)(1 - \phi_2 L)y_t = a + bt + \varepsilon_t$，$y_0 = 0$，$\varepsilon_t \sim \text{iid}N(0, 1)$。其中，$a = \{0, 0.1, 0.2, 0.3\}$，$\phi_1 = \{1.0, 0.1\}$，$\phi_2 = \{0.1, 0.5\}$，$b = \{0, 0.1, 0.2, 0.3\}$。当 $\phi_1 = 1.0$，$b = 0$ 时，数据生成过程为随机趋势过程；当 $\phi_1 = 0.1$，$b = \{0.1, 0.2, 0.3\}$ 时，数据生成过程为确定性趋势过程。AW_t，AW_d 以及稳健统计量 AW_{rt} 的实际检验水平如表 3.9 所示。可以看出，三个统计量在几种数据生成过程下，都没有检验水平扭曲现象。

表 3.9　有时间趋势数据线性性检验统计量的实际检验水平［AR（2）］　　%

ϕ_1，ϕ_2	a，b	$T=100$			$T=500$		
		AW_t	AW_d	AW_{rt}	AW_t	AW_d	AW_{rt}
1.0，0.1	0.1，0	4.6	4.4	3.3	5.1	6.3	4.1
	0.2，0	4.3	5.2	3.5	5.0	3.8	4.4
	0.3，0	4.9	4.4	4.4	4.5	2.7	4.3
1.0，0.5	0.1，0	5.6	5.5	4.8	5.6	6.0	5.1
	0.2，0	5.8	5.8	4.7	6.2	4.0	5.6
	0.3，0	5.4	6.0	4.6	6.1	4.2	5.3
0.1，0.1	0，0.1	4.4	1.3	3.3	4.6	0.1	3.6
	0，0.2	4.4	0.1	3.2	4.4	0	3.6
	0，0.3	5.2	0.1	3.9	4.1	0	3.4
0.1，0.5	0，0.1	5.1	0.4	4.0	4.6	0	3.9
	0，0.2	4.6	0.2	2.9	3.9	0.1	2.9
	0，0.3	4.9	0.1	3.6	4.4	0.1	3.3

3.4.2　检验功效

1. 无时间趋势检验统计量的检验功效

为分析无时间趋势检验统计量的检验功效，分别考虑下面 LSTAR（1）、ESTAR（1）、LSTAR（2）及 ESTAR（2）过程，并保证这些数据生成过程整体上没有时间趋势特征。

首先考虑如下 LSTAR（1）过程：

$$y_t = a + \rho y_{t-1} + \phi y_{t-1} F(y_{t-1};\gamma,c) + \varepsilon_t$$
$$F(y_{t-1};\gamma,c) = \{1 + \exp[-5(y_{t-1} - c)]\}^{-1} \qquad (3.53)$$
$$\varepsilon_t \sim iidN(0,1), y_0 = 0$$

式中，$a = \{0, 0.1, 0.2, 0.3\}$，$\rho = \{0.1, 1.0\}$，$\phi = \{0.5, 0.7, -0.7, -0.9\}$，$c = \{-3, -1, 0, 1, 3\}$，并且固定 $\gamma = 5$，表 3.10 给出了在上述这几个 LSTAR 数据生成过程下无时间趋势检验统计量的检验功效。

表 3.10　无时间趋势数据线性性检验统计量的检验功效［LSTAR（1）］　　%

ρ, a	ϕ	c	$T=100$				$T=500$			
			W_0	W_{nd}	W_1	W_{rn}	W_0	W_{nd}	W_1	W_{rn}
0.1，0.1	0.5	-3	10.1	5.3	5.3	7.4	26.8	16.6	19.2	24.9
		-1	22.0	12.7	12.9	19.8	87.2	78.8	82.6	85.7
		0	21.0	11.0	11.1	17.8	82.7	72.8	76.2	82.0
		1	32.3	19.0	19.2	31.1	98.8	96.1	97.5	98.0
		3	6.4	3.3	3.3	5.3	16.7	9.9	11.4	16.0
0.1，0.3	0.7	-3	7.8	4.5	4.5	7.5	20.9	13.7	15.6	19.9
		-1	21.9	13.0	13.1	18.7	78.7	67.0	71.6	77.4
		0	22.9	13.7	13.8	18.9	84.9	76.3	80.1	85.7
		1	53.3	36.9	37.4	50.8	99.8	99.8	99.8	99.7
		3	14.5	9.8	9.8	13.5	55.2	47.1	50.0	54.2
1.0，0	-0.7	-3	6.5	6.5	6.5	9.0	33.0	32.7	34.1	37.8
		-1	38.6	38.3	38.4	42.6	60.8	60.6	62.7	60.8
		0	21.6	21.4	21.5	23.6	42.6	42.3	45.2	43.8
		1	26.8	26.4	26.5	28.9	45.3	44.9	47.8	47.2
		3	37.2	36.7	36.9	38.8	49.8	49.5	52.2	51.0
1.0，0	-0.9	-3	6.8	6.7	6.8	9.7	26.4	26.3	28.6	33.4
		-1	58.6	58.4	58.5	60.3	69.2	69.2	70.5	68.5
		0	26.9	26.5	26.8	28.6	48.0	47.1	50.5	48.5
		1	31.6	31.3	31.5	34.4	48.5	48.4	51.3	49.9
		3	43.5	43.2	43.3	44.2	55.1	54.9	57.1	54.9
1.0，0.1	-0.7	-3	4.6	4.4	4.4	7.2	21.9	21.7	23.2	26.6
		-1	51.5	50.9	51.3	58.2	98.0	98.0	98.3	98.3
		0	34.7	34.5	34.5	39.6	94.6	94.3	94.9	95.3
		1	39.5	38.8	39.3	44.8	96.1	96.1	96.8	97.0
		3	62.4	62.2	62.4	65.5	97.1	97.1	97.4	97.4
1.0，0.2	-0.7	-3	3.5	3.4	3.5	6.3	14.2	14.1	15.4	18.6
		-1	52.8	52.2	52.3	61.5	100.0	100.0	100.0	100.0
		0	40.7	40.1	40.4	49.3	100.0	100.0	100.0	100.0
		1	54.3	53.6	53.9	61.8	100.0	100.0	100.0	100.0
		3	83.3	83.2	83.3	86.5	100.0	100.0	100.0	100.0

注：W_0 的检验功效是经水平修正后的检验功效（size－corrected power）。

　　表 3.10 前两栏的数据生成过程是完全平稳过程，即在线性性检验原假设下，数据生成过程是平稳的。此种情况下，预期采用常规检验统计量 W_0 的检验功效是最高的，模拟结果也与预期相符合，在 $T=100$，500 以及不同的门限值下，W_0 的检验功效均是最高的。但由于事先并不知道数据的（局部）真实生成过程，所以在应用中采用稳健统计量 W_m，可以看出，在不同门限值下，W_m 的检验功效仅比 W_0 的低 2% 左右，说明本书构建的稳健统计量与最优的检验统计量相比，仅有微弱的效率损失，从而达到了预期设定的稳健目标。

　　同时，模拟结果表明，门限值对检验功效影响显著，当门限值适中时，这四个统计量会有较高的检验功效，而门限值过大或过小时，数据更多地集中在某一个极端区制，因而数据的非线性特征变弱，导致线性性检验功效下降。此外，模拟结果也显示，平滑转移部分的自回归系数越大，检验功效也越高。

　　表 3.10 的第三、四栏的数据生成过程是局部随机游走的 STAR 过程，即在线性性检验的原假设下，数据生成过程是随机游走过程。在这种情况下，预期 W_{nd} 与 W_1 的检验功效会比较高，但从模拟结果上看，W_0，W_{nd} 与 W_1 的检验功效相差不大[①]，而稳健统计量 W_m 的检验功效是最高的，这表明该统计量充分综合了三种统计量的信息，从而具有很好的适用性，也达到了构建统计量时的预期目标。同样，平滑转移部分的自回归系数（绝对值）越大，检验功效越高。

　　表 3.10 最后两栏的数据生成过程是局部具有随机趋势的 STAR 过程，但其整体上并没有明显的时间趋势特征。在原假设下，数据生成过程为随机趋势，预期 W_1 的检验功效最高，但从模拟的结果上看，仍然是 W_0，W_{nd} 与 W_1 的检验功效相差不大，稳健统计量 W_m 的检验功效最高。并且，在其他条件相同的情况下，局部随机趋势的斜率越大，检验统计量的检验功效越高。

　　以上模拟分析表明，对没有明显时间趋势的 LSTAR（1）数据进行线性性检验，本书构建的稳健统计量 W_m 在各种情况下都具有较高的检验功效，因此，在实际应用中，无须考虑数据生成过程的局部平稳性问题，不管数据生成过程是局

---

　　① 在这种情况下，W_0 存在检验水平扭曲现象，为修正这种扭曲，其检验临界值应该更大，我们采用格点搜索的方法，逐渐增大检验临界值，直至其实际水平与名义检验水平 5%接近时，搜索停止，取该值为水平修正的检验临界值。

部平稳的、局部随机游走过程还是局部随机趋势过程，W_{rn} 统计量均有很好的适用性。

考虑如下 ESTAR（1）过程：

$$y_t = a + \rho y_{t-1} + \phi y_{t-1} F(y_{t-1}; \gamma, c) + \varepsilon_t$$
$$F(y_{t-1}; \gamma, c) = \{1 - \exp[-\gamma(y_{t-1})^2]\}^{-1} \qquad (3.54)$$
$$\varepsilon_t \sim \mathrm{iid} N(0,1), y_0 = 0$$

式中，$a = \{0, 0.1, 0.2, 0.3\}$，$\rho = \{0.1, 1.0\}$，$\phi = \{0.7, -0.9\}$，$\gamma = \{0.1, 0.5, 1.0\}$，并且固定 $c = 0$。表 3.11 给出了在上述这几个 ESTAR 数据生成过程下无时间趋势检验统计量的检验功效。

表 3.11　无时间趋势数据线性性检验统计量的检验功效［ESTAR（1）］　　%

ρ, a	ϕ	γ	$T = 100$				$T = 500$			
			W_0	W_{nd}	W_1	W_{rn}	W_0	W_{nd}	W_1	W_{rn}
0.1, 0.3	0.7	0.1	16.1	8.9	9.1	15.0	74.7	63.1	67.0	74.1
		0.5	27.1	17.4	17.4	24.0	96.7	93.2	94.5	96.2
		1.0	11.5	6.0	6.0	9.3	42.6	29.8	33.8	41.2
1.0, 0	−0.9	0.1	36.8	36.1	36.5	46.1	99.5	99.5	99.6	99.7
		0.5	31.6	31.1	31.3	42.8	97.1	97.1	97.8	98.6
		1.0	14.6	14.3	14.5	22.5	67.0	66.9	71.6	77.9
1.0, 0.1	−0.9	0.1	38.8	38.2	38.5	49.0	99.5	99.4	99.6	99.7
		0.5	31.9	31.5	31.6	43.2	97.7	97.6	98.3	98.8
		1.0	15.4	15.0	15.1	23.2	67.7	66.9	72.2	79.4
1.0, 0.2	−0.9	0.1	43.0	42.4	42.6	54.3	99.9	99.8	99.9	99.9
		0.5	32.3	31.9	32.0	43.9	98.0	98.0	98.3	99.2
		1.0	16.1	16.0	16.0	23.3	73.8	73.4	77.2	83.6

注：W_0 的检验功效是经水平修正后的检验功效。

表 3.11 所传达的信息与上述 LSTAR（1）的结果类似，在原假设下，当数据的生成过程平稳时，W_0 的检验功效最高，稳健统计量 W_{rn} 的检验功效与其相差不

大，尤其是在较大样本容量下；在原假设下，当数据生成过程含有单位根时，不管是随机游走过程还是随机趋势过程，W_0，W_{nd}与W_1的检验功效相差不大，而稳健统计量W_{rn}的检验功效是最高的。这表明，对没有明显时间趋势的ESTAR（1）数据进行线性性检验，本书构建的稳健统计量W_{rn}在各种情况下都具有较高的检验功效，因此，在应用中，无须考虑数据生成过程的局部平稳性问题，W_{rn}统计量具有很好的适用性。同样，随机趋势的斜率越大，检验统计量的检验功效越高，而平滑转移速度越慢，检验统计量的检验功效越高。

考虑如下LSTAR（2）过程：

$$(1-\phi_1 L)(1-\phi_2 L)y_t = a + (\theta_1 y_{t-1} + \theta_2 y_{t-2})F(y_{t-1};\gamma,c) + \varepsilon_t$$
$$F(y_{t-1};\gamma,c) = \{1 + \exp[-5(y_{t-1}-c)]\}^{-1} \qquad (3.55)$$
$$\varepsilon_t \sim \text{iid}N(0,1), y_0 = 0$$

式中，$\gamma=5$，$a=\{0, 0.1, 0.3\}$，$\phi_1=\{1.0, 0.1\}$，$\phi_2=\{0.1, 0.5, 0.7, 0.9\}$，$\theta_1=0.1$，$\theta_2=\{-0.5, -0.7\}$，$c=\{-3, -1, 0, 1, 3\}$，表3.12给出了在上述这几个LSTAR（2）数据生成过程下无时间趋势检验统计量的检验功效。

表3.12　无时间趋势数据线性性检验统计量的检验功效［LSTAR（2）］　　%

a，ϕ_1，ϕ_2	θ_1，θ_2	c	$T=100$				$T=500$			
			W_0'	W_{nd}	AW$_1$	W_{rn}	W_0'	W_{nd}	AW$_1$	W_{rn}
0，0.1，0.7	0.1，−0.5	−3	10.7	6.8	6.8	10.0	44.3	37.1	38.8	43.8
		−1	34.2	26.2	26.2	32.4	98.7	98.1	98.3	98.7
		0	32.7	24.7	24.7	30.5	98.3	97.5	97.8	98.2
		1	20.1	13.5	13.5	18.1	88.3	82.7	84.9	87.7
		3	6.9	4.1	4.1	5.8	24.1	17.3	19.6	23.2
0，0.1，0.9	0.1，−0.7	−3	74.5	70.6	70.6	74.0	100.0	100.0	100.0	100.0
		−1	87.2	80.7	80.7	86.2	100.0	100.0	100.0	100.0
		0	64.2	55.6	55.6	62.2	100.0	100.0	100.0	100.0
		1	44.2	34.8	34.8	41.1	99.5	99.1	99.5	98.6
		3	25.0	19.5	19.5	23.0	89.3	83.9	86.7	89.2

续表

a, ϕ_1, ϕ_2	θ_1, θ_2	c	$T = 100$				$T = 500$			
			W_0'	W_{nd}	AW$_1$	W_{rn}	W_0'	W_{nd}	AW$_1$	W_{rn}
0, 1.0, 0.1	0.1, −0.5	−3	44.1	44.7	44.7	47.8	92.0	92.0	92.5	92.2
		−1	34.5	34.7	34.7	36.6	66.1	66.1	67.6	66.3
		0	21.8	21.8	21.8	22.7	54.5	54.5	56.3	54.6
		1	20.3	20.3	20.3	20.9	44.3	44.3	46.7	45.4
		3	16.4	16.4	16.4	16.8	36.9	36.9	38.7	36.9
0.1, 1.0, 0.1	0.1, −0.7	−3	81.8	82.3	82.2	83.8	100.0	100.0	100.0	100.0
		−1	73.8	74.3	74.3	75.9	99.2	99.2	99.3	99.2
		0	55.1	55.6	55.4	60.3	97.0	97.1	97.3	97.2
		1	47.2	47.8	47.8	50.3	95.7	95.8	96.3	96.0
		3	41.8	41.9	41.9	45.8	94.0	94.0	94.9	94.5
0.3, 1.0, 0.5	0.1, −0.7	−3	99.8	99.8	99.8	100.0	100.0	100.0	100.0	100.0
		−1	99.4	99.5	99.5	99.3	100.0	100.0	100.0	100.0
		0	96.1	96.1	96.1	96.8	100.0	100.0	100.0	100.0
		1	93.2	93.6	93.6	94.9	100.0	100.0	100.0	100.0
		3	92.6	92.9	92.9	94.1	100.0	100.0	100.0	100.0

注：W_0' 的检验功效是经水平修正后的检验功效。

　　模拟结果与上述情况类似，不管在哪种情况下，稳健统计量 AW$_{rn}$ 的检验功效都较高，说明在更一般的 LSTAR 模型中，本书构建的稳健统计量仍具有很好的检验效果。具体分析，在原假设下，当数据的生成过程平稳时，W_0' 的检验功效最高，稳健统计量 AW$_{rn}$ 的检验功效与其相差不大，并且 2 阶自回归系数（绝对值）越大，统计量检验功效越高；在原假设下，当数据生成过程含有单位根时，不管是随机游走过程还是随机趋势过程，W_0'，AW$_{nd}$ 与 AW$_1$ 的检验功效相差不大，而稳健统计量 AW$_{rn}$ 的检验功效是最高的。这些都表明，本书所构建的统计量 AW$_{rn}$ 对高阶的 LSTAR 模型具有较好的适用性。

最后考虑如下 ESTAR（2）过程：

$$(1-\phi_1 L)(1-\phi_2 L)y_t = a + (\theta_1 y_{t-1} + \theta_2 y_{t-2})F(y_{t-1};\gamma,c) + \varepsilon_t$$
$$F(y_{t-1};\gamma,c) = \{1-\exp[-\gamma(y_{t-1})^2]\}^{-1} \qquad (3.56)$$
$$\varepsilon_t \sim iidN(0,1), y_0 = 0$$

式中，$c=0$，$a=\{0,0.3\}$，$\gamma=\{0.1,0.5,1.0\}$，$\phi_1=\{1.0,0.1\}$，$\phi_2=\{0.1,0.5,0.7\}$，$\theta_1=0.1$，$\theta_2=\{-0.5,-0.7\}$。表 3.13 给出了在上述几个 ESTAR（2）数据生成过程下无时间趋势检验统计量的检验功效。从模拟结果中可以得出与上述类似的结论，因此，本书构建的稳健统计量 AW_{rn} 对高阶的 ESTAR 模型仍然具有较好的适用性。

表 3.13　无时间趋势数据线性性检验统计量的检验功效〔ESTAR（2）〕　　%

a, ϕ_1, ϕ_2	θ_1, θ_2	γ	$T=100$				$T=500$			
			W_0'	W_{nd}	AW_1	AW_{rn}	W_0'	W_{nd}	AW_1	AW_{rn}
0, 0.1, 0.7	0.1, −0.5	0.1	10.5	6.2	6.2	9.4	35.6	26.3	29.5	34.5
		0.5	16.7	10.5	10.5	15.6	75.0	66.7	69.8	74.4
		1.0	19.3	13.8	13.8	18.6	70.9	62.2	65.6	70.2
0, 1.0, 0.1	0.1, −0.7	0.1	24.5	24.5	24.5	30.4	97.1	97.1	97.4	98.3
		0.5	29.0	29.8	29.8	36.8	97.8	97.8	98.0	98.7
		1.0	20.4	21.1	21.0	28.5	91.6	91.6	92.9	94.3
0.3, 1.0, 0.5	0.1, −0.7	0.1	69.2	70.1	70.0	77.0	90.0	89.5	89.5	89.5
		0.5	14.8	15.1	15.1	18.1	93.5	92.0	92.0	92.1
		1.0	4.9	5.0	5.0	6.7	99.5	98.6	98.6	98.6

注：W_0' 的检验功效是经水平修正后的检验功效。

2. 有时间趋势检验统计量的检验功效

对于有时间趋势数据的线性性检验统计量的检验功效问题，模拟设计可能稍显复杂一些，主要原因是数据生成过程的时间趋势特征对样本容量及各个参数很敏感，所构造的数据生成过程必须整体上或局部表现出时间趋势特征。下面仍分别考虑 LSTAR 过程与 ESTAR 过程。

首先考虑如下具有时间趋势特征的 LSTAR（1）过程：

$$y_t = a + bt + \rho y_{t-1} + (\delta t + \phi y_{t-1}) F(y_{t-1}; \gamma, c) + \varepsilon_t$$
$$F(y_{t-1}; \gamma, c) = \{1 + \exp[-5(y_{t-1} - c)]\}^{-1} \quad\quad (3.57)$$
$$y_0 = 0, \varepsilon_t \sim \text{iid} N(0,1) \text{或} \varepsilon_t \sim \text{iid} N(0,0.01)$$

式中，$\gamma = 5$，为保证数据能显示出时间趋势特性，分别考虑了几种不同组合的门限值：$c = \{5，10，15\}$，$c = \{0，1，5\}$，$c = \{1，5，10\}$，$c = \{1，3，5\}$，出于同样的目的，误差项的方差也有 1 与 0.01 两种不同的取值；$b = \{0，0.1\}$，$\rho = \{0.1，0.5，1.0\}$，$a = \{0.1，0.3\}$，$\phi = \{0.1，-0.1，-0.01\}$，$\delta = \{0.1，0\}$。各统计量在几种数据生成过程下检验功效的模拟结果见表 3.14。

表 3.14　有时间趋势数据线性性检验统计量的检验功效［LSTAR（1）］　　%

b	$\rho，a$	$\phi，\delta$	c	$T = 100$			$T = 500$		
				W_t	W_d	W_{rt}	W_t	W_d	W_{rt}
0	1.0, 0.1	−0.1, 0	5	1.5	92.9	94.6	12.7	100.0	99.6
$\varepsilon_t \sim N(0, 0.01)$			10	8.3	20.4	22.5	19.1	100.0	100.0
			15	4.7	2.0	2.8	65.5	100.0	100.0
0	1.0, 0.3	−0.01, 0	0	7.8	2.2	3.2	100.0	2.4	100.0
$\varepsilon_t \sim N(0, 0.01)$			1	6.9	2.7	3.6	100.0	2.5	100.0
			5	7.4	4.4	4.7	100.0	3.3	100.0
0.1	0.5, 0.1	−0.1, 0	1	4.6	0	3.2	4.0	0	2.8
$\varepsilon_t \sim N(0, 0.01)$			5	14.2	0	6.4	100	0	100.0
			10	13.4	0	0.2	100.0	0	100.0
0	0.1, 0.1	0.1, 0.1	1	11.3	7.7	8.1	26.8	0	24.2
$\varepsilon_t \sim N(0, 1)$			3	14.1	22.6	21.5	53.9	44.0	80.1
			5	4.1	1.9	2.3	5.3	2.1	3.8
0.1	0.1, 0.1	0.1, 0.1	1	5.3	0.0	3.6	4.6	0	2.4
$\varepsilon_t \sim N(0, 1)$			5	22.1	1.8	14.5	92.7	0	90.5
			10	18.3	44.9	47.8	100.0	0	100.0

表 3.14 中第一栏的数据生成过程是局部随机趋势过程,即数据的趋势性来源于随机趋势。当门限值 $c = 5$ 时,在 $T = 100$,500 两种情况下,数据都表现出先具有时间趋势然后无趋势的特征,这看起来类似于数据在斜率上发生结构突变,从检验功效的模拟结果上看,在这种情况下,W_d 与稳健统计量 W_{rt} 都具有很高的检验功效;随着门限值的增大,在 $T = 100$ 时,有更多的数据留在下区制,使得数据看起来更接近于线性随机趋势过程,因此,在 $T = 100$ 时,W_d 与稳健统计量 W_{rt} 的检验功效都很低;但在样本容量较大时,数据生成过程仍类似于结构突变,所以,在 $T = 500$ 时,W_d 与稳健统计量 W_{rt} 仍具有很高的检验功效。

表 3.14 的第二栏,取 $\phi = -0.01$,目的是让数据生成过程更接近随机趋势,但由于门限值的变化及误差项方差较小的原因,数据在 $T = 100$ 时,看起来更像 logt 函数,从结果上看,在小样本下,尽管数据仍显示出具有非线性特征,但本书构建的检验统计量对这样的数据检验功效很低;在 $T = 500$ 时,数据表现出先具有 logt 函数特征,然后无明显趋势,类似于 logt 函数的结构突变,此时,W_t 与 W_{rt} 都具有很高的检验功效,但 W_d 仍无法识别这种情况的非线性。

表 3.14 的第三、四、五栏的数据过程分别对应于式(3.12)中(1)、(2)、(3)。在 $T = 500$ 时,这三栏的数据生成过程都显示出类似于时间趋势的结构突变特征,因此,W_t 与 W_{rt} 都具有很高的检验功效;而在 $T = 100$ 时,门限值过低或过高都可以使数据表现出接近线性趋势的特征,因此,检验统计量的功效不高。

以上这些分析表明,对具有时间趋势的数据进行线性性检验时,本书构建的三个统计量的检验功效,都在一定程度上依赖于数据所呈现出的趋势特征,一般而言,数据如果表现出具有时间趋势的结构突变特征,那么稳健统计量 W_{rt} 会有较高的检验功效。

再考虑如下具有时间趋势特征的 ESTAR(1)过程:

$$y_t = a + bt + \rho y_{t-1} + (\delta t + \phi y_{t-1})F(y_{t-1};\gamma,c) + \varepsilon_t$$
$$F(y_{t-1};\gamma,c) = \{1 - \exp[-\gamma(y_{t-1} - c)^2]\} \tag{3.58}$$
$$y_0 = 0, \varepsilon_t \sim \text{iid}N(0,1) \text{或} \varepsilon_t \sim \text{iid}N(0,0.01)$$

式中,$b = \{0, 0.1\}$,$\rho = \{0.1, 0.5, 1.0\}$,$a = \{0.1, 0.3\}$,$\phi = \{0.1, -0.1, -0.01\}$,$\delta = \{0.1, 0\}$,$\gamma = \{0.1, 0.5, 1.0\}$,$c = \{2, 50\}$。检验功效模拟结果见表 3.15。

表 3.15　有时间趋势数据线性性检验统计量的检验功效［ESTAR（1）］　　%

b	ρ, a	ϕ, δ	γ	$T=100$			$T=500$		
				W_t	W_d	W_{rt}	W_t	W_d	W_{rt}
0	1.0, 0.1	$-0.1, 0$	0.1	3.2	41.7	46.0	9.4	94.8	37.3
$\varepsilon_t \sim N(0, 0.01)$			0.5	4.6	68.0	69.0	65.1	100.0	96.2
$c=2$			1.0	5.1	79.6	80.1	69.5	100.0	99.7
0	1.0, 0.3	$-0.01, 0$	0.1	8.7	3.1	3.9	100.0	3.5	100.0
$\varepsilon_t \sim N(0, 0.01)$			0.5	8.2	3.3	4.3	100.0	2.8	100.0
$c=2$			1.0	7.0	3.1	3.7	100.0	2.4	100.0
0.1	0.5, 0.1	$-0.1, 0$	0.1	3.8	0	2.2	100.0	0	83.2
$\varepsilon_t \sim N(0, 0.01)$			0.5	4.5	0	2.9	100.0	0	100.0
$c=50$			1.0	4.7	0	3.1	100.0	0	100.0
0	0.1, 0.1	0.1, 0.1	0.1	4.7	0	2.7	99.8	100.0	100.0
$\varepsilon_t \sim N(0, 0.01)$			0.5	4.1	0	2.9	100.0	99.8	100.0
$c=50$			1.0	3.9	0	2.7	100.0	85.1	100.0
0.1	0.1, 0.1	0.1, 0.1	0.1	4.6	0	2.6	100.0	0	100.0
$\varepsilon_t \sim N(0, 0.01)$			0.5	4.4	0	2.6	100.0	50.9	100.0
$c=50$			1.0	4.2	0	2.7	100.0	10.4	100.0

　　表 3.15 的第一栏，在 $T=100$ 与 $T=500$ 时，数据均表现出具有结构突变的趋势特征，因此，检验统计量都有较高的检验功效。表 3.15 的第二栏数据生成过程与表 3.14 第二栏的类似，表现出具有 logt 函数特征，因此，检验统计量检验功效也类似，即 W_d 检验功效低而 W_{rt} 有很高的检验功效。余下三栏的数据具有相同的特征，在 $T=100$ 时，数据表现出完全线性特征，因而统计量的检验功效低；当 $T=500$ 时，数据均表现出具有结构突变的趋势特征，因此检验统计量检验功效都较高。

　　最后，考虑如下的 LSTAR（2）数据生成过程：

$$(1-\phi_1 L)(1-\phi_2 L)y_t = a + bt + (\theta_1 y_{t-1} + \theta_2 y_{t-2})F(y_{t-1};\gamma,c) + \varepsilon_t$$

$$F(y_{t-1};\gamma,c) = \{1 + \exp[-\gamma(y_{t-1} - c)]\}^{-1} \qquad (3.59)$$

$$\varepsilon_t \sim \mathrm{iid}N(0,1)或\varepsilon_t \sim \mathrm{iid}N(0,0.01), y_0 = 0$$

其中，为保证数据生成过程都具有时间趋势特征，选择不同的门限值有：$c=\{30，35，40\}$，$c=\{40，45，50\}$，$c=\{3，4，5\}$，$c=\{10，20，30\}$，$a=\{0，0.3\}$，$\gamma=\{1，5\}$，$\phi_1=\{1.0，0.5\}$，$\phi_2=\{0.1，0.5\}$，$\theta_1=0.1$，$\theta_2=\{-0.5，0.1\}$，$\delta=\{0.1，0\}$。表 3.16 给出了检验功效的模拟结果。

表 3.16　有时间趋势数据线性性检验统计量的检验功效［LSTAR（2）］　　%

$a，b$	$\phi_1，\phi_2$	$\theta_1，\theta_2，\delta$	c	$T=100$			$T=500$		
				AW_t	AW_d	AW_{rt}	AW_t	AW_d	AW_{rt}
0.1，0	1.0，0.1	0.1，−0.5，0	30	5.5	2.8	3.9	2.8	100.0	99.9
$\varepsilon_t \sim N(0,0.01)$			35	4.7	2.5	4.1	20.0	100.0	94.5
$\gamma=5$			40	4.6	2.4	3.9	54.3	100.0	75.7
0.1，0	1.0，0.5	0.1，−0.5，0	40	5.3	4.4	3.8	2.7	100.0	45.4
$\varepsilon_t \sim N(0,0.01)$			45	4.9	4.4	3.9	0.9	100.0	84.5
$\gamma=5$			50	5.0	4.0	3.5	0.5	100.0	98.6
0，0.1	0.5，0.1	0.1，0.1，0	30	4.2	0	3.3	100.0	100.0	100.0
$\varepsilon_t \sim N(0,0.01)$			35	4.3	0	3.2	100.0	100.0	100.0
$\gamma=1$			40	4.8	0.2	3.7	100.0	100.0	100.0
0，0	0.5，0.1	0.1，0.1，0.1	3	10.9	23.2	9.9	70.4	8.1	68.3
$\varepsilon_t \sim N(0,1)$			4	22.8	74.9	46.9	95.9	50.1	95.4
$\gamma=1$			5	14.4	32.7	28.1	99.5	91.8	99.3
0，0.1	0.5，0.1	0.1，0.1，0.1	10	35.0	67.6	29.9	99.8	45.8	99.7
$\varepsilon_t \sim N(0,1)$			20	10.3	100.0	100.0	100.0	100.0	100.0
$\gamma=1$			30	5.6	0.3	4.3	100.0	100.0	100.0

表 3.16 的前三栏数据表现出类似的趋势特征，在 $T=100$ 时，数据表现出完

全线性特征，因而统计量的检验功效低；当 $T=500$ 时，数据均表现出具有结构突变的趋势特征，因此，统计量的检验功效都较高。后两栏的数据，在 $T=100$ 与 $T=500$ 时都表现出了时间趋势的结构突变特征，因此，AW_{rt} 有较高的检验功效。当数据是 ESTAR（2）过程时，本书构建的统计量的检验功效与 LSTAR（2）过程的类似，此处不再赘述。

▮ 3.5　平滑转移变量与 STAR 类型选择

3.5.1　平滑转移变量的选择

根据 Teräsvirta（1994），在线性性检验过程中，可以在辅助检验回归式中分别代入不同的平滑转移变量，从中选择检验统计量的 p 值最小的作为 STAR 模型中的平滑转移变量。该方法所隐含的思想是：如果正确选择了平滑转移变量，那么线性性检验统计量的检验功效是最高的。本节采用同样的思想，讨论在局部平稳性未知的情况下，如何选择平滑转移变量。同样分无明显时间趋势数据与有明显时间趋势数据两种情况讨论，采用的稳健统计量分别是 W_{rn} 与 W_{rt}。

考虑如下局部平稳的 LSTAR（1）过程，该数据生成过程没有明显的时间趋势特征：

$$
\begin{aligned}
&y_t = 0.3 + 0.1y_{t-1} - 0.7y_{t-1}F(y_{t-d};\gamma,c) + \varepsilon_t \\
&F(y_{t-d};\gamma,c) = \{1 + \exp[-\gamma(y_{t-d}-c)]\}^{-1} \\
&\varepsilon_t \sim \text{iid}N(0,1),\ y_0 = 0,\ y_1 = 0
\end{aligned}
\tag{3.60}
$$

式中，$d=\{1,\ 2\}$，即考虑真实的平滑转移变量是 y_{t-1} 和 y_{t-2} 两种情况；d_{max} 表示线性性检验中代入的转移变量的最大滞后阶数，本书考虑四种情况，即 $d_{max}=\{3,\ 5,\ 8,\ 10\}$，$\gamma=\{1,\ 5\}$，$c=\{-1,\ 0,\ 1\}$，$T=\{100,\ 500\}$。采用 Monte Carlo 方法模拟出在不同的最大滞后阶数情况下，使用 W_{rn} 统计量及 Teräsvirta（1994）方法，正确选择平滑转移变量的频率，模拟次数为 10 000 次，结果见表 3.17。

表 3.17　使用 W_{rn} 统计量正确选择转移变量的频率［局部平稳 LSTAR（1）］　%

T	γ	c	$d=1$，$d_{\max}$				$d=2$，$d_{\max}$			
			3	5	8	10	3	5	8	10
100	1	−1	55.3	43.8	34.1	30.9	51.0	38.1	32.0	28.1
		0	59.4	45.6	36.6	34.4	55.6	41.5	31.4	30.2
		1	55.6	46.0	36.3	33.3	54.2	37.1	28.7	26.0
	5	−1	75.0	70.0	60.1	53.1	71.7	63.3	58.9	58.4
		0	70.4	59.5	52.2	48.3	81.7	76.2	70.9	66.8
		1	79.3	70.0	63.6	59.5	74.0	66.6	56.4	54.7
500	1	−1	94.6	92.6	90.1	89.4	90.2	88.3	82.8	80.9
		0	96.4	95.7	93.9	93.6	95.1	90.8	88.6	85.6
		1	95.6	93.8	91.4	90.2	91.6	84.5	80.3	76.2
	5	−1	99.7	99.3	98.9	99.1	99.3	99.5	99.2	99.6
		0	99.7	98.9	99.2	98.3	100.0	99.8	100.0	100.0
		1	100.0	100.0	99.9	99.7	99.9	99.6	99.7	99.4

从表 3.17 可以获知如下重要信息：

（1）对于局部平稳的、没有明显时间趋势的 LSTAR 模型，W_{rn} 统计量能以较高的频率正确选择平滑转移变量，尤其在较大样本容量下，其正确率平均可达到 90%以上。

（2）最大滞后阶数 $d_{\max}$ 显著影响正确选择频率，并且 $d_{\max}$ 越接近真实的滞后阶数，W_{rn} 统计量正确选择的频率越高。

（3）尽管 W_{rn} 统计量是在以 y_{t-1} 为转移变量的基础上构建的，但当实际的平滑转移变量为 y_{t-2} 时，其正确选择的频率仅有微弱下降，因此，在这种情况下，仍可以使用 W_{rn} 统计量来选择平滑转移变量。

考虑如下局部具有随机趋势，但整体上没有明显时间趋势的数据生成过程：

$$y_t = 0.2 + y_{t-1} - 0.7 y_{t-1} F(y_{t-d}; \gamma, c) + \varepsilon_t$$
$$F(y_{t-d}; \gamma, c) = \{1 + \exp[-\gamma(y_{t-d} - c)]\}^{-1} \qquad (3.61)$$
$$\varepsilon_t \sim \mathrm{iid} N(0,1),\ y_0 = 0,\ y_1 = 0$$

式中，$d = \{1,\ 2\}$，$d_{\max} = \{3,\ 5,\ 8,\ 10\}$；$\gamma = \{1,\ 5\}$，$c = \{-1,\ 0,\ 1\}$，$T = \{100,$

500}。同样使用 Monte Carlo 模拟 10 000 次，表 3.18 给出了 W_{rn} 统计量正确选择的频率，其所反映出的信息与表 3.17 的类似，表明对于局部非平稳的 LSTAR 模型，W_{rn} 统计量同样能以较高的正确率选择转移变量。

表 3.18　使用 W_{rn} 统计量正确选择转移变量的频率 [局部非平稳 LSTAR（1）]　%

T	γ	c	$d=1$, $d_{\max}$				$d=2$, $d_{\max}$			
			3	5	8	10	3	5	8	10
100	1	-1	57.4	46.2	36.3	36.9	47.3	34.6	27.7	22.6
		0	63.6	54.4	46.3	43.3	56.4	42.0	38.3	36.5
		1	62.4	50.8	49.0	42.8	58.5	51.6	46.2	40.1
	5	-1	72.3	64.6	59.3	55.2	50.3	41.1	33.0	31.8
		0	65.6	58.2	50.0	48.1	66.0	60.4	55.7	53.6
		1	74.1	70.1	60.3	60.1	77.2	71.0	66.2	63.9
500	1	-1	95.5	94.4	94.4	94.4	84.1	80.3	80.8	81.0
		0	97.2	96.2	96.8	95.6	90.9	89.0	91.0	91.7
		1	96.3	95.6	95.6	95.8	93.4	93.1	91.3	91.9
	5	-1	96.0	97.7	96.7	97.0	90.1	89.4	90.4	89.7
		0	96.1	94.8	95.4	95.2	90.4	89.6	90.2	89.4
		1	98.5	98.1	98.7	97.7	96.8	97.1	96.8	97.7

分析 ESTAR 模型的情况。考虑如下两个 ESTAR（1）模型，式（3.62）是局部平稳的 ESTAR 模型，式（3.63）是局部具有随机趋势但整体没有时间趋势的 ESTAR 模型。

$$y_t = 0.2 + 0.1y_{t-1} - 0.9y_{t-1}F(y_{t-d}; \gamma, c) + \varepsilon_t$$
$$F(y_{t-d}; \gamma, c) = \{1 - \exp[-\gamma(y_{t-d})^2]\}^{-1} \qquad (3.62)$$
$$\varepsilon_t \sim \mathrm{iid}N(0,1), \ y_0 = 0, \ y_1 = 0$$

$$y_t = 0.2 + y_{t-1} - 0.9y_{t-1}F(y_{t-d}; \gamma, c) + \varepsilon_t$$
$$F(y_{t-d}; \gamma, c) = \{1 - \exp[-\gamma(y_{t-d})^2]\}^{-1} \qquad (3.63)$$
$$\varepsilon_t \sim \mathrm{iid}N(0,1), \ y_0 = 0, \ y_1 = 0$$

式中，$d=\{1, 2\}$，$d_{\max}=\{3, 5, 8, 10\}$；$\gamma=\{0.1, 0.5, 0.9\}$，$c=0$，$T=\{100, 500\}$。同样使用 Monte Carlo 方法模拟 10 000 次。表 3.19 给出了使用 W_{rn} 统计量

能正确选择转移变量的频率，其所反映出的信息与表 3.17 的类似，表明对于没有明显时间趋势的 ESTAR 模型，W_{rn} 统计量同样能够正确地选择转移变量。

表 3.19　使用 W_{rn} 统计量正确选择转移变量的频率［ESTAR（1）］　　%

T	γ	$d=1$，d_{max}				$d=2$，d_{max}			
		3	5	8	10	3	5	8	10
100	0.1	49.4	35.9	26.4	23.7	43.6	31.2	20.8	19.3
	0.5	71.7	59.6	46.6	42.7	74.2	64.7	54.6	47.5
	0.9	53.6	40.1	28.6	22.3	69.8	63.9	52.3	48.1
500	0.1	89.9	84.6	78.7	79.2	79.0	64.6	54.0	49.8
	0.5	97.4	95.7	96.2	94.6	98.9	98.9	99.0	98.6
	0.9	80.6	75.3	67.9	64.7	95.5	95.3	95.4	95.7
100	0.1	79.0	70.0	63.3	63.1	88.4	83.7	80.0	79.2
	0.5	74.6	65.9	56.9	51.1	92.5	90.1	86.7	85.5
	0.9	63.7	50.0	45.8	36.4	90.7	86.8	81.0	78.4
500	0.1	99.7	100.0	99.6	99.9	100.0	99.9	99.9	99.9
	0.5	99.5	99.8	99.2	98.9	100.0	99.9	100.0	100.0
	0.9	96.9	95.2	91.2	87.1	99.9	100.0	100.0	100.0

注：前两栏是式（3.62）数据生成过程的模拟结果，后两栏是式（3.63）生成过程的模拟结果。

以上分析表明，对于没有明显时间趋势的 STAR 模型，不论是 LSTAR 还是 ESTAR 模型，都可以使用本书构建的 W_{rn} 统计量，采用 Teräsvirta（1994）的思想，通过在线性性检验的辅助回归式中分别代入不同的转移变量，并选择检验统计量的 p 值最小的作为转移变量，而无须考虑 STAR 模型的局部平稳性问题。

最后，考虑具有时间趋势数据的平滑转移变量选择问题。除了将统计量换成稳健统计量 W_{rt} 外，选择平滑转移变量的流程与上述无明显时间趋势过程的相同。此处，本书仅考虑 LSTAR 模型，对于 ESTAR 模型，其使用方法及统计量的适用性与此相同。

考虑如下两个具有时间趋势的 LSTAR（1）模型：

$$y_t = 0.1 + y_{t-1} - 0.1y_{t-1}F(y_{t-d};\gamma,c) + \varepsilon_t$$
$$F(y_{t-d};\gamma,c) = \{1 + \exp[-5(y_{t-d} - c)]\}^{-1} \qquad (3.64)$$
$$\varepsilon_t \sim \text{iid}N(0,0.01), \ y_0 = 0, \ y_1 = 0$$

$$y_t = 0.1 + 0.1t + 0.1y_{t-1} + 0.1y_{t-1}F(y_{t-d};\gamma,c) + \varepsilon_t$$
$$F(y_{t-d};\gamma,c) = \{1 + \exp[-5(y_{t-d} - c)]\}^{-1} \qquad (3.65)$$
$$\varepsilon_t \sim \text{iid}N(0,0.01), \ y_0 = 0, \ y_1 = 0$$

其中，式（3.64）的数据生成过程中含有局部随机趋势，并整体上表现出具有时间趋势特征，$c = \{5, 10, 15\}$，$\gamma = 5$，$d = \{1, 2\}$，$d_{max} = \{3, 5, 8, 10\}$，$T = \{100, 500\}$；式（3.65）的数据生成过程中含有确定性趋势，整体上也表现出具有时间趋势特征，$c = \{1, 3, 5\}$，$\gamma = 5$，$d = \{1, 2\}$，$d_{max} = \{3, 5, 8, 10\}$，$T = \{100, 500\}$。

表 3.20 给出了使用 W_{rt} 统计量能正确选择转移变量的频率。其所反映出的信息与表 3.17 的类似，从总体上看，使用 W_{rt} 统计量能够以较高的频率正确选择出局部随机趋势 STAR 模型的转移变量，但对于某些含有确定性趋势的 STAR 模型，在小样本下，W_{rt} 统计量能正确识别出转移变量的频率不高。因此，当数据表现出具有时间趋势特征时，在选择平滑转移变量时要格外谨慎，因为仅在线性性检验阶段，还无法判断数据的时间趋势是源于随机趋势还是源于确定性趋势。所以，在实际应用中，建议分别估计出具有局部随机趋势的 STAR 模型和具有确定性趋势的 STAR 模型，而把两个模型的取舍问题留到模型的评价阶段解决。

表 3.20　使用 W_{rt} 统计量正确选择转移变量的频率［LSTAR（1）］　　　%

T	c	$d=1$, d_{max}				$d=2$, d_{max}			
		3	5	8	10	3	5	8	10
100	5	91.0	88.3	81.5	75.1	83.5	85.5	82.5	82.5
	10	42.5	28.4	24.8	18.0	35.9	27.8	21.7	17.7
	15	31.4	19.4	15.1	11.8	26.4	18.3	9.7	7.2
500	5	99.0	94.6	88.0	88.1	99.9	99.3	98.4	97.8
	10	99.9	99.9	99.7	100.0	100.0	100.0	100.0	100.0
	15	100.0	100.0	99.9	100.0	100.0	100.0	100.0	100.0

T	c	$d=1$，$d_{\max}$				$d=2$，$d_{\max}$			
		3	5	8	10	3	5	8	10
100	1	29.0	17.6	8.4	7.0	37.9	21.1	13.4	9.9
	3	18.7	11.8	6.6	6.7	57.7	41.6	31.5	20.7
	5	13.6	7.1	4.2	2.9	68.4	41.8	25.2	19.9
500	1	33.6	18.3	11.2	8.8	32.3	21.2	11.6	9.8
	3	16.1	9.1	7.7	5.5	60.4	40.1	34.7	31.1
	5	8.2	4.2	3.8	4.1	59.9	43.0	39.6	39.8

注：前两栏是式（3.64）数据生成过程的模拟结果，后两栏是式（3.65）生成过程的模拟结果。

3.5.2　STAR 模型类型的确定

第 2 章中，讨论了在完全平稳条件下 LSTAR 与 ESTAR 模型的选择问题。本节放松完全平稳的假定条件，讨论局部平稳性未知条件下，如何确定 STAR 模型类型。同样采用 Teräsvirta（1994）的方法，构造三个序贯假设检验，并采用本书提出的稳健统计量，通过 Monte Carlo 模拟分析这种方法能正确选择 STAR 类型的频率。

首先，考虑无明显时间趋势数据的情况。如前文所述，无明显时间趋势数据的线性性检验回归式为

$$y_t = \beta_0 + \beta_1 y_{t-1} + \beta_2 y_{t-1}^2 + \beta_3 y_{t-1}^3 + \beta_4 y_{t-1}^4 + \varepsilon_t^* \qquad (3.66)$$

在此基础上，根据 Teräsvirta（1994）构造出三个序贯假设检验：

$$
\begin{aligned}
&H_{03}: \ \beta_4 = 0 \\
&H_{02}: \ \beta_3 = 0 \,\big|\, \beta_4 = 0 \\
&H_{01}: \ \beta_2 = 0 \,\big|\, \beta_3 = \beta_4 = 0
\end{aligned}
\qquad (3.67)
$$

三个假设检验所对应的 Wald 统计量分别定义为 W_T^{03}、W_T^{02} 及 W_T^{01}。根据前文所述，如果原假设下的数据生成过程是平稳的，那么上述三个序贯检验所对应的 Wald 统计量都服从 $\chi^2(1)$ 分布；如果原假设下的数据生成过程是随机游走过程，则三个 Wald 统计量的极限分布都不是 $\chi^2(1)$ 分布，而是维纳过程的泛函，这通过

定理 3.1 很容易得到证明；如果原假设下的数据生成过程是随机趋势过程，则三个 Wald 统计量的极限分布都是 $\chi^2(1)$ 分布，但在小样本下，其分布比 $\chi^2(1)$ 分布的尾部更厚。所以，W_T^{03}、W_T^{02} 及 W_T^{01} 统计量都有三种可能的情况，类似于上述稳健性检验，分别列出三个统计量可能出现的情况，并定义相应的统计量为

$$W_T^{03} = \begin{cases} W_0^{03}, \text{原假设下} y_t \text{是} I(0) \text{过程} \\ W_{nd}^{03}, \text{原假设下} y_t \text{是随机游走过程} \\ W_1^{03}, \text{原假设下} y_t \text{是随机趋势过程} \end{cases}$$

$$W_T^{02} = \begin{cases} W_0^{02}, \text{原假设下} y_t \text{是} I(0) \text{过程} \\ W_{nd}^{02}, \text{原假设下} y_t \text{是随机游走过程} \\ W_1^{02}, \text{原假设下} y_t \text{是随机趋势过程} \end{cases}$$

$$W_T^{01} = \begin{cases} W_0^{01}, \text{原假设下} y_t \text{是} I(0) \text{过程} \\ W_{nd}^{01}, \text{原假设下} y_t \text{是随机游走过程} \\ W_1^{01}, \text{原假设下} y_t \text{是随机趋势过程} \end{cases}$$

由于原假设下的数据生成过程是未知的，没有选择正确检验统计量的依据，因此需要构造稳健统计量。采用上述同样的方法，构造如下三个稳健统计量：

$$W_m^{03} = \exp(-\lambda_3 H_T) W_T^{03} \tag{3.68}$$

$$W_m^{02} = \exp(-\lambda_2 H_T) W_T^{02} \tag{3.69}$$

$$W_m^{01} = \exp(-\lambda_1 H_T) W_T^{01} \tag{3.70}$$

同样，采用 $\left| DF_T \right|^{-1}$ 作为 H_T，λ_3、λ_2 和 λ_1 的确定方法也与 W_m 的方法相同。分别考虑样本容量 $T = \{100, 200, 500, 1\,000\}$，$\lambda_3, \lambda_2, \lambda_1 = \{0.05, 0.10, \cdots, 0.50\}$，在每个样本容量及不同的 λ_3、λ_2 和 λ_1 值下，Monte Carlo 模拟 10 000 次以估计概率密度。模拟结果显示，在几种样本容量下，最合适的 λ_3 与 λ_1 值都是 0.1，而最合适的 λ_2 值是 1.2。

根据 Teräsvirta（1994）及 van Dijk 等（2002）的建议，若 H_{02} 检验统计量所对应的 p 值最小，应建立 ESTAR 模型；若 H_{03} 或 H_{01} 检验统计量所对应的 p 值最小，则建立 LSTAR 模型。下面我们用 Monte Carlo 模拟方法考察式（3.68）～式（3.70）构建的稳健统计量能正确选择 STAR 类型的频率。

考虑如下 LSTAR（1）的数据生成过程：

$$y_t = a + \rho y_{t-1} + \phi y_{t-1} F(y_{t-1}; \gamma, c) + \varepsilon_t$$

$$F(y_{t-1}; \gamma, c) = \{1 + \exp[-\gamma(y_{t-1} - c)]\}^{-1} \quad\quad (3.71)$$

$$\varepsilon_t \sim iidN(0,1), \; y_0 = 0$$

式中，$a = \{0.0, 0.2, 0.3\}$，$\gamma = \{1, 3, 5\}$，$\rho = \{0.1, 1.0\}$，$\phi = \{0.7, -0.7\}$，$c = \{-1, 0, 1\}$，$T = \{100, 500\}$。表 3.20 给出上述三个序贯检验能正确识别出 LSTAR 模型的频率，Monte Carlo 模拟次数为 10 000 次。

从表 3.21 可以看出，不论 STAR 模型的局部区制是平稳 $I(0)$ 过程还是含有单位根过程，采用本书提出的稳健统计量及序贯检验，都能以较高的频率正确选择 STAR 模型的类型。

表 3.21　无时间趋势数据正确选择 STAR 类型的频率［LSTAR（1）］　%

ρ, a	ϕ	γ	$T = 100$			$T = 500$		
			$c = -1$	$c = 0$	$c = 1$	$c = -1$	$c = 0$	$c = 1$
0.1，0.3	0.7	1	61.0	72.0	89.3	69.3	90.6	99.7
		3	57.6	56.6	68.1	53.2	57.4	83.5
		5	53.4	59.5	62.8	53.8	60.8	72.1
1.0，0	-0.7	1	77.9	63.0	58.9	73.2	49.6	45.1
		3	61.5	53.7	54.3	50.8	49.3	43.9
		5	57.6	53.9	54.0	49.7	46.8	46.3
1.0，0.2	-0.7	1	88.4	83.5	72.8	99.2	96.0	88.1
		3	81.0	70.4	65.2	89.3	77.9	73.0
		5	79.7	67.7	68.0	88.7	73.4	72.4

相比较而言，平滑转移速度越小，正确选择的频率就越高。除了第二栏，即局部是随机游走过程外，样本容量越大，正确选择的频率就越高，这也表明，在大样本情况下，对于某些局部随机游走的 LSTAR 过程，本书提出的方法可能更倾向于将其识别成为 ESTAR 过程，因此在建模过程中，为使结果更为稳健，我们仍然建议分别估计不同类型的 STAR 过程，然后在模型评价阶段选择最终的模型，尤其是当所估计出的模型中局部具有随机游走时，STAR 模型类型的确定更

应当谨慎。

下面考虑一个 ESTAR 过程：

$$y_t = a + \rho y_{t-1} + \phi y_{t-1} F(y_{t-1}; \gamma, c) + \varepsilon_t$$
$$F(y_{t-1}; \gamma, c) = \{1 - \exp[-\gamma(y_{t-1} - c)^2]\}^{-1} \tag{3.72}$$
$$\varepsilon_t \sim \text{iid} N(0,1), \ y_0 = 0$$

式中，$a = \{0, 0.2, 0.3\}$，$\gamma = \{0.1, 0.5, 1.0\}$，$\rho = \{0.1, 1.0\}$，$\phi = -0.7$，$c = \{-1, 0, 1\}$，$T = \{100, 500\}$。表 3.22 给出了序贯检验在 10 000 次 Monte Carlo 模拟中能正确识别出 ESTAR 模型的频率。可以看出，在三种情况下，使用本书提出的稳健统计量及序贯检验能以较高的频率正确识别 ESTAR 模型。在样本容量更大的情况下，该方法正确识别 ESTAR 模型的频率更高，而平滑转移速度越小，正确选择的频率也越高。结合上面对 LSTAR 模型的识别，可以看出，本书提出的稳健统计量及序贯检验对 ESTAR 模型正确识别的频率要高于 LSTAR 模型的频率，说明该方法对 ESTAR 模型更为灵敏一些。

表 3.22　无时间趋势数据正确选择 STAR 类型的频率［ESTAR（1）］　　　%

ρ, a	ϕ	γ	$T = 100$			$T = 500$		
			$c = -1$	$c = 0$	$c = 1$	$c = -1$	$c = 0$	$c = 1$
0.1，0.3	-0.7	0.1	30.4	41.4	41.7	20.2	73.9	73.0
		0.5	32.3	57.9	58.5	41.6	88.7	90.7
		1.0	33.0	45.0	55.9	47.4	70.9	92.0
1.0，0	-0.7	0.1	68.6	67.2	73.0	99.6	99.3	99.6
		0.5	70.9	63.5	65.5	96.8	95.9	96.4
		1.0	61.3	50.3	58.5	92.5	83.3	90.6
1.0，0.2	-0.7	0.1	54.5	45.6	53.2	69.1	71.3	70.0
		0.5	51.2	52.0	52.8	75.7	69.8	65.8
		1.0	49.4	43.3	46.4	72.9	56.6	53.3

对于有时间趋势的数据，其线性性检验回归式为

$$\Delta y_t = \beta_0 + \rho y_{t-1} + \beta_2 y_{t-1}^2 + \beta_3 y_{t-1}^3 + \beta_4 y_{t-1}^4 + \varepsilon_t^* \tag{3.73}$$

$$\tilde{y}_t = \tilde{\beta}_0 + \tilde{\beta}_1 \tilde{y}_{t-1} + \tilde{\beta}_2 \tilde{y}_{t-1}^2 + \tilde{\beta}_3 \tilde{y}_{t-1}^3 + \tilde{\beta}_4 \tilde{y}_{t-1}^4 + \tilde{\varepsilon}_t^* \tag{3.74}$$

在此基础上，构建三个序贯假设检验：

$$H_{03}: \beta_4 = 0 或 \tilde{\beta}_4 = 0$$

$$H_{02}: \beta_3 = 0|\beta_4 = 0 或 \tilde{\beta}_3 = 0|\tilde{\beta}_4 = 0 \qquad (3.75)$$

$$H_{01}: \beta_2 = 0|\beta_3 = \beta_4 = 0 或 \tilde{\beta}_2 = 0|\tilde{\beta}_3 = \tilde{\beta}_4 = 0$$

并定义相应的 Wald 统计量为 W_d^{03} 与 W_t^{03}、W_d^{02} 与 W_t^{02} 及 W_d^{01} 与 W_t^{01}，根据定理 3.4 及定理 3.9，很容易证明这些统计量均服从 $\chi^2(1)$ 分布。但由于事先并不知道数据的时间趋势性源于随机趋势还是确定性趋势，所以，仍无法使用这些统计量选择 STAR 模型的具体类型，因此，仍需采用构建稳健统计量的方式，不考虑数据时间趋势的来源，即在时间趋势来源未知的情况下选择 STAR 模型的类型。采用上述构建 W_{rt} 统计量同样的方法，定义稳健统计量 W_{rt}^{03}、W_{rt}^{02} 及 W_{rt}^{01}，其表达式为

$$W_{rt}^{03} = (1 - \omega_3)W_t^{03} + \omega_3 W_d^{03}$$

$$W_{rt}^{02} = (1 - \omega_2)W_t^{02} + \omega_2 W_d^{02}$$

$$W_{rt}^{01} = (1 - \omega_1)W_t^{01} + \omega_1 W_d^{01} \qquad (3.76)$$

$$\omega_i(S, D) = \exp\left[-g_i\left(\frac{S}{D}\right)^2\right], i = 1, 2, 3$$

式中，S 同样选择带有趋势项的 ADF 统计量，D 选择带有趋势项的 KPSS 检验统计量。采用上述同样的格点搜索以及 Monte Carlo 模拟方法，确定 g_1、g_2、g_3 的最优取值均为 0.001。同样，根据 Teräsvirta（1994）及 van Dijk 等（2002），如果 W_{rt}^{02} 的 p 值最大，则模型为 ESTAR 模型；如果 W_{rt}^{03} 或者 W_{rt}^{01} 的 p 值最大，则应建立 LSTAR 模型。下面用 Monte Carlo 模拟方法考察这种策略能正确选择 STAR 类型的频率。

首先，考虑如下具有时间趋势的 LSTAR（1）模型：

$$y_t = a + \rho y_{t-1} + bt + (\phi y_{t-1} + \delta t)F(y_{t-1}; \gamma, c) + \varepsilon_t$$

$$F(y_{t-1}; \gamma, c) = \{1 + \exp[-\gamma(y_{t-1} - c)]\}^{-1} \qquad (3.77)$$

$$\varepsilon_t \sim iidN(0,1), \ y_0 = 0$$

式中，$a = 0.1$，$b = \{0.1, 0\}$，$\gamma = \{1, 5, 10\}$，$\delta = \{0.1, 0\}$，$\rho = \{0.1, 1.0\}$，$\phi = -0.1$，$c = \{2, 4, 6\}$，$T = \{100, 500\}$。当 $\rho = 1.0$，$b = 0$，$\delta = 0$ 时，数据所表现出的时间

趋势性源于随机趋势；当 $\rho=0.1$，$b=0.1$，$\delta=0.1$ 时，数据所表现出的时间趋势性源于确定性趋势。采用 10 000 次 Monte Carlo 模拟分析上述识别策略能正确识别 LSTAR 模型的频率，表 3.23 给出了模拟结果。

表 3.23　有时间趋势数据正确选择 STAR 类型的频率［LSTAR（1）］　　%

ρ，a，b	ϕ，δ	γ	$T=100$			$T=500$		
			$c=2$	$c=4$	$c=6$	$c=2$	$c=4$	$c=6$
1.0，0.1，0	-0.1，0	1	76.2	77.2	76.2	77.7	85.4	84.8
		5	82.3	61.1	66.4	99.8	95.6	35.5
		10	80.3	56.8	66.5	100.0	87.7	42.6
0.1，0.1，0.1	-0.1，0	1	59.8	51.5	52.5	59.7	38.2	53.0
		5	45.1	57.8	66.5	67.1	90.9	99.6
		10	45.7	65.8	65.3	66.7	92.4	96.9
0.1，0.1，0.1	-0.1，0.1	1	73.8	71.4	99.8	100.0	100.0	100.0
		5	92.5	3.5	100.0	100.0	89.3	47.1
		10	73.1	1.9	99.4	100.0	32.6	23.3

可以看出，在大部分的数据生成过程中，本书提出的稳健统计量及模型识别策略能以较高的频率正确识别出 LSTAR 模型，而无须考虑数据的时间趋势是源于随机趋势还是确定性趋势。

最后，考虑带有时间趋势的 ESTAR（1）模型：

$$y_t = a + \rho y_{t-1} + bt + (\phi y_{t-1} + \delta t)F(y_{t-1}; \gamma, c) + \varepsilon_t$$
$$F(y_{t-1}; \gamma, c) = \{1 - \exp[-\gamma(y_{t-1} - c)^2]\}^{-1} \tag{3.78}$$
$$\varepsilon_t \sim \text{iid}N(0, 0.01), \ y_0 = 0$$

式中，$a=0.1$，$b=\{0.1, 0\}$，$\gamma=\{0.1, 0.5, 1.0\}$，$\delta=\{0.1, 0\}$，$\rho=\{0.1, 1.0\}$，$\phi=\{-0.1, 0.1\}$，$c=\{2, 3, 4\}$，$c=\{20, 30, 40\}$，$T=\{100, 500\}$。当 $\rho=1.0$，$b=0$，$\delta=0$ 时，数据所表现出的时间趋势性源于随机趋势；当 $\rho=0.1$，$b=0.1$，$\delta=0.1$ 时，数据所表现出的时间趋势性源于确定性趋势。同样采用 10 000 次 Monte Carlo 模拟分析上述识别策略能正确识别 ESTAR 模型的频率，表 3.24 给出了模拟结果。为了避免数据表现出完全的线性时间趋势，表 3.24 中的最后一栏数据生

成过程的门限值为 $c = \{20, 30, 40\}$，在表 3.24 中以双线加以区分。从结果可以看出，对于一部分数据生成过程，本书提出的识别策略能很好地识别出 ESTAR 模型，但仍有一些数据生成过程正确识别的频率较低。这表明，对于具有时间趋势的 STAR 模型而言，本书提出的稳健统计量及模型类型识别策略对 LSTAR 模型更为敏感些。

表 3.24　有时间趋势数据正确选择 STAR 类型的频率［ESTAR（1）］　　%

ρ, a, b	ϕ, δ	γ	$T=100$			$T=500$		
			$c=2$	$c=3$	$c=4$	$c=2$	$c=3$	$c=4$
1.0, 0.1, 0	−0.1, 0	0.1	20.1	45.9	72.4	4.7	10.9	72.3
		0.5	48.3	49.2	37.2	2.2	95.9	35.1
		1.0	74.9	37.1	36.0	12.6	33.8	37.7
0.1, 0.1, 0.1	0.1, 0.1	1	31.3	67.0	17.7	2.0	25.5	44.9
		5	60.2	32.2	10.0	52.6	91.3	77.8
		10	58.1	41.8	21.4	46.2	71.4	65.1
ρ, a, b	ϕ, δ	γ	$T=100$			$T=500$		
			$c=20$	$c=30$	$c=40$	$c=20$	$c=30$	$c=40$
0.1, 0.1, 0.1	−0.1, 0	1	55.0	35.9	37.6	3.9	78.2	83.6
		5	12.3	35.1	38.0	66.7	83.0	35.4
		10	12.8	36.2	37.2	52.1	60.3	32.3

◼ 3.6　小结

本章首先介绍了三种局部非平稳的 STAR 模型：局部随机游走 STAR 模型、局部随机趋势 STAR 模型以及局部或整体含有确定性趋势的 STAR 模型；然后，讨论了这三种模型下的线性性检验问题，分别构造了检验统计量，推导出了这些统计量的极限分布，并分析了这些统计量有限样本下的统计特性；接下来，讨论了如何在局部平稳性未知的条件下进行 STAR 模型设定，构建了稳健的线性性检验统计量,并分析了这些稳健统计量的检验功效与检验水平;最后,本书讨论了如何在局部平稳性未知的情况下,选择 STAR 模型的平滑转移变量及 STAR 模型的类型。通过以上研究,本章的主要结论总结如下:

(1)当 STAR 模型的局部区制是随机游走过程时,线性性检验原假设下的数据生成过程不再平稳,因而在此基础上构建的 W_{nd}(AW_{nd})统计量不再服从 χ^2 分布,其极限分布是维纳过程的泛函,有限样本下的分布要比 χ^2 分布尾部更厚。

(2)当 STAR 模型的局部区制是随机趋势过程或者趋势平稳过程时,数据是否表现出具有时间趋势特征取决于数据生成中的趋势性与误差项方差间的强弱关系,如果趋势性强于方差,则序列会表现出具有时间趋势特性;如果趋势性弱于方差,则趋势性会因方差过大而被掩盖,进而无法表现出具有时间趋势特性。

(3)当 STAR 模型的局部区制是随机趋势过程时,即线性性检验原假设下的数据生成过程是随机趋势过程,在此基础上构建的 W_d(AW_d)及 W_1(AW_1)统计量仍然服从 χ^2 分布,但其小样本下的分布要比 χ^2 分布尾部更厚,只有当样本容量超过 2 000 时或者随机趋势的斜率较大时,其样本分布才近似为 χ^2 分布。

(4)对于含有确定性时间趋势项的 STAR 模型,在 Teräsvirta(1994)线性性检验方法基础上构建的 W_2 统计量,其极限分布退化,因此无法用此方法对含有确定性时间趋势的 STAR 模型进行线性性检验,本书构建了对数据退势后再进行线性性检验的统计量 W_t(AW_t),其极限分布及有限样本下的分布均为 χ^2 分布。

(5)在实际应用中,由于局部区制平稳性是未知的,本书构建了两类稳健统计量用于线性性检验,即无明显时间趋势的稳健统计量 W_m(AW_m)与有明显时间趋势的稳健统计量 W_{rt}(AW_{rt}),检验功效及检验水平分析表明,这两类统计量具有良好的检验水平及较高的检验功效。因此,在应用中,对于无明显时间趋势的数据可用稳健统计量 W_m(AW_m),对于有明显时间趋势的数据可用稳健统计量 W_{rt}(AW_{rt}),而无须考虑数据生成过程中局部平稳性问题。

(6)在局部区制平稳性未知的情况下,对于平滑转移变量的选择,Teräsvirta(1994)的策略仍然具有较高的适用性,但需要将检验统计量换成稳健统计量 W_m 或者 W_{rt}。相比较而言,对于无明显时间趋势数据,使用 W_m 统计量能够很好地识别真实的平滑转移变量，但对于有明显时间趋势的数据，W_{rt} 统计量在有些数据生成中以及小样本下，其正确识别的频率不高。因此，对待具有时间趋势数据的转移变量的选择问题，仍需格外谨慎。

（7）采用本书构建的稳健统计量及 Teräsvirta（1994）的策略，仍然可以较高的频率正确选择 STAR 模型的类型，对于无明显时间趋势的数据，该选择策略对 ESTAR 模型更敏感，正确选择 ESTAR 模型的频率更高；而对有明显时间趋势的数据，该策略对 LSTAR 模型更为敏感。

尽管本书所构建的统计量具有一定程度的有效性，但仍无意夸大这些统计量成功选择真实模型的概率。在分析过程中，我们仍然看到，对于一些特定的数据生成过程，本书所提出的统计量仍然无能为力。值得一提的是，线性性检验并非一劳永逸的事，有些问题仍需待模型估计之后，在模型的评价阶段得以解决。

第 **4** 章

STAR 框架下的单位根检验

已有文献的研究表明，当数据具有门限特征时，传统的单位根检验方法检验功效都很低。本章将讨论如何在 STAR 框架下进行单位根检验。4.1 节讨论线性与非线性单位根过程；4.2 节讨论两区制 STAR 框架下的单位根检验方法；4.3 节讨论多区制 STAR 框架下的单位根检验方法；4.4 节是本章小结。

■ 4.1　线性与非线性单位根过程

4.1.1　$I(0)$ 与 $I(1)$ 过程

对于现代时间序列计量经济学而言，$I(0)$ 与 $I(1)$ 是两个非常重要的概念。在应用中，当对单变量建模时，通常要求序列为 $I(0)$ 过程，而在对多变量进行协整分析时，则一些变量可能是 $I(1)$ 过程。然而，迄今为止，对于 $I(0)$ 与 $I(1)$ 过程的界定，仍没有一致公认的说法。计量经济学家从不同的研究角度对 $I(0)$ 与 $I(1)$ 过程给予了不同的解释。Davidson（2010）总结了已有文献中引用次数较高的五种关于 $I(0)$ 的界定。

（1）一个时间序列经过 d 次差分后，不含有确定性成分，并且可由一个平稳可逆的 ARMA 过程来表示，则该序列为 $I(d)$ 过程。（Engle 和 Granger，1987，p.252）

（2）短记忆时间序列为 $I(0)$ 过程，因为这个序列不需要进行差分。（Engle 和 Granger，1991，p.3）

（3）如果一个时间序列经过 k 次差分后恰好变得平稳，则这个序列是 $I(k)$ 过程，因此平稳序列即 $I(0)$ 过程。（Banerjee 等，1993，p.7）

（4）一个没有累计过去误差，并且具有有限非零方差的时间序列，可以称为 $I(0)$ 过程。（Hendry，1995，p.43）

（5）一个随机过程 y_t 满足 $y_t - E(y_t) = \sum_{i=0}^{\infty} C_i \varepsilon_{t-i}$，并且在 $|z| < 1$ 时 $\sum_{i=0}^{\infty} C_i z^i$ 收敛，以及 $\sum_{i=0}^{\infty} C_i \neq 0$，$\varepsilon_t \sim iid(0, \sigma^2)$，则 y_t 为 $I(0)$ 过程。（Johansen，1995，p.34~35）

从上述五种界定看，第（2）~（4）种说法都仅描述了 $I(0)$ 过程所具有的其中一个特征，分别是短记忆性、平稳性以及有限方差。从本质上看，这三种说法并不是 $I(0)$ 过程非常正式的定义，同时，这三种特征也并非等价的，从这三个定义上，也看不出 $I(0)$ 过程的这三个特征彼此之间有什么联系。相比之下，第（1）种说法与第（5）种说则更为严密一些，并且也将 $I(0)$ 过程所具有的这三个特征整合在了一个体系下。但是，Davidson（2010）指出，$I(0)$ 的这两个较为严密的界定，也只是将注意力集中在了一部分线性模型上，也就是说，只有一部分线性 $I(0)$ 过程才完全具有上述这三个特征，而对于更为一般的线性 $I(0)$ 及非线性 $I(0)$ 过程而言，这三个特征并不一定也没有必要完全具备。一个典型的例子是趋势平稳过程，$I(0)$［或 $I(1)$］过程是针对随机项而言的（Stock，1994），所以，趋势平稳过程是 $I(0)$ 过程，但却不是平稳过程；而分整过程 $I(d)$，当 $d < 0.5$ 时为平稳过程，但却不是 $I(0)$ 过程。由此可见，平稳性既不是 $I(0)$ 过程的必要条件也不是充分条件。

另外一类界定 $I(0)$ 与 $I(1)$ 过程的方法，是从渐近理论出发，通过推导数据生成过程或数据的部分和过程（partial sum process of the data）的渐近分布来区分 $I(0)$ 与 $I(1)$ 过程。具有代表性的文献是 Stock（1994）、Müller（2008）以及 Davidson（2002，2010），下面分别简单介绍这三种界定。

Stock（1994）关于 $I(0)$ 与 $I(1)$ 过程的界定：

令 $U_{0T}(\lambda) = T^{-1/2} \sum_{s=1}^{[T\lambda]} u_s$，$U_{1T}(\lambda) = T^{-1/2} u_{[T\lambda]}$，$\gamma_u(j) = \mathrm{Cov}(u_t, u_{t-j})$，$\gamma_{\Delta u}(j) = \mathrm{Cov}(\Delta u_t, \Delta u_{t-j})$，其中 [·] 表示不超过最大整数函数，则定义 $I(0)$ 与 $I(1)$ 分别为

$$I(0): U_{0T}(\lambda) \Rightarrow \omega_0 W(\bullet),\ \omega_0^2 = \sum_{j=-\infty}^{\infty} \gamma_u(j),\ 0 < \omega_0 < \infty \tag{4.1}$$

$$I(1): U_{1T}(\lambda) \Rightarrow \omega_1 W(\bullet),\ \omega_1^2 = \sum_{j=-\infty}^{\infty} \gamma_{\Delta u}(j),\ 0 < \omega_1 < \infty \tag{4.2}$$

式中，$W(\bullet)$ 表示定义在 [0，1] 区间上的标准布朗运动。

Müller（2008）关于 $I(0)$ 与 $I(1)$ 过程的界定：

对于序列 y_t，当且仅当 $T^{-1/2}\sigma^{-1}\sum_{t=1}^{[\bullet T]} y_t \Rightarrow W(\bullet)$ 时，y_t 为 $I(0)$ 过程；当且仅当 $T^{-1/2}\sigma^{-1} y_{[\bullet T]} \Rightarrow W(\bullet)$ 时，y_t 为 $I(1)$ 过程，其中，$\sigma > 0$。

Davidson（2002，2010）关于 $I(0)$ 与 $I(1)$ 过程的界定：

对于时间序列 x_t，以及定义在（0，1] 区间上的部分和过程[①]：

$$X_T(\xi) = \sigma_T^{-1}\sum_{t=1}^{[T\xi]}(x_t - Ex_t),\ 0 < \xi \leqslant 1,\ \sigma_T^2 = \mathrm{Var}(\sum_{t=1}^{T} x_t) \tag{4.3}$$

$$Y_T(\xi) = \sigma_T^{-1}(x_{[T\xi]} - Ex_{[T\xi]}),\ 0 < \xi \leqslant 1,\ \sigma_T^2 = \mathrm{Var}(\sum_{t=1}^{T} x_t) \tag{4.4}$$

当且仅当 $X_T(\xi) \Rightarrow W(\bullet)$ 时，定义序列 x_t 为 $I(0)$ 过程；当且仅当 $Y_T(\xi) \Rightarrow W(\bullet)$ 时，定义序列 x_t 为 $I(1)$ 过程。

上述三种定义表明，任何满足泛函中心极限定理的一个异质过程，都可能是 $I(0)$ 过程，而增量（increments）为 $I(0)$ 过程的序列则是 $I(1)$ 过程。这种定义方式的直观含义是：$I(0)$ 过程需要"积分"（或求累加和）一次才能变成 $I(1)$ 过程，而 $I(1)$ 过程无须"积分"，本身就满足泛函中心极限定理。从本质上看，这三种定义是等价的，而 Davidson（2002，2010）对于 $I(0)$ 过程的定义在形式上更为一般化，其不仅涵盖了所有线性 $I(0)$ 过程，也将非线性 $I(0)$ 过程纳入其中。在 Stock（1994）与 Müller（2008）的定义中，序列均剔除了确定性成分，而式（4.3）中含有序列的均值，因此，趋势平稳过程也适用于此定义。此外，这种定义方式对于非线性而言非常重要，Davidson（2002）的研究表明，一些常用的非线性模型，如双线性模型、GARCH 模型、TAR 模型以及 STAR 模型也都适用于此定义，并且指出，在非线性 $I(0)$ 过程中并不排除存在协方差不平稳的情况，只要这种情况不是全局的（global）特征即可。这种情况在 TAR 模型和 STAR 模型中经常会出现，如在

[①] 在 Davidson（2002，2010）的原文中，并没有直接给出 $I(1)$ 过程的定义，但其隐含式（4.4）成立。

一个两区制的 TAR 模型中，一个区制是单位根过程，而另外一个区制是协方差平稳过程，Caner 和 Hansen（2001）称之为"局部单位根"（partial unit root）过程，但并不是单位根过程，该过程仍然满足式（4.3），因此属于 $I(0)$ 过程，可以简单称其为整体平稳过程。同样，对于 STAR 模型，本书第 3 章讨论的局部非平稳而整体平稳的过程，也属于此类情况。

另一个关心的问题是：是否存在非线性单位根过程？如果存在，如何表示？如何检验？

如果存在非线性单位根过程，那么在对其进行检验时，检验式的形式应当是非线性的，并且原假设的形式也应当是非线性的，否则就退化成了线性单位根的检验。但从已有的文献看，在涉及单位根过程与非线性 $I(0)$ 过程的区分检验中，原假设都是线性单位根过程，可见，对于非线性单位根问题，仍然存在许多未知的领域。下面简单分析非线性单位根的生成过程。

考虑数据生成过程：$(1-L)(1-\phi_t L)y_t = \varepsilon_t, \varepsilon_t \sim \mathrm{iid}(0,\sigma^2)$，将其展开为

$$
\begin{aligned}
&[1-(1+\phi_t)L + \phi_t L^2]y_t = \varepsilon_t \\
&y_t = (1+\phi_t)y_{t-1} - \phi_t y_{t-2} + \varepsilon_t \\
&\Delta y_t = \phi_t \Delta y_{t-1} + \varepsilon_t, \phi_t \in [0,1]
\end{aligned} \tag{4.5}
$$

式中，ϕ_t 为可变参数，可以表示为内生变量或外生变量的函数，从式（4.5）可以得到一个类似于特征多项式的表达式：$(1-L)(1-\phi_t L) = 0$，当 θ_t 的取值不依赖于 y_t 时，该表达式即特征多项式，则可知 y_t 中含有单位根；如果 ϕ_t 的取值依赖于 y_t 的滞后项，如 TAR 模型、STAR 模型等，则 $(1-L)(1-\phi_t L) = 0$ 不是真正意义上的特征多项式，但由于我们约束了 ϕ_t 的取值在 [0, 1] 区间，因此，y_t 仍有可能是含有单位根的过程。以两区制的 TAR 模型为例，ϕ_t 的取值为 0 或者 1，当 ϕ_t 取 0 时，y_t 为 $I(1)$ 过程；当 ϕ_t 取 1 时，y_t 为 $I(2)$ 过程。因此，总体而言，y_t 是一个含有单位根的非线性过程，根据式（4.4）对 $I(1)$ 过程的界定，此时，y_t 为非线性 $I(1)$ 过程。由此我们推测，诸如 TAR 模型、STAR 模型这类存在不同区制，并且不同区制具有不同单整阶数的非线性随机过程，其整体单整阶数可能取决于局部区制单整阶数的最小值。

上述的分析表明，理论上确实存在非线性单位根过程，但在 STAR 模型中是

否存在非线性单位根过程仍不得而知。同时，如何检验非线性单位根过程却是相当困难的，因为对于大多数非线性过程而言，平稳遍历性、矩的存在性以及总体矩的特征等是未知的，更为重要的是，非线性单位根过程的渐近理论至今仍没有形成。因此，本书在下面的单位根检验研究中，不考虑非线性单位根的情况，也就是说，对于一个时间序列而言，只考虑三种可能的数据生成过程：线性单位根、线性 $I(0)$ 过程以及非线性 $I(0)$ 过程。尽管如此，下面仍然将涉及非线性形式单位根检验的文献做简单梳理。

Granger 等（1997）研究了非线性的随机趋势，他们给出了如下非线性随机趋势生成过程的一般表达式：

$$x_{t+1} = x_t + g(x_t) + \varepsilon_{t+1}, g(x) > 0, E(\varepsilon_{t+1}^2 \big| x_{t-j}, j \geqslant 1) = \sigma^2(x_{t-1}) \tag{4.6}$$

式中，g 与 σ^2 是非线性的平滑函数。Granger 等（1997）研究了几种常见非线性函数下的非线性随机趋势生成机制，以及在这些函数下，数据能表现出具有生长特性所具备的条件。他们也注意到非线性单位根问题，但很明显，式（4.6）无法从解析角度给出序列是否含有单位根，对此，他们采用模拟方式分析了式（4.7）的非线性随机趋势。

$$X_t = X_{t-1} + cX_{t-1}^{\alpha} + \sqrt{vX_{t-1}^{\beta}} \bullet e_t \tag{4.7}$$

$$w_t = (X_t - a_t) / c \bullet a_t^{\alpha} \tag{4.8}$$

$$\Delta w_t = (\phi_\tau - 1)\Delta w_{t-1} + \sum_{i=1}^{p} \gamma_i \Delta w_{t-i} \tag{4.9}$$

他们给出了 α 和 β 几组不同的取值，然后估计式（4.9）中 $(\phi_\tau - 1)$ 所对应的 t 统计量及其核密度分布，通过与 ADF 统计量的分布相比较发现，在 α 和 β 取某些特定的值时，t 统计量分布与 ADF 分布很相似。可以看出，这种方法并不能检验 X_t 是否含有单位根，因为 ADF 本身是一个线性单位根检验方法，而式（4.9）是一个非线性模型，此外，并非在 α 和 β 所有的取值中都能得到近似于 ADF 分布的 t 统计量分布，这只是局部的一些特征，整体上是否是非线性单位根过程，他们在文章中并没有明确回答。

Park 和 Phillips（1999，2001）研究了回归变量是单位根过程的非线性回归问题，推导出了一系列单位根过程的非线性转换函数的渐近理论，为非线性协整理论的发展奠定了基础。他们的基本模型是：$y_t = g(x_t, \boldsymbol{\theta}) + u_t$，其中 x_t 是线性单位根过程，g 表示非线性单调变换函数，u_t 是鞅差分过程，$\boldsymbol{\theta}$ 表示参数向量。但 Park 和 Phillips（2001）明确指出 x_t 不包括 y_{t-1}，即他们的理论并不适用于 $y_t = g(y_{t-1}, \boldsymbol{\theta}) + u_t$ 情形，因为如果 y_{t-1} 是单位根过程，而对其进行非线性变换，未必仍然会得到一个单位根过程。因此，Park 和 Phillips（1999，2001）中一系列单位根过程的非线性转换函数的渐近理论并不适用于非线性单位根过程。

Gao 等（2008）考虑了一类非线性自回归模型：$X_t = g(X_{t-1}) + \varepsilon_t$，$\varepsilon_t \sim$ iid$(0, \sigma^2)$，g 表示未知的非线性函数，将其变换为如下非线性随机游走过程[①]：

$$X_t = X_{t-1} + g_1(X_{t-1}) + \varepsilon_t \tag{4.10}$$

$$H_0: P[g_1(X_{t-1}) = 0] = 1 \text{ 或者 } P[g(X_{t-1}) = X_{t-1}] = 1 \tag{4.11}$$

式中，$g_1(X_{t-1})$ 为能够识别的非线性函数，他们采用非参数方法检验 H_0。可以看出，如果 H_0 没有被拒绝，则式（4.10）依概率收敛于随机游走过程，而不是非线性单位根过程，所以，此方法仍是对线性单位根进行检验，根本无法获悉序列 X_t 是否为非线性单位根过程。

此外，Caner 和 Hansen（2001），Kapetanios 等（2003），Bec 等（2004），Park 和 Shintani（2016），Bec 等（2008）等都在 TAR 或者 STAR 模型框架下研究了线性单位根检验问题。

4.1.2 线性单位根与 STAR 类 *I*(0)过程的区分

近 30 年来，关于单位根理论及其检验问题一直都是计量经济学的研究热点，并出现了大量的检验方法，其中一些成了计量经济软件的固定模块，如 ADF 检验、PP 检验和 KPSS 检验等。但大部分的单位根检验研究都是在线性框架下进行的，这导致对于一些非线性数据生成过程，常用的线性单位根检验方法的检验功效都很低。Pippenger 和 Goering（1993）的研究表明，当真实的数据生成过程是 TAR 模型时，ADF 的检验功效很低，因此，在存在交易成本的经济现实背景下，采用常规的单位根检验方法来检验一些经济变量之间的长期关系，结论不再可

[①] "非线性随机游走"为原文中的称法，但作者认为此种称法并不恰当，因为根本不知道 X_t 的单整阶数。在 Gao 等（2009）中，他们删掉了单位根检验部分。

信。Enders 和 Granger（1998），Caner 和 Hansen（2001）提出了同样的问题，并且开始尝试在 TAR 模型框架下进行线性单位根检验。这种新的方法为购买力平价理论（parchursing power parity，PPP）的支持者提供了"一根新的救命稻草"。已有的一些文献表明，如 Froot 和 Rogoff（1995），Rogoff（1996），Taylor（1995）等，常规的单位根检验方法并不支持 PPP 理论，在线性模型下，多数工业国家间的实际汇率数据不能拒绝随机游走的原假设，即实际汇率并非均值回复的，这隐含着在经济的实际运行中，并不存在向 PPP 靠拢的长期趋势。这使得一些经济学家感到不舒服甚至沮丧，因为一旦 PPP 假说不成立，宏观经济学中很多理论将不再适用。然而，随着非线性模型的广泛应用，经济学家如 Taylor 等（2001），Bec 等（2004），Michael 等（1997）等，开始转向非线性模型来研究实际汇率的动态调整机制，并找到了新的证据来支持 PPP 理论。Kapetanios 等（2003）在同样的研究背景下，将 TAR 模型下的单位根检验扩展到了 ESTAR 模型框架下，该文是 STAR 框架下单位根检验的基础性和引用次数最多的文献，下面介绍该方法的主要思想。

考虑如下 ESTAR（1）模型：

$$y_t = \beta y_{t-1} + \gamma y_{t-1}[1 - \exp(-\theta y_{t-d}^2)] + \varepsilon_t, \ t = 1, 2, \cdots, T \tag{4.12}$$

$$\Delta y_t = \phi y_{t-1} + \gamma y_{t-1}[1 - \exp(-\theta y_{t-d}^2)] + \varepsilon_t, \ t = 1, 2, \cdots, T \tag{4.13}$$

式中，$\varepsilon_t \sim \mathrm{iid}(0, \sigma^2)$，$\phi = (\beta - 1)$，$\beta$ 和 γ 为未知参数，$\theta \geqslant 0, d \geqslant 1$，简便起见，他们设定 $d=1$，而在实际应用中，d 可通过最优拟合优度来确定。沿用 Balke 和 Fomby（1997）以及 Michael 等（1997）的做法，他们事先假定 $\phi = 0$，即当序列处在中间区制时，y_t 是个单位根过程。此时，如果 $\theta = 0$，则 y_t 退化为线性单位根过程；如果 $\theta > 0, -2 < \lambda < 0$，则 y_t 是个在中间区制具有单位根但整体上平稳的非线性过程[①]。所以，为了区分线性单位根与 STAR 类 $I(0)$过程，他们做如下假设检验：

$$\begin{aligned} H_0 &: \theta = 0 \\ H_1 &: \theta > 0 \end{aligned} \tag{4.14}$$

---

① Kapetanios 等（2003）原文中称为整体平稳过程（global stationary），严格来说，这种说法并不准确，因为如果数据生成过程存在确定性时间趋势，序列并不平稳。但为了行文方便，本书此处将整体平稳过程等同于 $I(0)$过程。

为了克服参数在原假设下的不可识别性，他们采用 Luukkonen 等（1988）的方法，对式（4.13）进行关于 $\theta = 0$ 的一阶泰勒展开，得到下面的辅助检验回归式：

$$\Delta y_t = \delta y_{t-1}^3 + \text{error} \qquad (4.15)$$

这样原假设变成 $\delta = 0$，备择假设为 $\delta < 0$，构造检验 t 统计量：$t_N = \hat{\delta} / \text{s.e}(\hat{\delta})$。他们推导出了原假设下 t_N 的极限分布，是维纳过程的泛函，通过 Monte Carlo 模拟给出了常用的检验临界值。当数据生成过程含有非零均值或确定性趋势时，他们建议先对数据进行去均值或退势处理，然后再按照式（4.15）进行单位根检验，但检验临界值会有所变化，他们给出了常用检验水平的临界值。为了便于区分，将这三种情况下的检验统计量分别命名为 t_N、t_{NL} 和 $\tilde{t}_{NL}$。对于更一般的情况，如果式（4.13）中误差存在序列相关，他们仿照 ADF 检验方法，在检验式中加入差分滞后项，如式（4.16），并且其检验统计量与误差不存在序列相关时具有相同的极限分布。为了行文方便，本书将此方法称为 KSS 检验。

$$\Delta y_t = \sum_{j=1}^{p} \rho_j \Delta y_{t-j} + \delta y_{t-1}^3 + \text{error} \qquad (4.16)$$

通过对 KSS 方法的介绍，可以看出，该方法仍是一种 DF 类型的检验，同时注意到这种方法有几处值得注解和商榷的地方，这也导致了该方法在应用中仍有较大局限性。

（1）KSS 检验方法在 PPP 理论的研究背景下，先验假设 $\phi = 0$，而在其他应用背景下，这种假设并不合理。从式（4.13）可知，当 y_{t-d}^2 很小时，即实际汇率偏离 PPP 均衡汇率很小时，由于交易成本的存在，市场没有套利动机，因此系统没有向均值回复的动力，此时 y_t 处在中间区制，其动态行为是一个随机游走过程；而当 y_{t-d}^2 很大，即实际汇率偏离 PPP 均衡汇率很大时，此时存在套利动机，套利行为的出现使得这种偏离不可能持久，系统的误差修整机制最终会使得实际汇率向 PPP 均衡汇率靠拢，实现均值回复。因此，从这种角度上看，该方法是因 PPP 理论（及相近理论）而生的，对其他类型的 STAR 模型检验功效如何，仍有待考察。此外，当 $\phi < 0$，$-2 < \phi + \gamma < 0$ 时，式（4.13）生成过程中的两个区制都是平稳过程，而该方法的备择假设是局部单位根的整体平稳过程，如果此时拒绝原假设，我们仍然不能接受备择假设。

（2）KSS 检验方法假设门限值是 0，这是一个非常强的假设，在许多应用研究中，门限值都不是 0。Kruse（2009）注意到这一问题，并构建了一个修正的 Wald 统计量来检验单位根。如果门限值不是 0，那么式（4.13）关于 $\theta = 0$ 的一阶泰勒展开将变为

$$\Delta y_t = \phi y_{t-1} + \beta_1 y_{t-1} + \beta_2 y_{t-1}^2 + \beta_3 y_{t-1}^3 + \text{error} \qquad (4.17)$$

式（4.17）有两点启示：第一，STAR 框架下的单位根检验应该是个联合检验；第二，由于不能识别 y_{t-1} 所对应的参数，所以局部单位根无法检验，因此，在泰勒近似的框架下，不可能通过检验方式获悉某个区制是否为单位根过程。

（3）KSS 检验方法没有考虑线性 $I(0)$ 过程情况，其原假设是单位根过程，备择假设是 STAR 类 $I(0)$ 过程，而实际数据生成过程还可能是线性 $I(0)$ 过程。如果说线性单位根检验方法忽视了非线性数据生成过程，那么 KSS 检验无疑是走向了另一个极端，当真实数据生成过程是线性 $I(0)$ 过程时，该方法无法作出正确判别，因为其备择假设中不包含这种情况。为了更好地分析这个问题，本书通过 Monte Carlo 方法模拟 10 000 次，考察了在小样本下 KSS 检验对线性 $I(0)$ 过程的检验功效，并与常用的线性单位根检验方法进行比较，检验结果见表 4.1。

表 4.1　KSS 检验对线性 $I(0)$ 过程的检验功效

	\multicolumn{4}{c}{$T = 100$}				\multicolumn{4}{c}{$T = 200$}			
	KSS	ADF	KPSS	PP	KSS	ADF	KPSS	PP
\multicolumn{9}{c}{Case1：$y_t = \rho y_{t-1} + \varepsilon_t$，$\varepsilon_t \sim \text{iid}N(0, 1)$}								
$\rho = 0.9$	51.1	76.3	70.6	76.1	86.8	99.8	76.0	99.6
$\rho = 0.5$	99.9	100.0	91.9	100.0	100.0	100.0	92.8	100.0
\multicolumn{9}{c}{Case2：$y_t = 0.1 + \rho y_{t-1} + \varepsilon_t$，$\varepsilon_t \sim \text{iid}N(0, 1)$}								
$\rho = 0.9$	21.8	30.9	70.4	33.8	58.2	84.5	75.8	85.0
$\rho = 0.5$	98.1	100.0	91.6	100.0	100.0	100.0	93.1	100.0
\multicolumn{9}{c}{Case3：$y_t = 0.1\text{t} + \rho y_{t-1} + \varepsilon_t$，$\varepsilon_t \sim \text{iid}N(0, 1)$}								
$\rho = 0.9$	14.7	30.9	39.5	31.5	41.2	82.4	52.8	82.4
$\rho = 0.5$	95.1	100.0	90.7	100.0	100.0	100.0	91.8	100.0

注：Case1、Case2 和 Case3 对应的 KSS 统计量分别为 t_{N}、t_{NL} 和 $\tilde{t}_{\text{NL}}$，表中数字为百分数。

表 4.1 中的数据生成过程是一个简单的 AR（1）过程，Case1、Case2 和 Case3 分别对应于数据生成过程中不含有确定项、含有非零均值以及含有确定性时间趋势项，基于此，采用相应的单位根检验式。从表 4.1 的结果可以看出，当实际数据生成过程是线性 $I(0)$ 时，KSS 检验的功效并没有常用的线性单位根检验功效高，如 ADF 检验、KPSS 检验或 PP 检验，尤其是在真实数据生成过程具有较高的持续性时，KSS 检验功效要低很多，如表 4.1 中 $\rho=0.9$ 的情况。当真实数据生成过程具有较强的均值回复特征时，如 $\rho=0.5$ 的情况，KSS 检验功效与常用线性单位根检验方法并无太大差别，这看似具有吸引力，但实际上却凸显了这种方法在应用中的局限：一方面，当真实数据生成过程是线性 $I(0)$ 时，从原假设的角度看，KSS 检验功效没有线性单位根检验高，错判的可能性更大；另一方面，从备择假设上看，拒绝原假设意味着要接受备择假设，但 KSS 检验的备择假设是 STAR 类 $I(0)$ 过程而不是线性 $I(0)$ 过程，因此接受备择假设也是在犯错误，并且检验功效越高意味着犯错的概率越大。

（4）KSS 检验方法以 ESTAR 模型为基础，其对 LSTAR 模型的检验功效如何，仍有待考察。刘雪燕和张晓峒（2009）讨论了 LSTAR 框架下的单位根检验，但其研究思路与 KSS 检验方法基本相同，因此也存在上述同样的问题。

另一种 STAR 框架下的单位根检验是由 He 和 Sandberg（2006）提出来的，这个方法也是 DF 类检验，但与 KSS 检验不同的是，他们检验的备择假设是一类 LSTAR 模型，并且允许含有确定性时间趋势。下面以一阶模型做简单介绍，为与其原文保持一致，该方法以下简称"NDF 检验"。考虑如下原假设及备择假设的模型形式：

$$
\begin{aligned}
&H_{01}: y_t = y_{t-1} + u_t \\
&H_{a1}: y_t = \pi_{10} + \pi_{11}y_{t-1} + (\pi_{20} + \pi_{21}y_{t-1})F(t;\gamma,c) + u_t \\
&H_{0m}: y_t = \pi_{10} + y_t + u_t, m = 2,3 \\
&H_{a2}: y_t = \pi_{10} + \pi_{11}y_{t-1} + \pi_{12}t + (\pi_{20} + \pi_{21}y_{t-1} + \pi_{22}t)F(t;\gamma,c) + u_t \\
&H_{a3}: y_t = \pi_{10} + \pi_{11}y_{t-1} + \pi_{12}t + (\pi_{20} + \pi_{22}t)F(t;\gamma,c) + u_t
\end{aligned}
\tag{4.18}
$$

式中，H_{a1}, H_{a2}, H_{a3} 分别称为 LSTAR 模型、LSTART 模型及 LSTD 模型；$F(t;\gamma,c)$ 是一个 logistic 函数，转移变量为时间趋势 t。为克服参数的不可识别性，他们对

H_{a1}, H_{a2}, H_{a3} 进行三阶的泰勒展开，得到如下辅助检验式：

$$
\begin{aligned}
&H_{a1}^{\text{aux}}: y_t = s_{1t}' \lambda_1 + (y_{t-1} s_{1t})' \varphi_1 + u_t^* \\
&H_{a2}^{\text{aux}}: y_t = s_{2t}' \lambda_2 + (y_{t-1} s_{1t})' \varphi_2 + u_t^* \\
&H_{a3}^{\text{aux}}: y_t = s_{2t}' \lambda_3 + y_{t-1} \varphi_{30} + u_t^* \\
&T_3(t; \gamma, c) = \gamma(t-c)/4 - \gamma^3(t-c)^3/48 + r(\gamma)
\end{aligned}
\tag{4.19}
$$

式中，$s_{1t} = (1, t, t^2, t^3)'$，$\lambda_1 = (\lambda_{10}, \lambda_{11}, \lambda_{12}, \lambda_{13})'$，$\varphi_1 = (\varphi_{10}, \varphi_{11}, \varphi_{12}, \varphi_{13})'$，$s_{2t} = (1, t, t^2, t^3, t^4)'$，$\lambda_2 = (\lambda_{20}, \lambda_{21}, \lambda_{22}, \lambda_{23}, \lambda_{24})'$，$\varphi_2 = (\varphi_{20}, \varphi_{21}, \varphi_{22}, \varphi_{23})'$，$\lambda_3 = (\lambda_{30}, \lambda_{31}, \lambda_{32}, \lambda_{33}, \lambda_{34})'$，$T_3(t; \gamma, c)$ 表示三阶泰勒展开式，$r(\gamma)$ 为展开剩余，且 $r(0) = 0$。相应地，单位根检验的辅助原假设为

$$
\begin{aligned}
&H_{01}^{\text{aux}}: \lambda_{1i} = 0 \; \forall i, \; \varphi_{10} = 1, \; \varphi_{1j} = 0, \; j \geqslant 1 \\
&H_{02}^{\text{aux}}: \lambda_{20} \in \mathbf{R}, \; \lambda_{2i} = 0, \; i \geqslant 1, \; \varphi_{20} = 1, \; \varphi_{2j} = 0, \; j \geqslant 1 \\
&H_{03}^{\text{aux}}: \lambda_{30} \in \mathbf{R}, \; \lambda_{3i} = 0, \; i \geqslant 1, \; \varphi_{30} = 1
\end{aligned}
\tag{4.20}
$$

他们构造了三种情况下的 DF 类统计量 $t_m = (\hat{\varphi}_{m0} - 1)/\hat{\sigma}_{\hat{\varphi}_{m0}}, m = 1, 2, 3$，推导出了其极限分布，模拟给出了有限样本下检验临界值，并分析 NDF 检验的检验功效及检验水平。尽管这篇文章提出了两种新的模型，但对单位根的检验仍存在以下几点严重缺陷：

（1）式（4.20）的原假设是个联合检验，只有在这个原假设条件下，式（4.19）辅助回归式中的 u_t^* 才渐近等价于式（4.18）中的 u_t，辅助回归式才有意义。但他们并不是在这个联合原假设下构造的检验统计量，而是在单个参数约束，即原假设 $\varphi_{m0} = 1, m = 1, 2, 3$ 下构造的 DF 类统计量，对式（4.19）的其他参数没有约束。这样，式（4.19）中 H_{a1}^{aux} 表达式中的 φ_{11}、φ_{12} 和 φ_{13} 以及 H_{a2}^{aux} 表达式中的 φ_{21}、φ_{22} 和 φ_{23} 都有可能不是 0，因而存在 $\gamma \neq 0, r(\gamma) \neq 0$ 的可能，在这种情况下，u_t^* 与 u_t 并不渐近相等，所以根本无法推导出 $t_m, m = 1, 2, 3$ 这三个统计量的极限分布。

（2）考虑式（4.19）中的三阶泰勒展开及 H_{01}^{aux}、H_{02}^{aux} 可知：

$$
\varphi_{m0} = (c^3 \gamma^3 / 48 - c\gamma / 4) \pi_{21} + \pi_{11}, m = 1, 2
\tag{4.21}
$$

原假设 $\varphi_{m0} = 1, m = 1, 2$ 是由两部分合成的，如果不对式（4.20）其他参数进行约束，有 $\gamma \neq 0$ 的可能存在，则检验式（4.19）可能是个非线性过程，由前文所述可知，在非线性模型中，即使 y_{t-1} 对应的系数是 1，也不表明 y_t 就是单位根过程，

因为模型是平滑转移的，在某个时刻出现单位根过程并不影响总体上是 $I(0)$ 过程的动态特性。下面以实际数值为例进一步说明这个问题。令 $\gamma=1, c=8$ ，则式（4.21）可表示为：$\varphi_{m0}=26/3\pi_{21}+\pi_{11}, m=1,2$ ，总可以找到满足 $\varphi_{m0}=1,\ m=1,2$ 的 π_{21} 和 π_{11} 的值，如 $\pi_{11}=2/3, \pi_{21}=1/26; \pi_{11}=3/4, \pi_{21}=4/104$ 等，而这两组数值均满足 STAR 模型平稳遍历的充分条件，可见，即使原假设 $\varphi_{m0}=1, m=1,2$ 成立，实际的数据生成过程也有可能是非线性 $I(0)$ 过程，而不是单位根过程。因此，NDF 检验在理论设计上就有偏差，也不可能具有普遍高的检验功效。对此，用上述实际数值对 NDF 检验功效进行模拟分析，Monte Carlo 模拟次数为 10 000 次，结果显示在表 4.2 中。可以看出，在两种数据生成过程下，NDF 检验功效都相当低，尤其是在小样本下，该方法基本上是无效的，并且 π_{11} 越大，其检验功效越低；相比之下，常用线性单位根检验方法却有很高的检验功效。需要指出的是，我们的分析中没有包含检验统计量 t_3 ，是因为式（4.18）中的 LSTD 模型并不关于 y_{t-1} 平滑转移，而只是在确定性变量上发生平滑转移变化，这其实是结构突变的一般化形式，即结构发生平滑变化而不是瞬间突变，这种结构变化并不影响 y_{t-1} 的系数。

表 4.2　NDF 检验与常用单位根检验功效的比较

	$\pi_{11}=2/3, \pi_{21}=1/26$				$\pi_{11}=3/4, \ \pi_{21}=4/104$			
	NDF	ADF	KPSS	PP	NDF	ADF	KPSS	PP
Case1:　$y_t=\pi_{11}y_{t-1}+\pi_{21}y_{t-1}\{1+\exp[-(t-8)]\}+\varepsilon_t, \varepsilon_t\sim \mathrm{iid}N(0,1)$								
$T=100$	2.5	99.5	87.6	99.5	2.0	90.5	83.1	91.3
$T=250$	7.0	100.0	90.4	100.0	4.2	100.0	88.4	100.0
$T=500$	21.2	100.0	91.9	100.0	11.9	100.0	90.3	100.0
$T=1\,000$	64.6	100.0	92.9	100.0	37.9	100.0	91.8	100.0
Case2:　$y_t=\pi_{11}y_{t-1}+0.1t+(\pi_{21}y_{t-1}+0.1t)\{1+\exp[-(t-8)]\}+\varepsilon_t, \varepsilon_t\sim \mathrm{iid}N(0,1)$								
$T=100$	2.1	95.9	86.8	97.0	2.3	83.2	81.6	85.5
$T=250$	9.5	100.0	88.3	100.0	7.3	100.0	84.8	100.0
$T=500$	28.0	100.0	89.5	100.0	22.9	100.0	87.7	100.0
$T=1\,000$	70.5	100.0	90.7	100.0	59.8	100.0	90.7	100.0

注：Case1、Case2 分别对应 NDF 检验的统计量 t_1、t_2，表中数字为百分数。

（3）NDF 检验与 KSS 检验有相同的缺陷，即使拒绝了原假设，实际的数据生成过程有可能是线性 $I(0)$ 过程或者是非线性 $I(0)$ 过程，通过这个检验无法作出最终的判断。此外，还用表 4.1 中 Case3 的数据生成过程考察了 t_1 和 t_2 的检验功效，在 $T=100$，$\rho=0.5$ 时，其检验功效分别为 0.16，0.05；在 $T=200$，$\rho=0.5$ 时，检验功效分别为 0.45，0.17。在这两种情况下，NDF 检验功效均低于常用的线性单位根检验方法，说明当真实数据生成过程是线性趋势平稳过程时，用这两个统计量进行单位根检验错判的概率会很大。

以上分析表明，无论是 Kapetanios 等（2003）提出的 ESTAR 框架下的单位根检验方法，还是 He 和 Sandberg（2006）提出的 LSTAR 框架下的单位根检验，在应用中都存在较大局限性，在检验程序的设计上没能兼顾线性 $I(0)$ 及 STAR 类 $I(0)$ 过程与单位根过程的区分。鉴于此，本书在两区制 STAR 框架下提出一种检验程序，以此来区分线性单位根、线性 $I(0)$ 及 STAR 类 $I(0)$ 过程，我们将在 4.2 节中对此进行详细分析。

4.2　两区制 STAR 框架下的单位根检验程序

4.2.1　两个 Wald 类检验统计量

1. Wald 类统计量的构建与极限分布

通过以上的分析可以获悉，在 STAR 框架下的单位根检验应该是个联合检验，所以在介绍本书的单位根检验程序之前，先构建两个 Wald 类联合统计量。已有文献中，Eklund（2003a，2003b），Kruse（2009）都构建了 Wald 类统计量进行 STAR 框架下的单位根检验，但本书构建的统计量在检验回归式以及参数约束上都与他们的文献有本质区别，详细内容可参见他们的文章，本书此处不再赘述。

考虑如下两区制 LSTAR（1）过程：

$$
\begin{aligned}
&y_t = \pi_{10} + \pi_{11} y_{t-1} + (\pi_{20} + \pi_{21} y_{t-1}) F(s_t; \gamma, c) + \varepsilon_t \\
&F(s_t; \gamma, c) = \{1 + \exp[-\gamma(s_t - c)]\}^{-1} - 0.5
\end{aligned}
\tag{4.22}
$$

式中，$F(s_t;\gamma,c)$ 为平滑转移函数，为方便极限分布的推导，在 $F(s_t;\gamma,c)$ 中增加了 -0.5 这一项；s_t,γ,c 分别表示转移变量、转移速度参数及门限值，s_t 可以是自变量的滞后变量、差分滞后变量或者其他外生变量等，为了行文方便，本书在下面的分析中选择 y_{t-1} 作为转移变量，在此基础上构建的 Wald 类统计量的极限分布与 y_{t-d} 作为转移变量的极限分布相同；当然，常用的转移变量也可以是 Δy_{t-d} 或者确定性趋势 t，其极限分布推导原理及有限样本下统计特性的分析也与 y_{t-1} 作为转移变量情形下的相似。因此，本书此部分只给出 y_{t-1} 作为转移变量情形下的分析结果。

在式（4.22）框架下进行单位根检验，其约束条件应为：$H_0:\pi_{11}=0,\pi_{21}=0$ 或者 $H_0:\pi_{11}=0,\gamma=0$，无论在哪个原假设下，都会出现参数无法识别的情况，为了避免这个问题，采用 Teräsvirta（1994）的方法将式（4.22）关于 $\gamma=0$ 进行三阶泰勒展开，经整理后，可以得到如下辅助检验回归式：

$$\Delta y_t = \beta_0 + \beta_1 y_{t-1} + \beta_2 y_{t-1}^2 + \beta_3 y_{t-1}^3 + \beta_4 y_{t-1}^4 + \varepsilon_t^* \qquad (4.23)$$

在上述原假设条件下，ε_t^* 渐近等价于 ε_t。单位根检验的原假设可以重新表述为：$H_0:\beta_1=\beta_2=\beta_3=\beta_4=0$，备择假设 $H_1:\beta_i,i=1,2,3,4$ 中存在不为零的参数。可以在这个原假设上构建 Wald 类统计量，将此统计量命名为 W_{uc}。当拒绝原假设时，表明数据生成过程不含有单位根，可以是线性 $I(0)$过程或非线性 $I(0)$过程，其具体类型需要进一步判断；当不拒绝原假设时，只能暂时接受原假设，认为数据生成过程中含有单位根，并且模型形式为线性，至于该数据生成过程是随机游走过程还是随机趋势过程，可以通过线性的常用单位根检验方法去判断，此时，这并不是主要问题，该统计量的主要作用是检验是否含有单位根，而不对数据生成过程的类型进行判断。下面给出 W_{uc} 的极限分布。

假定 4.1：数据生成过程 $y_t = y_{t-1} + \varepsilon_t$，$y_0$ 可以是 $O_p(1)$ 的随机变量或者常数，为方便推导，假设 $y_0 = 0$，$\varepsilon_t \sim \mathrm{iid}(0,\sigma^2)$，$E|\varepsilon_t|^\tau < \infty, \tau \geqslant 8$。

定理 4.1：满足假定 4.1，在原假设 $H_0:\beta_1=\beta_2=\beta_3=\beta_4=0$ 下，W_{uc} 的极限分布为

$$W_{uc} \Rightarrow (\boldsymbol{R}_3 \boldsymbol{Q}_{uc}^{-1} \boldsymbol{h}_{uc})' (\boldsymbol{R}_3 \boldsymbol{Q}_{uc}^{-1} \boldsymbol{R}_3')^{-1} (\boldsymbol{R}_3 \boldsymbol{Q}_{uc}^{-1} \boldsymbol{h}_{uc}) \qquad (4.24)$$

在备择假设下，W_{uc} 是一致检验统计量。附录 A 中给出了详细的推导过程。

现在考虑更一般的情况，当式（4.22）中的误差项具有序列相关时，仿照 Kapetanios 等（2003），He 和 Sandberg（2006）的做法，在辅助检验回归式中加入自变量的差分滞后项，如式（4.25），滞后阶数由 SC 准则或者 ACC 准则确定。

$$\Delta y_t = \beta_0 + \beta_1 y_{t-1} + \beta_2 y_{t-1}^2 + \beta_3 y_{t-1}^3 + \beta_4 y_{t-1}^4 + \sum_{j=1}^{p} \Delta y_{t-j} + \varepsilon_t^* \tag{4.25}$$

假定 4.2： 数据生成过程 $y_t = y_{t-1} + u_t$，y_0 可以是 $O_p(1)$ 的随机变量或者常数，为方便推导，假设 $y_0 = 0$，$u_t = \psi(L)\varepsilon_t = \sum_{i=0}^{\infty} \psi_i \varepsilon_{t-i}, \sum_{i=0}^{\infty} i|\psi_i| < \infty$，$\varepsilon_t \sim \text{iid}(0, \sigma^2)$，$E|\varepsilon_t|^\tau < \infty, \tau \geq 8$。

定理 4.2： 满足假定 4.2，在原假设 $H_0: \beta_1 = \beta_2 = \beta_3 = \beta_4 = 0$ 下，W_{uc} 的极限分布与式（4.24）相同，在备择假设下，W_{uc} 是一致检验统计量。附录 A 中给出了推导说明。

由于数据可能表现出具有时间趋势性，所以考虑如下含有确定性时间趋势项的 LSTAR（1）过程[①]：

$$y_t = \pi_{10} + \pi_{11} y_{t-1} + \delta t + (\pi_{20} + \pi_{21} y_{t-1}) F(y_{t-1}; \gamma, c) + \varepsilon_t$$
$$F(y_{t-1}; \gamma, c) = \{1 + \exp[-\gamma(y_{t-1} - c)]\}^{-1} - 0.5 \tag{4.26}$$

同样为了克服在原假设下的不可识别问题，采用三阶泰勒展开将式（4.26）变为

$$\Delta y_t = \beta_0 + \beta_1 y_{t-1} + \delta t + \beta_2 y_{t-1}^2 + \beta_3 y_{t-1}^3 + \beta_4 y_{t-1}^4 + \varepsilon_t^* \tag{4.27}$$

考虑到如果真实数据生成过程是随机趋势，y_{t-1} 与时间趋势项 t 会存在多重共线关系，为消除这种关系，做如下等量变换：

令 $\xi_t = y_t - \beta_0 t$，$\beta_0^* = (1-\beta_1)\beta_0$，$\delta^* = \delta + \beta_0 \beta_1$，$\beta_1^* = \beta_1$，则有

$$\Delta y_t = \beta_0^* + \beta_1^* \xi_{t-1} + \delta^* t + \beta_2 y_{t-1}^2 + \beta_3 y_{t-1}^3 + \beta_4 y_{t-1}^4 + \varepsilon_t^* \tag{4.28}$$

当数据带有明显时间趋势时，根据式（4.28）建立原假设及备择假设：

---

① 确定性时间趋势项也可以出现在平滑转移部分，如 He 和 Sandberg（2006）的 LSTART（1）模型，但回归模型中变量过多，多重共线性情况较为严重，所以本书没有分析这种模型。

$H_0: \beta_1^* = \delta^* = \beta_2 = \beta_3 = \beta_4 = 0$，$H_1: \beta_1^*, \delta^*, \beta_2, \beta_3, \beta_4$ 中至少有一个参数不为零。在这个原假设下构建 Wald 类统计量，将此统计量命名为 W_{ut}。当拒绝原假设时，表明数据生成过程不含有单位根，可以是线性 $I(0)$ 过程或非线性 $I(0)$ 过程；当不拒绝原假设时，数据生成过程中含有单位根，因为数据具有明显时间趋势，所以可能是随机趋势过程，这可以通过线性的常用单位根检验方法进一步判断。下面给出 W_{ut} 的极限分布。

假定 4.3：数据生成过程为 $y_t = a_0 + y_{t-1} + \varepsilon_t$，$a_0$ 可以等于也可以不等于 0，y_0 可以是 $O_p(1)$ 的随机变量或者常数，为方便推导，假设 $y_0 = 0$，$\varepsilon_t \sim iid(0, \sigma^2)$，$E|\varepsilon_t|^\tau < \infty, \tau \geqslant 8$。

定理 4.3：满足假定 4.3，在原假设 $H_0: \beta_1 = \beta_2 = \beta_3 = \beta_4 = 0$ 下，W_{ut} 的极限分布为

$$W_{ut} \Rightarrow (R_4 Q_{ut}^{-1} h_{ut})'(R_4 Q_{ut}^{-1} R_4')^{-1}(R_4 Q_{ut}^{-1} h_{ut}) \tag{4.29}$$

在备择假设下，W_{ut} 是一致检验统计量。附录 A 中给出了详细的推导过程。值得注意的是，由于仅对式（4.27）的线性部分进行了变换，而非线性部分不变，因此式（4.29）中的极限分布含有冗余参数 a_0。

同样，在更一般的情况下，式（4.26）的误差项具有序列相关性，可在检验式（4.28）中加入差分滞后项，W_{ut} 的极限分布不变。

2. Wald 类统计量有限样本下的性质

上述极限分布表明，这两个 Wald 类统计量的极限分布都不是 χ^2 分布，本节采用 Monte Carlo 方法模拟出 W_{uc} 及 W_{ut} 有限样本下的分布，给出常用水平下的检验临界值。已有文献中关于检验临界值的确定有两种方法：一种方法是，当检验统计量的有限样本分布随样本容量的变化而有较大差异时，可模拟出一些特定样本容量的分位数，然后估计出分位数的响应面函数，进而可以得到任意样本容量下的检验临界值；另一种方法是，当统计量不同样本容量的分布差异不大时，可以用一个较大的样本容量下临界值作为检验临界值。

为获取 W_{uc} 统计量的检验临界值，令数据生成过程为：$y_t = y_{t-1} + \varepsilon_t$, $y_0 = 0$, $\varepsilon_t \sim iidN(0, 1)$。分别考察样本容量 T 为 100、200、300、400、500、600、700、800、

900、1 000 共 10 种情形，针对每个样本容量模拟 10 000 次，从而可以得到 W_{uc} 检验统计量常用水平 0.90、0.95、0.975、0.99 的分位数估计值。

由于 W_{ut} 统计量极限分布中含有冗余参数 a_0，所以其有限样本下的分布也会受冗余参数的影响，但考虑到经济时间序列中，时间趋势的斜率一般不可能超过 0.3，因此，为得到 W_{ut} 检验统计量不受冗余参数影响的检验临界值，我们采用 Phillips 和 Sul（2003）的方法，假定数据生成过程为 $y_t = a_0 + y_{t-1} + \varepsilon_t$，$a_0$ 服从均匀分布 $a_0 \sim U[0,\ 0.3]$，$\varepsilon_t \sim \mathrm{iid}N(0,\ 1)$，采用上述与 W_{uc} 统计量相同的模拟方式，得到样本容量 100～1 000 下的检验临界值。

图 4.1（a）显示了 W_{uc} 四个水平下检验临界值随样本容量的变化，可以看出，在样本容量 100～1 000 这个范围内，W_{uc} 检验临界值差异不大，进一步模拟了其他较大样本容量下的统计量分布及其临界值，发现样本容量对 W_{uc} 统计量的分布影响较小；图 4.1（b）显示了 W_{ut} 样本容量 100～1 000 的检验临界值，可以看出，随着样本容量的增加，检验临界值也缓慢增加，说明在样本容量小于 1 000 时，W_{ut} 统计量的分布受样本容量的影响较大，但当样本容量超过 1 000 时，这种影响会越来越小。本书的分析表明，如果采用图 4.1（b）显示的临界值用于单位根检验，那么，在小样本下会出现水平扭曲现象，为了避免这种情况，本书还是采用上述确定检验临界值的第二种方法，用 $T = 10\ 000$ 下的 0.90、0.95、0.975、0.99 的分位数估计值作为检验临界值，具体数值如表 4.3 所示。本书下面的检验水平及检验功效表明，采用这个临界值具有较好的检验水平及检验功效。

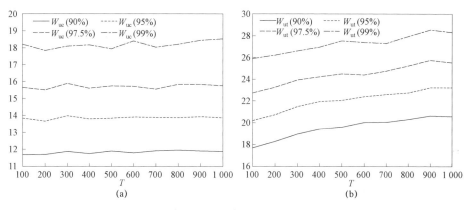

图 4.1　W_{uc} 与 W_{ut} 检验临界值（$T = 100 \sim 1\ 000$）

表 **4.3**　W_{uc} 与 W_{ut} 的检验临界值

统计量	α			
	0.10	0.05	0.025	0.01
W_{uc}	12.0	14.0	15.9	18.1
W_{ut}	22.2	24.8	27.3	30.1

图 4.2 显示两个 Wald 类统计量在 $T=10\ 000$ 下的分布，可以看出，它们与相对应的 χ^2 分布都有明显的差异。W_{uc} 的分布比 $\chi^2(4)$ 尾部更厚，且更加右移；而 W_{ut} 的分布向右偏移的程度更大，因此其对称性要好于 W_{uc} 统计量，但总体上仍然是右偏分布。

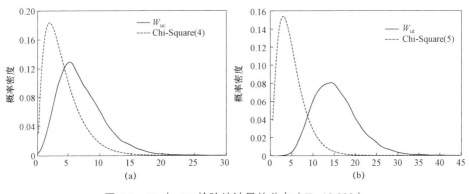

图 4.2　W_{uc} 与 W_{ut} 检验统计量的分布（$T=10\ 000$）

4.2.2　STAR 框架下单位根检验程序设计

本书提出区分线性单位根、线性 $I(0)$ 过程及 STAR 类 $I(0)$ 过程的检验程序，基于上述原因，不考虑非线性单位根的情况。

当数据没有表现出明显的时间趋势时，设计检验程序 T_{s1}，具体检验步骤如下：

（1）检验从式（4.25）$\Delta y_t = \beta_0 + \beta_1 y_{t-1} + \beta_2 y_{t-1}^2 + \beta_3 y_{t-1}^3 + \beta_4 y_{t-1}^4 + \sum_{j=1}^{p} \Delta y_{t-j} + \varepsilon_t^*$ 开始，原假设 H_{01}: $\beta_1 = \beta_2 = \beta_3 = \beta_4 = 0$，检验统计量为 W_{uc}。若不拒绝 H_{01}，则表明 y_t 为线性单位根过程，检验可以停止，或者为了增加检验的稳健性，可采用常用的线性单位根检验方法，如 ADF 检验、PP 检验和 KPSS 检验等对 y_t 进行检

验；如果拒绝 H_{01}，则 y_t 有可能是线性 $I(0)$ 过程，即 $\beta_1 \neq 0, \beta_2 = \beta_3 = \beta_4 = 0$，也有可能是非线性 $I(0)$ 过程，即 $\beta_2, \beta_3, \beta_4$ 中至少有一个参数不为零，对此，进行下一步的线性性检验。

（2）检验式（4.25），原假设 H_{02}: $\beta_2 = \beta_3 = \beta_4 = 0$，由于没有约束 β_0 和 β_1，所以在原假设 H_{02} 下，联合的 Wald 类统计量的分布可能是 χ^2 分布，也可能是本书第 3 章所提到的局部非平稳情况下的 W_1 分布或者 W_{nd} 分布，对此，我们采用第 3 章提到的稳健统计量 W_{rn} 作为这一步的检验统计量。如果检验拒绝 H_{02}，则 y_t 是非线性 STAR 类 $I(0)$ 过程，具体是 LSTAR 还是 ESTAR 模型，可由本书第 2 章及第 3 章提到的方法进行检验；如果 W_{rn} 检验不能拒绝原假设 H_{02}，则表明 y_t 是线性过程，此时可用常规的线性检验方法进行单位根检验，其原假设 H_{03}: $\beta_1 = 0 | \beta_2 = \beta_3 = \beta_4 = 0$，若拒绝 H_{03}，y_t 是线性 $I(0)$ 过程，否则为线性单位根过程，检验停止。

当数据表现出明显的时间趋势时，设计检验程序 T_{s2}，具体检验步骤如下：

（1）考虑更一般的情形，检验可以从式（4.28）加入差分滞后项开始，即
$$\Delta y_t = \beta_0^* + \beta_1^* \xi_{t-1} + \delta^* t + \beta_2 y_{t-1}^2 + \beta_3 y_{t-1}^3 + \beta_4 y_{t-1}^4 + \sum_{j=1}^p \Delta y_{t-j} + \varepsilon_t^*$$，滞后阶数可由 SC 准则或 ACC 准则确定，原假设 H_{01}': $\beta_1^* = \delta^* = \beta_2 = \beta_3 = \beta_4 = 0$，检验统计量为 W_{ut}，如果不拒绝原假设 H_{01}'，表明 y_t 为线性单位根过程，至于是否为随机趋势过程，可由线性单位根检验方法判断；若拒绝原假设 H_{01}'，则继续进行下一步检验。

（2）采用与步骤（1）相同的检验式，原假设 H_{02}': $\beta_2 = \beta_3 = \beta_4 = 0$，检验统计量为第 3 章提到的稳健统计量 W_{rt}，若拒绝原假设 H_{02}'，则 y_t 是非线性 STAR 类 $I(0)$ 过程，具体是 LSTAR 还是 ESTAR 模型，可由本书第 2 章及第 3 章提到的方法进行检验，至于数据生成中是否含有确定性时间趋势 t，可由常规方法检验，或者在模型设定和估计时检验；若没有拒绝原假设 H_{02}'，则表明数据生成过程是线性的，进而可在线性框架下进行单位根检验（或趋势平稳检验），其原假设 H_{03}': $\beta_1 = 0 | \beta_2 = \beta_3 = \beta_4 = 0$，若拒绝 H_{03}'，y_t 是线性 $I(0)$ 过程，否则为线性单位根过程，检验停止。

上述单位根检验流程可由图 4.3 表述，为简便起见，图 4.3 中的 H_{01}、H_{02} 和 H_{03}

既代表 T_{s1} 检验程序中的原假设，也代表 T_{s2} 检验程序中的原假设 H'_{01}、H'_{02} 和 H'_{03}。

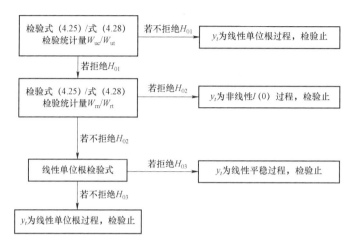

图 4.3   STAR 框架下的单位根检验流程

4.2.3   检验水平与检验功效

本节讨论上述两个 Wald 类统计量以及两个检验程序的检验功效与检验水平，并与 KSS 检验进行比较分析。其中，T_{s1} 检验程序中线性单位根检验方法采用带有常数项的 ADF 检验，差分滞后阶数由 MAIC 准则确定；T_{s2} 检验程序中线性单位根检验方法采用带有时间趋势项的 ADF 检验，差分滞后阶数由 MAIC 准则确定。

1. T_{s1} 程序检验水平与检验功效

对于检验水平，考虑数据生成过程：$y_t = a_0 + y_{t-1} + u_t$，$y_0 = 0$，$u_t = \theta u_{t-1} + \varepsilon_t$ $\varepsilon_0 = 0$，$\varepsilon_t \sim \text{iid} N(0, 1)$。其中，$a_0 = \{0, 0.1, 0.2, 0.3\}^{①}$，$\theta = \{0, 0.1, 0.9\}$。考虑两个样本容量 $T = 100, 200$，Monte Carlo 模拟 10 000 次，名义检验水平为 5%[②]，检验水平模拟结果见表 4.4。

---

① 用这种形式表示 a_0 分别取 0, 0.1, 0.2, 0.3，本书余下部分的参数取值表述方式与此相同。

② 本书余下部分的检验水平及检验功效的模拟均在 5%名义水平下进行，模拟次数均为 10 000 次，考察样本容量都是 $T = 100, 200$。

表 4.4　W_{uc} 统计量与 T_{s1} 程序检验水平　　　　　　　　　　　%

u_t	a_0	$T = 100$			$T = 200$		
		W_{uc}	T_{s1}	t_{NL}	W_{uc}	T_{s1}	t_{NL}
$u_t \sim \text{iid}N(0,1)$	0	5.0	4.4	4.4	4.9	5.3	5.2
	0.1	4.2	4.0	3.4	4.1	2.9	3.5
	0.2	3.7	2.0	2.0	2.5	0.9	2.1
	0.3	2.8	1.0	1.3	1.5	0.5	1.5
$u_t = 0.1u_{t-1} + \varepsilon_t$ $\varepsilon_t \sim \text{iid}N(0,1)$	0	4.1	4.0	5.6	4.6	4.1	5.2
	0.1	5.7	4.7	5.3	4.1	3.1	3.3
	0.2	3.9	3.0	2.8	2.8	1.2	2.3
	0.3	2.2	1.1	1.7	2.0	0.6	1.5
$u_t = 0.9u_{t-1} + \varepsilon_t$ $\varepsilon_t \sim \text{iid}N(0,1)$	0	8.7	5.8	5.6	7.3	4.8	4.7
	0.1	9.1	6.1	6.0	6.7	5.1	5.3
	0.2	9.2	5.7	4.1	6.7	5.4	4.6
	0.3	7.6	4.9	4.7	6.8	4.7	4.4

注：t_{NL} 表示 KSS 检验中退均值的检验统计量。

从模拟结果可以看出，当数据生成过程的误差项不存在序列相关时，W_{uc} 统计量及 T_{s1} 检验程序均具有良好的检验水平，没有水平扭曲情况。当数据存在序列相关时，如果误差项自回归系数比较小，即误差的数据生成过程具有较强的均值回复特性，持续性较低时，W_{uc} 统计量及 T_{s1} 检验程序均具有良好的检验水平，没有水平扭曲情况；而如果误差项自回归系数较大，即误差项的动态特性与随机游走的动态特性相似，此时，y_t 近似一个 $I(2)$ 过程，T_{s1} 检验程序仍有较好的实际检验水平，而 W_{uc} 统计量会出现轻微的检验水平扭曲，在 $T = 100$ 时，实际检验水平超出名义检验水平 4%左右，但随着样本容量的增加，这种水平扭曲会得到缓解，所以，这种水平扭曲并不严重，是在可接受范围之内的。

对于检验功效，本书分线性平稳过程、LSTAR 过程及 ESTAR 过程三种数据生成过程分别讨论。

首先考虑线性平稳过程：$y_t = a_0 + \rho y_{t-1} + u_t$, $y_0 = 0$, $u_t = \theta u_{t-1} + \varepsilon_t$ $\varepsilon_0 = 0$, $\varepsilon_t \sim \text{iid}N(0,1)$。

其中，$a_0 = \{0, 0.1\}$，$\rho = \{0.1, 0.5, 0.9\}$，$\theta = \{0, 0.1, 0.9\}$，检验功效模拟结果见表 4.5。

表 4.5　W_{uc} 统计量与 T_{s1} 程序检验功效 [线性 $I(0)$情况]　　　　　%

u_t	ρ, a_0	$T = 100$			$T = 200$		
		W_{uc}	T_{s1}	t_{NL}	W_{uc}	T_{s1}	t_{NL}
$u_t \sim \text{iid}N(0, 1)$	0.1, 0	100.0	96.2	93.5	100.0	95.4	100.0
	0.1, 0.1	100.0	96.0	94.6	100.0	95.2	100.0
	0.5, 0.1	99.6	96.3	86.0	100.0	96.1	99.8
	0.9, 0.1	16.6	27.8	22.4	52.8	75.7	54.1
$u_t = 0.1u_{t-1} + \varepsilon_t$ $\varepsilon_t \sim \text{iid}N(0, 1)$	0.1, 0	100.0	95.3	93.9	100.0	95.1	100.0
	0.1, 0.1	100.0	96.5	94.0	100.0	96.1	99.8
	0.5, 0.1	98.8	96.4	87.2	100.0	96.4	99.7
	0.9, 0.1	14.5	26.3	21.3	51.3	75.1	53.5
$u_t = 0.9u_{t-1} + \varepsilon_t$ $\varepsilon_t \sim \text{iid}N(0, 1)$	0.1, 0	15.7	25.6	21.7	51.0	74.3	55.2
	0.1, 0.1	16.7	25.7	22.0	51.0	74.9	54.2
	0.5, 0.1	16.3	23.3	22.5	45.3	67.4	53.4
	0.9, 0.1	10.1	11.2	14.1	19.3	30.1	28.0

注：W_{uc} 的检验功效是经水平修正后的检验功效。

总体看来，W_{uc} 统计量及检验程序 T_{s1} 都有较高的检验功效。自回归系数 ρ 对检验功效有一定影响，当 ρ 较小时，不同的 ρ 值对检验功效影响较小；当 ρ 较大时，尤其是近单位根过程，W_{uc} 统计量及检验程序 T_{s1} 的检验功效下降很大，如 $u_t \sim$ $\text{iid}N(0, 1)$，$T = 100$，$\rho = 0.9$ 时，W_{uc} 统计量的检验功效只有 16.6%，T_{s1} 的检验功效也只有 27.8%。关于近单位根过程的检验问题，一直困扰着计量经济学家们，至今也没有很好的解决办法。从本书的模拟结果看，也只能通过增加样本容量来提高对近单位根过程的检验功效。此外，模拟结果显示，常数项 a_0 对检验功效的影响不大。

误差项具有序列相关性对检验功效影响显著。对比表 4.5 中的第一栏和第二栏可知，当误差项自相关系数 θ 取较小值时，其对 W_{uc} 及检验程序 T_{s1} 检验功效影响较小；而当 θ 取较大值时，如 $\theta=0.9$ 时，y_t 近似一个单位根过程，此时，W_{uc} 统计量及检验程序 T_{s1} 的检验功效下降很大。

表 4.5 的结果也显示，在线性平稳过程下，KSS 检验功效没有本书提出的 T_{s1} 的检验功效高，同时，由于本书提到的上述原因，此时的 KSS 检验实际上毫无意义。

接下来，考虑 LSTAR 数据生成过程：

$$y_t = a + \rho y_{t-1} + \phi y_{t-1} F(y_{t-1};\gamma,c) + u_t$$
$$F(y_{t-1};\gamma,c) = \{1 + \exp[-5(y_{t-1}-c)]\}^{-1} \qquad (4.30)$$
$$u_t = \theta u_{t-1} + \varepsilon_t, \varepsilon_t \sim \text{iid}N(0,1), y_0=0, \varepsilon_0=0$$

式中，$a=\{0,\ 0.3\}$，$\rho=\{0.5,\ 1.0\}$，$\phi=\{-1.5,\ -1.0\}$，$c=\{-1,\ 0,\ 1,\ 3\}$，$\theta=\{0.1,\ 0.9\}$，表 4.6 及表 4.7 给出了不同数据生成过程下的检验功效。总体来看，W_{uc} 统计量及检验程序 T_{s1} 都有较高的检验功效。当 $\theta=0.1$，$\rho=0.5$，即 LSTAR 过程的下区制是平稳自回归过程时，KSS 的检验功效与 T_{s1} 检验程序的检验功效差异不大；而当 LSTAR 过程的下区制是单位根过程，即 $\rho=1$，出现局部非平稳情形时，T_{s1} 检验程序的检验功效要显著高于 KSS 检验。当 $\theta=0.9$ 时，无论 LSTAR 过程的下区制是平稳过程还是单位根过程，T_{s1} 检验程序的检验功效都要显著高于 KSS 检验，此时，KSS 检验已经完全失效。所以，总体而言，T_{s1} 检验程序要好于 KSS 检验。

表 4.6　W_{uc} 统计量与 T_{s1} 程序检验功效（LSTAR，$\theta=0.1$）　　　　%

| $\rho,\ a$ | ϕ | c | $T=100$ | | | $T=200$ | | |
			W_{uc}	T_{s1}	t_{NL}	W_{uc}	T_{s1}	t_{NL}
0.5, 0	−1.5	−1	100.0	100.0	83.3	100.0	100.0	97.5
		0	100.0	93.0	96.5	100.0	99.8	99.8
		1	100.0	94.0	97.1	100.0	100.0	99.9
		3	99.7	35.3	94.5	100.0	56.4	99.9
0.5, 0	−1.0	−1	100.0	87.3	83.7	100.0	99.5	98.7
		0	100.0	66.1	94.3	100.0	95.4	99.8
		1	100.0	71.7	97.0	100.0	96.3	99.9
		3	99.5	24.6	94.1	100.0	41.4	99.9

续表

ρ, a	ϕ	c	$T=100$			$T=200$		
			W_{uc}	T_{s1}	t_{NL}	W_{uc}	T_{s1}	t_{NL}
1.0，0	−1.5	−1	76.2	76.4	25.0	75.5	75.5	24.9
		0	49.5	47.7	24.2	52.3	52.2	23.7
		1	51.4	51.3	28.6	54.6	55.1	25.4
		3	56.1	56.5	34.4	61.6	62.1	34.7
1.0，0.3	−1.5	−1	99.7	99.0	36.0	100.0	100.0	39.4
		0	97.4	94.8	51.7	100.0	100.0	56.8
		1	98.3	97.9	62.2	100.0	100.0	64.4
		3	99.2	99.3	79.3	100.0	100.0	81.8

表 4.7　W_{uc}统计量与 T_{s1}程序检验功效（LSTAR，$\theta = 0.9$）　　　　%

ρ, a	ϕ	c	$T=100$			$T=200$		
			W_{uc}	T_{s1}	t_{NL}	W_{uc}	T_{s1}	t_{NL}
0.5，0	−1.5	−1	90.1	91.1	11.9	100.0	99.8	16.1
		0	88.5	87.1	17.6	99.9	99.5	24.6
		1	96.4	95.3	28.4	100.0	99.9	37.4
		3	95.8	94.3	51.8	99.9	99.4	65.2
0.5，0	−1.0	−1	44.1	39.8	9.4	86.3	72.3	15.8
		0	45.5	40.1	12.9	85.8	69.3	24.6
		1	60.0	56.4	14.4	93.7	85.8	22.2
		3	92.2	90.3	37.9	99.9	99.3	52.0
1.0，0	−1.5	−1	31.9	33.6	2.2	27.1	29.9	1.9
		0	30.4	31.4	2.0	25.9	28.9	1.6
		1	37.7	38.1	2.0	32.1	34.4	2.0
		3	63.6	61.9	4.2	53.9	54.00	2.5
1.0，0.3	−1.5	−1	37.6	39.1	2.4	36.4	39.1	1.7
		0	37.1	37.6	1.5	33.9	37.0	2.0
		1	45.2	45.1	2.0	41.3	44.7	1.6
		3	70.6	69.0	4.7	66.4	66.3	1.7

从模拟结果可以看出，门限值 c 对检验功效有显著影响，太大或太小的门限值都会使数据集中在某个区制，使其表现出较弱的非线性特征，因而会降低 T_{s1} 检验程序及 KSS 检验的功效，而对于数值大小适中的门限值，究竟是门限值越大，检验功效越高，还是门限值越小，检验功效越高，仅从模拟结果上看，无法得出一致结论，其对检验功效的影响，仍需视不同的数据生成过程做具体分析。

平滑转移部分的自回归系数 ϕ 对检验功效影响显著。表 4.6 与表 4.7 的结果均表明，在其他参数相同的条件下，数据生成过程中 ϕ 值的绝对值越大，W_{uc} 与 T_{s1} 检验程序的检验功效越高。非平滑转移部分的自回归系数 ρ，对检验功效的影响显著，从两个表中的模拟结果可以看出，ρ 值的绝对值越小，W_{uc} 与 T_{s1} 检验程序的检验功效越高。模拟结果也显示，当 LSTAR 模型的下区制是随机趋势过程，即 $a \neq 0$, $\rho = 1$ 时，W_{uc} 与 T_{s1} 检验程序的检验功效要高于下区制是随机游走，即 $\rho = 1$, $a = 0$ 时的检验功效。

最后，我们分析数据生成过程是 ESTAR 时的检验功效，为与 KSS 检验相比较，本书采用与 Kapetanios 等（2003）相同的数据生成过程：

$$
\begin{aligned}
& y_t = a + \rho y_{t-1} + \phi y_{t-1} F(y_{t-1}; \gamma, c) + u_t \\
& F(y_{t-1}; \gamma, c) = \{1 - \exp[-\gamma(y_{t-1})^2]\}^{-1} \\
& u_t = 0.1 u_{t-1} + \varepsilon_t, \ \varepsilon_t \sim \mathrm{iid} N(0,1), \ y_0 = 0, \ \varepsilon_0 = 0
\end{aligned}
\tag{4.31}
$$

式中，$a = \{0, 0.3\}$，$\rho = \{0.5, 1.0\}$，$\phi = 1.5$，$\gamma = \{0.01, 0.05, 0.1, 1\}$，在 LSTAR 情况下，已经分析了门限值对检验功效的影响，所以在 ESTAR 情况下固定 $c = 0$，而允许 γ 值变化，以分析平滑转移速度系数对检验功效的影响，模拟结果见表 4.8。

表 4.8　W_{uc} 统计量与 T_{s1} 程序检验功效（ESTAR）　　　　%

参数				$T = 100$			$T = 200$		
ρ, a	ϕ	γ		W_{uc}	T_{s1}	t_{NL}	W_{uc}	T_{s1}	t_{NL}
0.5, 0	−1.5	0.01		99.7	5.5	94.3	100.0	7.8	100.0
		0.05		100.0	26.1	99.7	100.0	50.7	100.0
		0.1		100.0	48.6	100.0	100.0	81.1	100.0
		1.0		100.0	11.2	14.0	100.0	10.4	11.6

续表

参数			$T=100$			$T=200$		
ρ，a	ϕ	γ	W_{uc}	T_{s1}	t_{NL}	W_{uc}	T_{s1}	t_{NL}
1.0，0	-1.5	0.01	51.0	26.6	65.5	98.7	52.7	98.9
		0.05	98.7	63.3	98.8	100.0	90.8	100.0
		0.1	100.0	77.5	99.9	100.0	98.2	100.0
		1.0	100.0	51.7	99.9	100.0	82.5	100.0
1.0，0.3	-1.5	0.01	77.7	35.6	57.8	100.0	71.8	82.6
		0.05	100.0	73.5	93.5	100.0	97.4	99.9
		0.1	100.0	86.7	99.2	100.0	100.0	100.0
		1.0	100.0	57.1	99.8	100.0	86.2	100.0

可以看出，在小样本情况下，KSS 检验功效要高于 T_{s1} 检验程序的检验功效，这并不意外，因为 KSS 检验本身就是以 ESTAR 模型为基础的，但在样本容量较大的情况下[1]，这两种检验方法的检验功效基本持平。因此，在实际应用中，尤其是在小样本情况下，为保证检验结果的稳健性，建议同时使用两种检验方法，如果两种方法的结果出现矛盾，则可以分别建立线性模型和 STAR 模型，然后用模型诊断方法来判断和选择最终模型。转移速度 γ 对检验功效影响显著，随着 γ 的增大，W_{uc} 检验功效增大；而太大或太小的 γ 都会使 T_{s1} 检验程序的检验功效下降。可见，对于平滑转移程度适中的 ESTAR 过程，T_{s1} 有更好的检验功效。数据生成过程中 a、ρ 和 ϕ 对检验功效的影响与上述 LSTAR 过程相似，此处不再赘述。

2. T_{s2} 程序检验水平与检验功效

类似 T_{s1} 检验程序的检验水平，考虑数据生成过程：$y_t = a_0 + y_{t-1} + u_t$，$y_0 = 0$，$u_t = \theta u_{t-1} + \varepsilon_t$，$\varepsilon_0 = 0$，$\varepsilon_t \sim \text{iid}N(0, 1)$。其中，$a_0 = \{0, 0.1, 0.2, 0.3\}$，$\theta = \{0, 0.1, 0.9\}$。模拟结果见表 4.9，可以看出，$W_{\text{ut}}$ 与 T_{s2} 程序检验均具有良好的检验水平，没有水平扭曲现象，实际检验水平都接近或低于名义检验水平，而 KSS 检验在 $\theta = 0.9$ 时有轻微的水平扭曲。

---

[1] 本书在 $T=500$ 情况下做了模拟，发现两种方法的检验功效相差不大。

表 4.9　W_{ut} 统计量与 T_{s2} 程序检验水平　　　　　　　%

		T = 100			T = 200		
u_t	a	W_{ut}	T_{s2}	$\tilde{t}_{NL}$	W_{ut}	T_{s2}	$\tilde{t}_{NL}$
	0	1.2	4.3	4.9	0.5	4.4	4.1
$u_t \sim \text{iid}N(0,1)$	0.1	1.2	5.1	5.4	1.5	4.2	5.5
	0.2	2.1	4.7	6.0	2.1	5.0	5.1
	0.3	2.5	5.0	5.8	3.2	4.7	5.5
	0	1.0	5.8	5.3	0.8	4.7	4.4
$u_t = 0.1u_{t-1} + \varepsilon_t$	0.1	1.1	4.3	5.5	0.9	4.7	4.8
$\varepsilon_t \sim \text{iid}N(0,1)$	0.2	2.1	5.2	5.9	1.8	4.0	5.0
	0.3	2.5	4.7	5.1	3.3	5.5	4.8
	0	3.9	4.2	6.4	1.9	4.8	4.8
$u_t = 0.9u_{t-1} + \varepsilon_t$	0.1	3.6	5.5	6.2	1.6	4.5	4.7
$\varepsilon_t \sim \text{iid}N(0,1)$	0.2	3.8	5.3	6.2	2.2	4.7	4.4
	0.3	4.1	5.6	7.0	2.1	4.9	4.9

注：$\tilde{t}_{NL}$ 表示 KSS 检验中退去时间趋势的检验统计量。

对于 T_{s2} 检验程序的检验功效，本书分线性趋势平稳过程、带有时间趋势的 LSTAR 过程及 ESTAR 过程三种数据生成过程分别讨论。

考虑线性趋势平稳过程：$y_t = bt + \rho y_{t-1} + u_t$，$y_0 = 0$，$u_t = \theta u_{t-1} + \varepsilon_t$，$\varepsilon_0 = 0$，$\varepsilon_t \sim \text{iid}N(0,1)$。其中，$b = 0.1$，$\rho = \{0, 0.1, 0.5, 0.9\}$，$\theta = \{0, 0.1, 0.9\}$，检验功效模拟结果见表 4.10。

表 4.10　W_{ut} 统计量与 T_{s2} 程序检验功效（线性趋势平稳情况）　　　%

		T = 100			T = 200		
u_t	ρ, b	W_{ut}	T_{s2}	$\tilde{t}_{NL}$	W_{ut}	T_{s2}	$\tilde{t}_{NL}$
	0, 0.1	100.0	97.1	86.2	100.0	97.5	99.8
$u_t \sim \text{iid}N(0,1)$	0.1, 0.1	99.9	97.4	85.9	100.0	97.0	99.6
	0.5, 0.1	77.8	94.9	71.1	100.0	97.0	98.6
	0.9, 0.1	14.7	24.0	13.7	28.8	73.8	40.7

续表

u_t	$\rho,\ b$	$T=100$			$T=200$		
		W_{ut}	T_{s2}	$\tilde{t}_{NL}$	W_{ut}	T_{s2}	$\tilde{t}_{NL}$
$u_t=0.1u_{t-1}+\varepsilon_t$ $\varepsilon_t\sim\mathrm{iid}N(0,1)$	0，0.1	100.0	96.3	87.0	100.0	95.8	99.6
	0.1，0.1	99.8	96.7	85.8	100.0	97.6	99.7
	0.5，0.1	71.5	95.2	71.8	100.0	97.1	98.8
	0.9，0.1	14.7	25.8	14.1	24.4	73.4	40.6
$u_t=0.9u_{t-1}+\varepsilon_t$ $\varepsilon_t\sim\mathrm{iid}N(0,1)$	0，0.1	1.8	18.6	14.6	8.2	54.7	33.7
	0.1，0.1	2.7	16.0	13.7	8.5	53.6	33.4
	0.5，0.1	2.3	15.9	15.0	7.0	45.0	32.4
	0.9，0.1	4.7	10.2	11.2	5.9	17.7	16.9

　　总体看来，W_{ut} 统计量及检验程序 T_{s2} 都有较高的检验功效。自回归系数 ρ 对检验功效有一定影响，当 ρ 较小时，W_{ut} 及 T_{s2} 都有较高的检验功效；当 ρ 较大时，尤其是近单位根过程，W_{ut} 统计量及检验程序 T_{s2} 的检验功效下降很大，如 $u_t\sim$ $\mathrm{iid}N(0,1)$，$T=100$，$\rho=0.9$ 时，W_{ut} 统计量的检验功效只有 14.7%，T_{s2} 的检验功效也只有 24%。因此，与上述 T_{s1} 的检验功效一样，T_{s2} 仍没有解决近单位根过程的检验问题，在实际应用中，也只能通过增加样本容量来提高对近单位根过程的检验功效。

　　同样，误差项的序列相关性对检验功效影响显著。表 4.10 显示，当误差项自相关系数 θ 较小时，其对 W_{ut} 及检验程序 T_{s2} 检验功效影响较小；而当 θ 取较大值时，如 $\theta=0.9$ 时，y_t 近似一个单位根过程，因此，W_{ut} 统计量及检验程序 T_{s2} 的检验功效下降很大，尤其是当 $\theta=0.9$，$\rho=0.9$，$T=100$ 时，W_{ut} 及 T_{s2} 检验功效均不足 10%，可见在这种情况下，本书提出的检验统计量效果并不理想。

　　考虑带有时间趋势项的 LSTAR 数据生成过程：

$$y_t=bt+\rho y_{t-1}+(\delta t+\phi y_{t-1})F(y_{t-1};\gamma,c)+u_t$$
$$F(y_{t-1};\gamma,c)=\{1+\exp[-5(y_{t-1}-c)]\}^{-1} \qquad (4.32)$$
$$u_t=\theta u_{t-1}+\varepsilon_t,\varepsilon_t\sim\mathrm{iid}N(0,1),\ y_0=0,\ \varepsilon_0=0$$

式中，$b=\{0,\ 0.1\}$，$\delta=\{0,\ 0.1\}$，$\rho=\{0.5,\ 0.9\}$，$\phi=-1.5$，$c=\{-1,\ 0,\ 1,\ 3\}$，

$\theta = \{0,\ 0.1\}$，表 4.11 及表 4.12 给出了不同参数组合的数据生成过程下的检验功效。

表 4.11　W_{ut} 统计量与 T_{s2} 程序检验功效（LSTAR，$\theta = 0$）　　%

ρ，b	ϕ，δ	c	$T=100$			$T=200$		
			W_{ut}	T_{s2}	$\tilde{t}_{\mathrm{NL}}$	W_{ut}	T_{s2}	$\tilde{t}_{\mathrm{NL}}$
0.5，0.1	−1.5，0	−1	100.0	54.7	0.6	100.0	64.8	1.4
		0	100.0	45.2	2.9	100.0	29.5	1.4
		1	100.0	69.9	1.3	100.0	43.7	0.8
		3	100.0	100.0	1.7	100.0	100.0	0.2
0.9，0.1	−1.5，0	−1	100.0	29.2	57.4	100.0	19.8	93.6
		0	100.0	42.5	59.0	100.0	33.1	94.6
		1	100.0	20.8	48.0	100.0	37.0	92.3
		3	100.0	66.5	24.5	100.0	53.0	79.4
0.5，0	−1.5，0.1	−1	100.0	89.8	2.8	100.0	78.8	2.4
		0	100.0	93.8	15.3	100.0	85.0	8.4
		1	99.3	94.7	51.4	100.0	91.0	19.7
		3	73.9	14.2	68.2	99.6	75.2	72.9
0.9，0	−1.5，0.1	−1	100.0	28.0	46.5	100.0	28.6	80.8
		0	99.5	36.3	29.9	100.0	31.5	55.9
		1	94.6	56.2	24.4	100.0	29.1	38.7
		3	32.3	53.7	30.7	92.2	62.0	12.9

表 4.12　W_{ut} 统计量与 T_{s2} 程序检验功效（LSTAR，$\theta = 0.1$）　　%

ρ，b	ϕ，δ	c	$T=100$			$T=200$		
			W_{ut}	T_{s2}	$\tilde{t}_{\mathrm{NL}}$	W_{ut}	T_{s2}	$\tilde{t}_{\mathrm{NL}}$
0.5，0.1	−1.5，0	−1	100.0	47.5	1.2	100.0	26.3	0.7
		0	100.0	39.0	2.6	100.0	24.5	2.4
		1	100.0	63.2	0.7	100.0	41.7	0.7
		3	100.0	97.0	1.5	100.0	96.0	0.1
0.9，0.1	−1.5，0	−1	100.0	14.6	56.2	100.0	14.1	93.0
		0	100.0	14.4	57.0	100.0	16.3	92.3
		1	100.0	21.2	46.9	100.0	21.6	93.1
		3	100.0	70.0	22.0	100.0	54.0	79.2

续表

ρ, b	ϕ, δ	c	T = 100			T = 200		
			W_{ut}	T_{s2}	$\tilde{t}_{NL}$	W_{ut}	T_{s2}	$\tilde{t}_{NL}$
0.5, 0	−1.5, 0.1	−1	100.0	83.4	1.7	100.0	71.7	1.9
		0	100.0	89.9	14.2	100.0	79.0	7.5
		1	99.0	94.5	45.5	100.0	86.9	21.4
		3	67.3	19.0	67.1	99.5	83.5	69.2
0.9, 0	−1.5, 0.1	−1	100.0	26.3	43.5	100.0	27.0	75.5
		0	99.7	34.2	28.9	100.0	34.6	48.1
		1	90.6	52.8	17.5	99.9	28.6	30.2
		3	33.8	54.8	27.2	96.6	63.3	10.4

总体上看，W_{ut} 统计量及检验程序 T_{s2} 都有较高的检验功效。当 $b=0.1$，$\delta=0$ 时，LSTAR 过程的时间趋势性源于下区制，此时，当 ρ 取较小值时，如 $\rho=0.5$，T_{s2} 检验程序的检验功效要远高于 KSS 检验；而当 ρ 取较大值时，如 $\rho=0.9$，在小样本情况下，KSS 检验功效要好于 T_{s2} 检验程序。

当 $b=0$，$\delta=0.1$ 时，LSTAR 过程的时间趋势性源于平滑转移部分，此时，W_{ut} 统计量的检验功效略低于 $b=0.1$，$\delta=0$ 时的情况，而 T_{s2} 的检验功效要高于前者。再比较 T_{s2} 与 KSS 检验的检验功效，发现在多数情况下，T_{s2} 的检验功效都显著高于 KSS 检验。

所以，总体而言，T_{s2} 检验程序要好于 KSS 检验，但在实际应用中，为了增加检验的稳健性，仍然建议同时使用 T_{s2} 检验程序与 KSS 检验，如果两种方法的结果出现矛盾，可以分别建立线性模型和 STAR 模型，然后用模型诊断方法来判断和选择最终模型。

再分析门限值对检验功效的影响。可以看出，当时间趋势性源于下区制时，T_{s2} 倾向于对较高门限值的数据生成过程有较高的检验功效；而当时间趋势性源于平滑转移部分时，T_{s2} 倾向于对适中门限值的数据有较高的检验功效。

最后，考虑带有时间趋势项的 ESTAR 数据生成过程：

$$y_t = a + bt + \rho y_{t-1} + (\delta t + \phi y_{t-1})F(y_{t-1}; \gamma, c) + u_t$$
$$F(y_{t-1}; \gamma, c) = \{1 - \exp[-\gamma(y_{t-1})^2]\}^{-1} \qquad (4.33)$$
$$u_t = \theta u_{t-1} + \varepsilon_t, \ \varepsilon_t \sim iidN(0,1) \ \text{或} \ \varepsilon_t \sim iidN(0,0.01), \ y_0 = 0, \ \varepsilon_0 = 0$$

式中，$a = \{0, 0.1\}$，$b = \{0, 0.1\}$，$\delta = \{0, 0.1\}$，$\rho = \{0.5, 0.9, 1.0\}$，$\phi = \{-1.5, -1.0\}$，$c = 0$，$\gamma = \{0.01, 0.05, 0.1, 1\}$，$\theta = \{0, 0.1\}$。在 ESTAR 数据生成过程中，考虑三种时间趋势来源：第一种来源，当 $\rho < 1$，$b = 0.1$，$\delta = 0$ 时，时间趋势来源于 ESTAR 数据生成过程的中间区制；第二种来源，当 $\rho < 1$，$b = 0$，$\delta = 0.1$ 时，时间趋势来源于 ESTAR 数据生成过程的平滑转移部分；第三种来源，当 $\rho = 1$，$a = 0.1$，$b = 0$，$\delta = 0.1$ 时，时间趋势来源于中间区制的随机趋势以及平滑转移中的确定性趋势混合。在第 3 章中，本书提到，即使数据生成过程中含有时间趋势成分，数据也未必一定能形成生长机制，数据能否表现出具有时间趋势性，不仅取决于生成过程中是否含有时间趋势成分，还取决于其与误差方差间的强弱关系。因此，为了使数据能够表现出具有较强的时间趋势特性，采用两种误差生成机制，如式（4.33）所示，一种是 $\varepsilon_t \sim iidN(0, 1)$，另一种是 $\varepsilon_t \sim iidN(0, 0.01)$，表 4.13 的结果采用的是 $\varepsilon_t \sim iidN(0, 1)$，表 4.14 中前两栏的结果采用 $\varepsilon_t \sim iidN(0, 0.01)$，后两栏采用 $\varepsilon_t \sim iidN(0, 1)$。

表 4.13 给出了数据生成的误差项没有序列相关时的模拟结果。可以看出，W_{ut} 统计量具有较高的检验功效，并且转移速度 γ 值越大，其检验功效越高。在多数情况下，T_{s2} 的检验功效都要明显高于 KSS 检验。当时间趋势源于第一种来源时，T_{s2} 的检验功效有随着转移速度增大而下降的倾向；当时间趋势源于第二种来源时，在较快平滑转移速度下，T_{s2} 仍有较高的检验功效。两种来源情况相比较，无论是 W_{ut} 统计量还是 T_{s2} 检验程序，在第一种情况下的检验功效都明显高于第二种情况，而 KSS 检验恰好相反，表现出当时间趋势源于平滑转移部分时，具有更高的检验功效。

表 4.13　W_{ut} 统计量与 T_{s2} 程序检验功效（ESTAR，$\theta = 0$）　　　　%

ρ, b	ϕ, δ	γ	$T = 100$			$T = 200$		
			W_{ut}	T_{s2}	$\tilde{t}_{NL}$	W_{ut}	T_{s2}	$\tilde{t}_{NL}$
0.5, 0.1	-1.5, 0	0.01	100.0	77.2	10.3	100.0	100.0	0

续表

ρ, b	ϕ, δ	γ	W_{ut}	T_{s2}	$\tilde{t}_{NL}$	W_{ut}	T_{s2}	$\tilde{t}_{NL}$
				$T=100$			$T=200$	
0.5, 0.1	−1.5, 0	0.05	100.0	97.1	0.3	100.0	96.0	0
		0.1	100.0	91.4	0.2	100.0	73.7	0.1
		1.0	100.0	22.0	0.3	100.0	16.6	0.1
0.9, 0.1	−1.5, 0	0.01	100.0	50.1	13.9	100.0	82.0	0.0
		0.05	100.0	60.6	4.1	100.0	16.3	40.9
		0.1	100.0	35.4	9.9	100.0	16.2	73.4
		1.0	100.0	3.9	59.2	100.0	4.1	98.0
0.5, 0	−1.5, 0.1	0.01	83.6	6.1	80.7	100.0	44.1	83.7
		0.05	85.9	58.2	85.8	100.0	99.9	49.2
		0.1	92.7	86.2	94.0	100.0	94.1	75.9
		1.0	100.0	49.9	32.9	100.0	53.8	15.2
0.9, 0	−1.5, 0.1	0.01	6.7	13.7	34.1	57.6	75.9	13.1
		0.05	57.7	62.8	53.3	99.6	51.3	52.4
		0.1	87.7	65.9	58.9	100.0	40.5	82.6
		1.0	100.0	25.2	81.4	100.0	16.1	97.5

表 4.14 给出的是误差项具有序列相关时的模拟结果。可以看出，在 $T=200$ 时，前两栏中 W_{ut} 统计量与 T_{s2} 检验程序都有很高的检验功效，而后两栏中的检验功效相对低一些，这是由于前两栏误差项采用 $\varepsilon_t \sim \text{iid} N(0,0.01)$，数据表现出很强的时间趋势性，而后两栏采用 $\varepsilon_t \sim \text{iid} N(0,1)$，误差项的方差更大，时间趋势性在一定程度上被掩盖，这也表明，W_{ut} 统计量与 T_{s2} 检验程序对具有较强时间趋势的数据有更高的检验功效。

表 4.14　W_{ut} 统计量与 T_{s2} 程序检验功效（ESTAR，$\theta=0.1$）　　%

a, ρ, b	ϕ, δ	γ	W_{ut}	T_{s2}	$\tilde{t}_{NL}$	W_{ut}	T_{s2}	$\tilde{t}_{NL}$
				$T=100$			$T=200$	
0, 0.5, 0.1	−1.0, 0	0.01	100.0	0.4	19.3	100.0	67.0	98.3
		0.05	100.0	1.6	41.4	100.0	82.3	71.3

续表

a，ρ，b	ϕ，δ	γ	$T=100$			$T=200$		
			W_{ut}	T_{s2}	$\tilde{t}_{NL}$	W_{ut}	T_{s2}	$\tilde{t}_{NL}$
0，0.5，0.1	−1.0，0	0.1	100.0	8.3	44.8	100.0	93.9	80.4
		1.0	100.0	0.2	48.9	100.0	0.8	87.7
0，0.9，0.1	−1.0，0	0.01	100.0	99.4	85.8	100.0	100.0	100.0
		0.05	100.0	69.6	82.7	100.0	100.0	96.8
		0.1	100.0	33.4	58.0	100.0	100.0	37.2
		1.0	99.3	1.1	32.4	100.0	6.8	57.4
0.1，1.0，0	−1.0，0.1	0.01	13.3	15.5	18.6	72.1	25.6	26.1
		0.05	49.3	20.2	29.9	97.1	32.8	56.0
		0.1	67.5	15.8	42.0	99.7	27.4	73.5
		1.0	98.7	7.0	82.4	100.0	5.4	99.1
0.1，1.0，0	−1.5，0.1	0.01	14.5	21.9	28.2	80.4	44.1	22.5
		0.05	67.4	48.5	41.0	99.8	44.9	55.2
		0.1	86.3	49.2	51.9	100.0	40.8	75.4
		1.0	99.9	19.6	84.3	100.0	11.9	98.9

注：前两栏数据生成过程采用 $\varepsilon_t \sim \text{iid} N$（0，0.01），后两栏采用 $\varepsilon_t \sim \text{iid} N$（0，1）。

比较分析最后两栏的情况，其数据生成过程的时间趋势源于随机趋势与平滑转移部分的确定趋势，如果平滑转移速度很慢，数据更多地集中在中间区制，此时，数据生成过程更接近一个随机趋势过程；而当平滑转移速度很快时，数据更多地集中在外部区制，使得数据更接近于一个确定性趋势非平稳过程（non-stationary process with deterministic trend），即数据生成过程中既有随机趋势也有确定性趋势。从模拟结果看，在这两种情况下，W_{ut} 统计量与 T_{s2} 检验功效都不高，尤其是在 $T=100$ 的情况下。可见，无论时间趋势源于哪种情况，W_{ut} 统计量与 T_{s2} 检验程序的检验效果取决于两个因素：第一个是数据要表现出较强的时间趋势特征；第二个是平滑转移函数曲线没有过度扭曲现象，数据较为均匀平滑地分布在两个区制之间。

▇ 4.3　多区制STAR框架下的单位根检验

上述 STAR 框架下的单位根检验方法是在两区制的基础上构建的。本节介绍多区制 STAR 模型下的单位根检验方法。多区制框架下的单位根检验问题，仍是个新颖的前沿议题，迄今为止，只有 3 篇文献讨论了多区制门限回归模型中的单位根检验问题，其中有两篇文章出自 Bec、Salem 和 Carrasco，另外一篇是 Kapetanios 和 Shin（2006）。Bec 等（2004），Kapetanios 和 Shin（2006）在三区制门限自回归框架下研究了单位根检验问题，Bec 等（2010）讨论了三区制 STAR 框架下的单位根检验问题。尽管这 3 篇文章的模型形式不同，但其单位根检验的出发点都是讨论 PPP 理论假说是否成立的问题，因此，其方法的构造原理都有 PPP 理论的应用背景，是否具有广泛的适用性，仍需做进一步考察。下面简要介绍 Bec 等（2010）三区制 STAR 框架下的单位根检验原理及其统计量，然后采用 Monte Carlo 模拟方法分析本书提出的检验程序对三区制 STAR 模型的适用性。

Bec 等（2010）考虑了如下三区制 STAR 模型[①]：

$$\Delta y_t = (-\mu_1 + \rho_1 y_{t-1})G_1 + (\mu_2 + \rho_2 y_{t-1})G_2 + (\mu_1 + \rho_1 y_{t-1})G_3 +$$
$$a_1 \Delta y_{t-1} + \cdots + a_{p-1} \Delta y_{t-p+1} + \varepsilon_t, \varepsilon_t \sim \mathrm{iid}(0, \sigma^2)$$
$$G_1 = \{1 + \exp[\gamma(y_{t-1} + \lambda)]\}^{-1} \quad\quad\quad (4.34)$$
$$G_2 = 1 - G_1 - G_3$$
$$G_3 = \{1 + \exp[-\gamma(y_{t-1} - \lambda)]\}^{-1}, \gamma > 0, \lambda > 0$$

式中，λ，γ 分别表示门限值和平滑转移速度；G_1，G_3 表示两个 logistic 平滑转移函数，将数据分成了内部区制、中间区制和外部区制三部分。式（4.34）是三个区制加权平均的表述方式，并且包含自变量的差分滞后变量，以消除误差项中的序列相关性。值得注意的是，G_1 和 G_3 是关于 λ 和 γ 对称的，同时，内部区制与外部区制的自回归系数相同，常数项互为相反数，这些很强的假设都是在 PPP 理论框架下作出的，具有特定的应用背景，在更一般的情况下，这些假设可能都不成立。

在式（4.34）框架下构建单位根检验的原假设 $H_0: \mu_1 = \mu_2 = \rho_1 = \rho_2 = 0$，备择

---

① 为与原文符号保持一致，这里采用 G_1 和 G_3 表示平滑转移函数。

假设为数据是平稳的 MR-LSTAR 过程。由于在原假设下存在参数不可识别问题，对此他们采用两种方法加以克服：一种是采用 Tong（1990）构建极值统计量的方法；另外一种是采用泰勒展开构造辅助检验回归式的方法，下面简要介绍这两种方法。

方便起见，首先变换式（4.34）中的参数，令 $\beta = \lambda\gamma$，相应的平滑转移函数变为

$$G_1 = \left\{1 + \exp\left[\frac{\beta}{\lambda}(y_{t-1} + \lambda)\right]\right\}^{-1}$$
$$G_3 = \left\{1 + \exp\left[-\frac{\beta}{\lambda}(y_{t-1} - \lambda)\right]\right\}^{-1} \tag{4.35}$$

给定 β 及 λ 的值，则可以用 OLS 估计式（4.34），以此得到非约束模型的残差向量 $\hat{\varepsilon}$ 以及约束模型 $\Delta y_t = a_1 \Delta y_{t-1} + \cdots + a_{p-1} \Delta y_{t-p+1} + \varepsilon_t$ 的残差向量 $\tilde{\varepsilon}$，在此基础上构造 Wald 统计量、LM 统计量以及 LR 统计量：

$$W_T(\beta, \lambda) = T\left[\frac{\tilde{\varepsilon}'\tilde{\varepsilon} - \hat{\varepsilon}'\hat{\varepsilon}}{\hat{\varepsilon}'\hat{\varepsilon}}\right]$$
$$LM_T(\beta, \lambda) = T\left[\frac{\tilde{\varepsilon}'\tilde{\varepsilon} - \hat{\varepsilon}'\hat{\varepsilon}}{\tilde{\varepsilon}'\tilde{\varepsilon}}\right] \tag{4.36}$$
$$LR_T(\beta, \lambda) = T\ln\left[\frac{\tilde{\varepsilon}'\tilde{\varepsilon}}{\hat{\varepsilon}'\hat{\varepsilon}}\right]$$

在原假设下，β 及 λ 的值不可识别，可以任意给定，对此，Bec 等（2010）采用 Tong（1990）的方法，将 $|y_t|$ 排序，然后舍掉最大和最小的 15% 个数，剩余的中间 70% 的数据作为门限值的参数空间，再任意选择一个实数区间作为 β 的参数空间，进而可以构建三个极值检验统计量并可推导出极限分布：

$$SupW \equiv \sup_{(\beta,\lambda)\in B\times\Lambda} W_T(\beta, \lambda)$$
$$SupLM \equiv \sup_{(\beta,\lambda)\in B\times\Lambda} LM_T(\beta, \lambda)$$
$$SupLR \equiv \sup_{(\beta,\lambda)\in B\times\Lambda} LR_T(\beta, \lambda) \tag{4.37}$$
$$SupW, SupLM, SupLR \Rightarrow \sup_{k\in K} D(k)$$

式中，B, Λ 分别表示 β 及 λ 的参数空间，$D(k)$ 表示维纳过程的泛函。

上述这种方法实际上限制了门限值为正数，这是一个很强的假定。为放松这一假定，本书采用 Hansen（1996）处理原假设下不可识别冗余参数的方法，对这个方法进行修正。将 y_t 的 15%～85%分位数作为门限值 λ 的参数空间，而 $\beta \in (0,1)$，然后采用 Bootstrap 重复抽样 500 次，来获取上述极值统计量的值，采用 Monte Carlo 模拟方法重复这个过程 10 000 次，获得 SupW 统计量、SupLM 统计量、SupLR 统计量的检验临界值。为与 Bec 等（2010）比较，表 4.15 给出了 $T=200, 300, 400$ 的检验临界值，当样本容量超过 400 时，检验临界值变化很小，所以在应用中，样本容量超过 400 时，可以使用 $T=400$ 时的临界值进行检验。

表 4.15　极值统计量检验临界值

统计量	α			
	0.10	0.05	0.025	0.01
$T=200$				
SupW	17.5	19.1	21.3	23.9
SupLM	16.1	17.5	19.2	21.4
SupLR	16.8	18.3	20.2	22.6
$T=300$				
SupW	16.9	18.8	19.9	21.7
SupLM	16.0	17.7	18.6	20.3
SupLR	16.5	18.2	19.2	21.0
$T=400$				
SupW	16.7	18.5	19.6	21.6
SupLM	16.1	17.6	18.1	20.1
SupLR	16.4	18.0	19.1	20.5

Bec 等（2010）克服参数不可识别的第二种方法是采用泰勒展开将式（4.34）改写为

$$\Delta y_t = \sum_{j=1}^{i} \beta_j y_{t-1}^{j+1} + a_1 \Delta y_{t-1} + \cdots + a_{p-1} \Delta y_{t-p+1} + \varepsilon_t^* \qquad (4.38)$$

相应地，单位根检验的原假设变为：$H_0: \beta_1 = \cdots = \beta_i = 0$，构造的 Wald 类统

计量记为 F_i，Bec 等（2010）认为较大的 i 会包含更多类型的 STAR 模型，但待估计的系数也会更多，最后，他们选择 F_2 作为单位根检验的统计量。

　　下面分析本书提出的检验程序对多区制 STAR 模型的适用性。为了便于比较，采用 Bec 等（2010）中的数据生成过程：

$$\Delta y_t = 0.3\Delta y_{t-1} + \mu_1(G_3 - G_1) + \mu_2 G_2 + \rho_1 y_{t-1}(G_1 + G_3) + \rho_2 y_{t-1} G_2 + \varepsilon_t \quad （4.39）$$

式中，$\gamma = 10$，$\lambda = \{2, 10\}$，$\rho_1 = \{-0.05, -0.1, -0.3\}$，$\mu_1 = \lambda\rho_1$，假定 $\mu_2 = \rho_2 = 0$，即中间区制是单位根过程，$\varepsilon_t \sim iidN（0，1）$。表 4.16 给出了几种单位根检验方法检验功效的模拟结果，由于三种极值统计量的检验功效基本相同，表 4.16 仅给出了 SupLR 统计量的模拟结果。

表 4.16　多区制 STAR 框架下单位根检验功效

ρ_1，λ，γ	T	W_{uc}	T_{s1}	KSS	F_2	SupLR
−0.05，2，10	200	51.7	3.2	55.0	51.0	64.5
	300	83.5	2.2	75.3	74.3	92.3
	400	97.6	2.2	87.7	86.6	99.0
−0.05，10，10	200	41.6	35.1	24.3	39.3	24.5
	300	64.3	53.9	44.8	65.4	33.3
	400	85.4	65.3	66.6	89.8	48.7
−0.1，2，10	200	97.6	5.3	91.9	91.2	98.5
	300	100.0	5.5	97.6	97.8	100.0
	400	100.0	5.8	99.0	99.5	100.0
−0.1，10，10	200	63.2	55.0	35.6	50.6	33.5
	300	83.7	74.3	63.3	83.2	40.7
	400	95.6	85.9	80.4	97.5	58.8
−0.3，2，10	200	100.0	68.4	100.0	100.0	100.0
	300	100.0	85.4	100.0	100.0	100.0
	400	100.0	92.3	100.0	100.0	100.0
−0.3，10，10	200	93.8	91.2	85.5	93.7	79.5
	300	99.1	97.2	96.2	99.5	94.6
	400	100.0	99.9	99.4	100.0	99.5

可以看出，SupLR 统计量在多数情况下都具有较高的检验功效，说明本书所做的修正具有一定效果。在所有情况下，W_{uc} 统计量都具有较高的检验功效，尤其是样本容量超过 300 时，检验功效几乎都超过 80%。这说明，本书提出的 STAR 框架下的单位根检验方法不仅适用于两区制 STAR 模型，也适用于多区制 STAR 模型。

表 4.16 的前三栏显示，T_{s1} 检验程序的检验功效较低，这表明当多区制数据生成过程中有一个区制是单位根过程，而另一个区制也接近单位根过程时，T_{s1} 检验程序的检验效果并不理想，只有当另一个区制的动态特性具有较低持续性时，T_{s1} 检验程序才具有较高的检验功效，如当 $\rho_1 = -0.3$ 时，T_{s1} 检验程序的检验功效与其他检验方法相差不大；但即使 T_{s1} 检验程序的检验功效较低，也并不意味着拒绝单位根的概率低，而是将数据生成过程判断为线性 $I(0)$ 过程的概率高。

比较这几种检验方法可知，在多数情况下，W_{uc} 的检验功效都是最高的，其次是 F_2，但如前文所述，W_{uc} 的作用仅是判断数据生成中是否含有单位根，而不能获悉数据的具体模型形式，因此必须有其他统计量与其配合使用。本书的模拟结果表明，在多区制 STAR 框架下，W_{uc} 可与 F_2 统计量共同使用，在两区制下 W_{uc} 与 T_{s1} 检验程序一起使用，都具有较高的检验功效。

▪ 4.4 小结

本章讨论了 STAR 框架下的单位根检验问题。首先，介绍了线性与非线性单位根过程，指出了已有文献中基于 LSTAR 模型的单位根检验方法与基于 ESTAR 模型的单位根检验方法的缺陷；其次，在 STAR 框架下构建了两个 Wald 类统计量，用于检验数据中是否含有单位根，并构造了两个检验程序，用于区分数据是线性 $I(0)$ 过程还是 STAR 类 $I(0)$ 过程，Monte Carlo 模拟分析了这两个统计量及检验程序的检验功效与检验水平；最后，本章介绍了多区制 STAR 框架下单位根检验的最新进展，并采用 Monte Carlo 模拟方法分析了本书提出的统计量及检验程序对多区制 STAR 模型的适用性。通过以上分析，本章得出以下几点主要结论：

（1）已有文献中，基于 ESTAR 模型的 KSS 单位根检验方法与基于 LSTAR 模型的 NDF 单位根检验方法，在方法设计上都存在局限性，不具有广泛的适用性。

（2）本书提出的 W_{uc} 及 W_{ut} 统计量具有良好的检验水平及较高的检验功效；在多数情况下，本书提出的 T_{s1} 检验程序与 T_{s2} 检验程序能有效区分数据是线性单位根过程还是 $I(0)$ 过程。

（3）在多数情况下，本书提出的 W_{uc} 统计量及 T_{s1} 检验程序在多区制 STAR 模型中仍有较好的适用性。

第5章

实证研究

本章的两个实证研究将为前几章介绍的方法提供较完整的应用案例。5.1 节实证研究了我国通货膨胀率（以下简称"通胀率"）周期波动与非线性动态调整过程，通过对 STAR 模型的设定、估计及评价分析，采用 MRSTAR 模型刻画了我国通胀率的动态过程，在此基础上分析了通胀率的周期波动与非线性动态调整特征；5.2 节采用本书第 4 章中提出的单位根检验方法，实证分析了我国 24 个重要宏观经济变量的时间趋势属性。

■ 5.1 通货膨胀率周期波动与非线性动态调整[①]

5.1.1 引言

通胀率作为监测宏观经济运行的重要参考指标，一直受到公众的普遍关注。2010 年以来，我国同比形式的 CPI（消费价格指数）通胀率持续保持在较高水平上，这不仅加剧了人们对通货膨胀的担忧，同时也引起了学术界关于宏观经济政策取向，尤其是央行是否应该打开加息通道的广泛关注和热烈讨论。其中，讨论的焦点问题是我国当前经济是否处于通货膨胀阶段，未来的几个月内通胀率的波动是否在可控范围之内？回答这些问题需要对通胀率的周期波动以及动态调整过程中的典型事实进行科学的经验分析。类似于经济增长波动，通胀率的波动也

---

① 本节部分内容发表在《经济研究》2011 年第 5 期。

呈现出明显的周期特征。但已有文献对通胀率的周期波动问题论及较少，基于此，本书拟从周期波动角度来研究我国通胀率的动态调整特性，主要内容包括：我国通胀率周期波动中不同阶段的划分；在每个波动周期中，通胀率不同阶段相互转移的路径，以及通胀率的动态调整特性。通过本书的研究，正确认识我国通胀率周期阶段的非线性动态结构特征，为政府部门准确研判及预测通胀率的变动趋势，从而制定并调整相应的宏观经济政策提供科学的决策依据。这也是本书研究问题的根本出发点和主要目的。

关于通胀率动态特性的文章，最早可以追溯到著名的菲利普斯曲线模型（Phillips，1958）以及随后的以黏性价格为理论基础的模型，如 Taylor（1980）、Calvo（1983）的交错契约模型等，尽管这些模型具有很吸引人的微观基础，但却没有解释通胀率本身存在的持久性问题，因而不能充分刻画通胀率动态演进的典型事实。对此，一些经济学家继续从理论上对基本模型进行拓展，以提高对现实通胀率的解释力和预测力，如 Gali 和 Gertler（1999）提出的混合式菲利普斯曲线模型，Mankiw 和 Reis（2002）提出的黏性信息模型等[①]；而另一些计量经济学家们则直接"让数据说话"，采用时间序列分析等计量方法对通胀率的动态特性进行经验研究，如 Stock 和 Watson（1999），Mishkin（2007），Smith（2008），Caggiano 和 Castelnuovo（2010）等。然而，由于微观经济主体异质性的广泛存在，传统的线性时间序列分析方法（如 ARMA 或者 ARMA－GARCH 模型等）并不能充分捕捉到通胀率动态行为中的结构变化。基于此，近年来计量经济学家们开始尝试采用非线性模型来研究通胀率的动态行为。如 Enders 和 Hurn（2002）采用 TAR 模型研究通胀率的动态特性；Bidarkota（2001），Binner 等（2006），Mamon 和 Duan（2010）采用 MRS 模型研究通胀率的动态特性；Arango 和 Gonzalez（2001），Arghyrou 等（2005），Nobay 等（2010）则采用 STAR 模型来研究通胀率的动态特性。

关于通货膨胀周期的研究文献并不多见，Artis 等（1995）研究了英国的通货膨胀周期，并归纳出通货膨胀周期划分的三个标准：第一，波峰与波谷相间；第

---

① 张成思（2007）对短期通胀率的动态机制做过较为全面的评述。

二，上升或下降的持续期至少要有 9 个月；第三，两个相邻区间的极值被定义为转折点。张成思（2009）采用此标准对我国改革开放 40 多年来的通货膨胀进行了周期划分。

近年来，国内学者也更多地使用非线性模型来研究我国通胀率的动态特性。王少平和彭方平（2006）使用二区制的 STAR 模型研究了我国 1952—2004 年的通胀率，研究结果表明我国通胀率具有明显的非线性调整机制，通货膨胀与通货紧缩相互转移的临界水平为 3.3%；张屹山和张代强（2008）使用 TAR 模型的研究结果表明，我国通胀率可以划分为加速通胀与减速通胀两种状态，并且两种状态均具有很高的持续性；赵留彦等（2005）、龙如银等（2005）使用二区制 MRS 模型研究我国高通胀水平与低通胀水平的非线性转移特性，而刘金全等（2009）则使用 MRS 模型将我国通胀率划分为三区制：通货膨胀区制、通货紧缩区制和通货变化适中区制，同时研究结果也表明，通胀率在每个区制下都具有较高持续性。

上述文献的研究表明，我国通胀率具有明显的非线性动态调整特征。因此，本研究同样采用非线性模型来分析我国通胀率的动态特性，在模型选择上，更倾向于 STAR 模型，因为 MRS 模型只能计算不同区制相互转移的概率，而不能给出区制转移的具体非线性形式，因而其结果的政策含义有限；而 TAR 模型只是 STAR 模型的一个特例，该模型的特点是不同状态间相互转移是在瞬间完成的，但这并不符合我国当前经济发展的实际情况。

与已有文献相比，本研究的主要贡献在于：第一，通过规范的检验而不是主观判断来确定我国通胀率动态转移区制的个数，使用多区制平滑转移自回归（multiple regimes STAR，MRSTAR）模型将我国通胀率划分为四个区制——通货紧缩、通缩恢复、温和通胀和严重通胀，通胀率不同区制的划分既依赖于通胀率的水平，也依赖通胀率的增加量；第二，采用几种非线性单位根检验方法检验我国通胀率的整体平稳性，使结果更具稳健性；第三，归纳我国通胀率周期波动中各区制相互转移的典型路径，并且使用广义脉冲响应方法分析我国通胀率各区制非线性的动态调整特性及其政策含义。

5.1.2　模型估计与通货膨胀率周期阶段划分

1. 数据与单位根检验

沿用多数已有文献的做法，本研究采用消费价格指数作为通货膨胀的衡量指标，定义通货膨胀率 $y_t = CPI_t - 100$，其中 CPI_t 表示经过 Census X–12 季节调整后的月度环比消费价格指数，样本区间为 1990 年 1 月—2010 年 7 月，样本容量为 247。之所以选择月度环比数据而没有选择同比数据[①]，是因为同比数据受翘尾因素影响显著，相比之下，环比数据则更加灵敏及准确。栾惠德（2007）的研究也表明，经季节调整的月度环比 CPI 数据比同比数据更适合用于宏观经济实时监测。但我国官方统计资料从 2001 年后才开始公布环比 CPI 数据，对此，我们根据环比数据与同比数据间的数学关系倒推出 1990—2000 年各月的环比 CPI 数据及通货膨胀率。可获得的数据均来自《中国经济景气月报》及中经网数据库。

图 5.1 显示了月度环比通货膨胀率的变化趋势，从整体上看，通货膨胀率并不含有时间趋势。

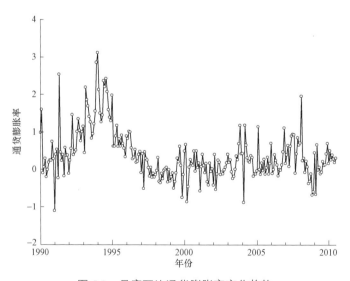

图 5.1　月度环比通货膨胀率变化趋势

---

① 已有文献中，王少平和彭方平（2006）使用的是年度数据，赵留彦等（2005）、刘金全等（2009）使用的是月度环比数据，而龙如银等（2005），张屹山和张代强（2008）则使用的是月度同比数据。

对通胀率进行单位根检验以确定数据是否具有整体平稳性，如果数据的生成过程含有单位根，应该对其差分序列进行建模。常规的单位根检验如 ADF 检验、PP 检验等都是在线性模型基础上进行的，对此，Pippenger 和 Goering（1993），Enders 和 Granger（1998），Berben 和 van Dijk（1999），Caner 和 Hansen（2001）均提出当数据生成过程具有非线性特征时，传统的单位根检验方法检验功效都很低。在第 4 章中，本书详细讨论了 STAR 模型下的单位根检验方法，介绍了 KSS 在 ESTAR 模型下的单位根检验方法，此处将其检验统计量记为 t_E。刘雪燕和张晓峒（2009）在 KSS 方法的基础上，构造了备择假设为 LSTAR 模型的单位根检验统计量 t_L。

Eklund（2003a，2003b）提出了用于检验线性性及单位根的联合 F 类统计量，针对式（5.1）的一次 LSTAR 检验模型，为克服不可识别问题，采用一阶泰勒展开将其写成式（5.3），检验的原假设为 $H_0: \phi = \alpha = 0, \rho = 1$，构造的 F 类统计量定义为 F_{d1}；同理，针对式（5.4）～式（5.6）的二次 LSTAR 检验模型，检验原假设为 $H_0: \delta_2 = \delta_3 = \phi_1 = \phi_2 = \alpha = 0, \rho = 1$，在此基础上构造的 F 类统计量定义为 F_{d2}，Eklund 给出了这两个统计量不同样本容量下的常用检验临界值，可用此进行线性性及单位根的联合检验。

$$\Delta y_t = \theta_0 + \psi y_{t-1} + \phi_1 \Delta y_{t-1} + (\varphi_0 + \varphi_1 \Delta y_{t-1}) F(\gamma, c, y_{t-1}) + \varepsilon_t \tag{5.1}$$

$$F(\gamma, c, y_{t-1}) = \{1 + \exp[-\gamma(y_{t-1} - c)]\}^{-1} \tag{5.2}$$

$$y_t = \delta \Delta y_{t-1} + \phi y_{t-1} \Delta y_{t-1} + \alpha + \rho y_{t-1} + \varepsilon_t^* \tag{5.3}$$

$$\Delta y_t = \theta_0 + \psi_1 y_{t-1} + \phi_1 \Delta y_{t-1} + (\varphi_0 + \varphi_1 \Delta y_{t-1} + \psi_2 y_{t-1}) F(\gamma, c_1, c_2, \Delta y_{t-1}) + \varepsilon_t \tag{5.4}$$

$$F(\gamma, c_1, c_2, y_{t-1}) = \{1 + \exp[-\gamma(\Delta y_{t-1} - c_1)(\Delta y_{t-1} - c_2)]\}^{-1} \tag{5.5}$$

$$y_t = \delta_1 \Delta y_{t-1} + \delta_2 (\Delta y_{t-1})^2 + \delta_3 (\Delta y_{t-1})^3 + \phi_1 y_{t-1} \Delta y_{t-1} + \phi_2 y_{t-1} (\Delta y_{t-1})^2 + \alpha + \rho y_{t-1} + \varepsilon_t^* \tag{5.6}$$

为使检验结果更加稳健，本书除了采用传统的线性单位根检验方法外，还使用上述方法及在第 4 章中构建的 W_{uc} 统计量与 T_{s1} 检验程序分别对通胀率数据进行单位根检验，检验结果如表 5.1 及表 5.2 所示。

表 5.1 通胀率的单位根检验结果（1）

检验方法	检验统计量的值	5%水平临界值	结论
ADF	−2.184	−2.873	线性单位根
PP	−7.740	−2.873	线性平稳
t_L	−4.261	−2.470	非线性平稳
t_E	−4.261	−2.930	非线性平稳
F_{d1}	9.126	4.920	非线性平稳
F_{d2}	6.553	3.270	非线性平稳

表 5.2 通胀率的单位根检验结果（2）

转移变量	W_{uc} 统计量		W_{m} 统计量	
	K 值	p 值	K 值	p 值
y_{t-1}	12	0.012 7	12	0.009 8
y_{t-2}	12	0.136 3	12	0.140 1
y_{t-3}	12	0.078 5	12	0.076 5
y_{t-4}	12	0.000 4	12	0.000 6
y_{t-5}	12	0.406 6	12	0.535 2
y_{t-6}	12	0.022 6	12	0.019 9
Δy_{t-1}	12	0.009 1	12	0.005 8
Δy_{t-2}	12	0.285 6	12	0.429 8
Δy_{t-3}	12	0.443 4	12	0.728 1
Δy_{t-4}	12	0.172 5	12	0.220 5
Δy_{t-5}	12	0.079 3	12	0.076 1
Δy_{t-6}	12	0.472 9	12	0.784 1
t	12	0.060 7	12	0.061 8

注：K 值表示由 SC 准则确定的检验回归式中滞后阶数。

从表 5.1 可以看出，在 5%的显著性水平下，只有 ADF 检验结果不能拒绝单位根的原假设，其他检验结果均表明通胀率序列具有整体平稳性；表 5.2 中 W_{uc}

统计量与 W_m 统计量的检验结果均显示，当转移变量为 y_{t-4} 或者 Δy_{t-1} 时，统计量所对应的 p 值最小，且明显小于 5% 的显著性水平。综合这些检验结果，我们认为通胀率序列不含有单位根，因此将在水平序列下对通胀率建模。

2. STAR 模型设定、估计与评价

首先，根据 Box-Jenkins 的建模程序将通胀率序列拟合成一个 12 阶的自回归过程，最优阶数由 SC 准则确定，估计时去掉了不显著的滞后项，估计结果如式（5.7）所示。其中，$\hat{\sigma}_{\varepsilon}$ 为残差序列的标准差，估计系数下方括号中数字表示估计系数的标准差，LB（q）表示用于检验残差序列不存在 q 阶自相关的 Ljung-Box Q 统计量值，ARCH（m）表示用于检验残差序列不存在 ARCH（自回归条件异方差模型）效应的 McLeod-Li Q 统计量值，所有统计量值括号内的值均为其所对应的 p 值。从估计结果上看，式（5.7）的线性模型残差序列不存在自相关，可以近似一个白噪声过程，但残差序列存在显著的 ARCH 效应，这可能是建模过程中忽视非线性的一种重要表现，因此，将在式（5.7）估计结果的基础上进行线性性检验。

$$
\begin{aligned}
y_t = 0.050 \; &+ \; 0.315 y_{t-1} + 0.117 y_{t-2} + 0.094 y_{t-3} + 0.150 y_{t-5} + \\
(0.036) \; &\quad (0.064) \qquad (0.066) \qquad\;\; (0.065) \qquad\;\; (0.067) \\
0.177 y_{t-6} &+ 0.142 y_{t-7} + 0.106 y_{t-11} - 0.231 y_{t-12} + \hat{\varepsilon}_t \\
(0.067) \quad\;\; &\;\; (0.065) \qquad (0.062) \qquad\;\; (0.062)
\end{aligned}
\tag{5.7}
$$

$\hat{\sigma}_{\varepsilon} = 0.451$，LB（4）$= 0.245$（0.993），LB（8）$= 1.305$（0.995），ARCH（1）$= 6.223$（0.01），ARCH（4）$= 13.246$（0.01），SC $= 1.414$

根据本书第 2 章和第 3 章介绍的线性性检验方法，在估计结果式（5.7）的基础上进行线性性检验。表 5.3 给出了检验统计量所对应的 p 值结果，可以看出当 Δy_{t-1} 为转移变量时，H_0 检验所对应的 p 值最小，为 0.001 1，说明我国通胀率变量显著具有 STAR 模型所描述的非线性动态结构。同时，在三个序贯检验中，H_{03} 检验所对应的 p 值最小，因此应该建立一个 LSTAR 模型[①]。我们采用极大似然估计方法估计了一个两区制的 LSTAR 模型，估计结果为式（5.8）和式（5.9），根据 van Dijk 等（2002）的做法，剔除了除常数项外 t 统计量绝对值小于 1 的滞后

[①] 文中 H_0、H_{01}、H_{02} 和 H_{03} 的原假设与第 2 章和第 3 章中提到的序贯检验相同。

变量。从估计结果上看，与线性模型比较，LSTAR 模型残差的标准差减小很多，仅相当于线性模型的 42%。当滞后一期的通胀率增量大于 0.236 时，通货膨胀开始向上行区制平滑转移，而且转移速度较快。

$$y_t = (0.036 + 0.242y_{t-1} + 0.135y_{t-3} + 0.164y_{t-5} + 0.148y_{t-6} + 0.137y_{t-7}) \times [1 - F(\Delta y_{t-1})] +$$
$$\qquad (0.049)\quad (0.081)\qquad (0.083)\qquad (0.089)\qquad (0.096)\qquad (0.083)$$
$$\quad (0.206 + 0.336y_{t-1} + 0.360y_{t-2} + 0.206y_{t-5} + 0.162y_{t-6} + 0.256y_{t-7} - 0.470y_{t-12}) \times F(\Delta y_{t-1}) + \hat{\varepsilon}_t$$
$$\quad (0.131)\quad (0.140)\qquad (0.188)\qquad (0.194)\qquad (0.155)\qquad (0.206)\qquad (0.148)$$

$$(5.8)$$

$$F(\Delta y_{t-1}) = \{1 + \exp[-39.5(\Delta y_{t-1} - 0.236)]\}^{-1}$$
$$\qquad\qquad (29.9)\qquad\qquad (0.061)$$

$$(5.9)$$

$$\hat{\sigma}_{\varepsilon} = 0.190, \quad \hat{\sigma}_{\mathrm{LSTAR}} / \hat{\sigma}_{\mathrm{AR}} = 0.42, \quad \mathrm{LB}(4) = 3.688(0.45),$$
$$\mathrm{LB}(8) = 6.556(0.585), \quad \mathrm{ARCH}(1) = 3.292(0.07),$$
$$\mathrm{ARCH}(4) = 8.389(0.078)$$

表 5.3　线性性检验与平滑转移变量的选择

转移变量	线性性检验			
	H_0	H_{03}	H_{02}	H_{01}
y_{t-1}	0.035 9	0.146 4	0.110 0	0.121 7
y_{t-2}	0.618 9	0.932 9	0.567 0	0.154 7
y_{t-3}	0.387 0	0.768 9	0.697 8	0.053 7
y_{t-4}	0.022 9	0.211 9	0.017 9	0.237 0
y_{t-5}	0.318 0	0.035 9	0.872 2	0.648 2
y_{t-6}	0.460 3	0.298 2	0.706 8	0.343 7
Δy_{t-1}	0.001 1	0.002 1	0.062 6	0.182 2
Δy_{t-2}	0.923 6	0.699 9	0.638 6	0.920 7
Δy_{t-3}	0.005 8	0.056 7	0.017 6	0.188 8
Δy_{t-4}	0.076 0	0.121 8	0.025 1	0.861 4
Δy_{t-5}	0.402 6	0.302 9	0.685 5	0.270 3
Δy_{t-6}	0.544 4	0.212 1	0.856 8	0.469 9

但从残差序列 ARCH 效应的检验看，1 阶与 4 阶的 McLeod-Li Q 统计量的 p 值都比较小，这使得我们怀疑两区制的 LSTAR 模型是否已经充分描述通胀率的非线性动态特征。对此，本书采用 Eitrheim 和 Teräsvirta（1996）所提出的用于检验非线性剩余的 LM 方法（以下简称"ET 检验"），以及 van Dijk 和 Franses（1999）所提出的用于检验 MRSTAR 模型的 LM_{MR} 统计量来检验两区制 LSTAR 模型的充分性①。表 5.4 的检验结果表明，两区制的 LSTAR 模型并不能充分描述我国通胀率的非线性动态特性，残差部分仍存在非线性剩余，通过比较检验统计量的 p 值可知，当选择 y_{t-4} 作为转移变量时，p 值最小，由此判断第二个平滑转移函数的转移变量应选择 y_{t-4}，这与前述表 5.2 的检验结果相吻合。

表 5.4　非线性剩余检验与 MRSTAR 模型检验的 p 值

转换变量	检验	d					
		1	2	3	4	5	6
y_{t-d}	LM_{MR}	0.311 9	0.047 2	0.554 9	0.001 6	0.152 9	0.034 7
	ET	0.447 2	0.540 3	0.646 7	0.034 3	0.092 1	0.031 9
Δy_{t-d}	LM_{MR}	0.001 7	0.804 4	0.139 2	0.008 5	0.131 1	0.020 1
	ET	0.003 8	0.909 7	0.066 8	0.002 4	0.196 9	0.640 8

3. 通胀率的周期阶段划分

依据 van Dijk 和 Franses（1999）所提出的 MRSTAR 模型，建立一个四区制的 LSTAR 模型来刻画我国通胀率的动态特性。以两区制的估计结果作为初始值，并采用极大似然估计方法，对四区制的 LSTAR 模型参数进行估计，估计结果如式（5.10）～式（5.12）所示。从式（5.10）中，可以得出四个极端区制模型的具体表达式，而式（5.11）、式（5.12）则代表两个平滑转移函数。从估计结果可以看出，四区制 LSTAR 模型的估计标准误差比两区制 LSTAR 模型的要低，说明尽管参数个数增加，但拟合效果要好于两区制 LSTAR 模型；残差的无自相关及无自回归条件异方差检验均不能被拒绝，同时，还采用 BDS 方法对残差的独立同分布性进行检验，BDS 统计量值为 0.7，其渐近意义上的 p 值为 0.484，经过 2 500

---

① 关于这两种检验方法以及 MRSTAR 模型的详细介绍，可参考本书第 2 章，这里不再赘述。

次 Bootstrap 模拟的 p 值为 0.514，这都表明残差序列已近似一个独立同分布过程，说明四区制的 LSTAR 模型能够充分刻画通胀率的动态特性。因此，我国通胀率不同阶段的划分不仅依赖于通胀率的水平值，同时也依赖于通胀率的增加量。

$$y_t = (0.034 + 0.099y_{t-1} + 0.15y_{t-2} + 0.236y_{t-3} + 0.205y_{t-6} - 0.196y_{t-12}) \times [1 - F_1(y_{t-4})] +$$
$$\quad (0.064) \quad (0.108) \quad (0.134) \quad (0.110) \quad (0.094) \quad (0.080)$$
$$[(0.095 + 0.298y_{t-1} + 0.236y_{t-2} - 0.217y_{t-3} + 0.289y_{t-5} + 0.283y_{t-7}) \times F_1(y_{t-4}) \times [1 - F_2(\Delta y_{t-1})] +$$
$$\quad (0.166) \quad (0.128) \quad (0.234) \quad (0.227) \quad (0.133) \quad (0.149)$$
$$[(0.352 + 0.574y_{t-2} + 0.431y_{t-5} - 0.289y_{t-12}) \times (1 - F_1(y_{t-4})) +$$
$$\quad (0.158) \quad (0.332) \quad (0.373) \quad (0.227)$$
$$[0.649 + 0.77y_{t-1} - 0.996y_{t-5} + 1.083y_{t-6} - 0.767y_{t-12}) \times F_1(y_{t-4})] \times F_2(\Delta y_{t-1}) + \hat{\varepsilon}_t$$
$$\quad (0.535) \quad (0.224) \quad (0.837) \quad (0.444) \quad (0.439)$$

$$\text{（5.10）}$$

$$F_1(y_{t-4}) = \{1 + \exp[-10.38(y_{t-4} - 0.553)]\}^{-1}$$
$$\quad (4.92) \quad\quad (0.127) \quad\quad\quad\quad \text{（5.11）}$$

$$F_2(\Delta y_{t-1}) = \{1 + \exp[-25.24(\Delta y_{t-1} - 0.323)]\}^{-1}$$
$$\quad (20.69) \quad\quad (0.061) \quad\quad\quad\quad \text{（5.12）}$$

$$\hat{\sigma}_\varepsilon = 0.173, \quad \hat{\sigma}_{\text{MRSTAR}}/\hat{\sigma}_{\text{LSTAR}} = 0.91, \quad \text{LB（4）} = 1.738（0.784），$$
$$\text{LB（8）} = 2.074（0.979），\quad \text{ARCH（1）} = 0.324（0.569），$$
$$\text{ARCH（4）} = 5.878（0.208），\quad \text{BDS} = 0.7（0.484），\quad \text{BDS}_{\text{bootstrap}} = 0.7$$
$$\text{（0.514）}$$

图 5.2 给出了两个平滑转移函数，可以看出 F_2 的转移比 F_1 要更陡峭，说明

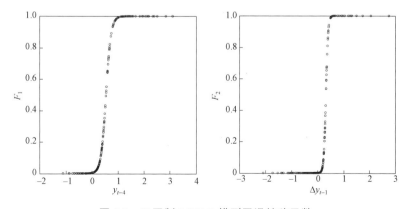

图 5.2　四区制 LSTAR 模型平滑转移函数

转移速度更快，通过比较式（5.11）和式（5.12）估计结果中转移速度系数的大小，也印证了这一直观感觉。同时可以看出，当 y_{t-4} 的取值小于 0.1 时，$F_1=0$；当 y_{t-4} 的取值大于 0.8 时，$F_1=1$；当 Δy_{t-1} 的取值小于 0.2 时，$F_2=0$；当 Δy_{t-1} 的取值大于 0.45 时，$F_2=1$。据此，可以根据两个平滑转移函数取值 0 或 1 的四个不同组合将通胀率划分成四个不同的极端区制（extreme regime），这四个极端区制便形成了通胀率周期波动的四个阶段。

区制 1：通货紧缩区，划分依据：$y_{t-4}\leq0.1$，$\Delta y_{t-1}\leq0.2$，经济表现出低水平的通胀率及较低的通胀率增量。

区制 2：通缩恢复区，划分依据：$y_{t-4}\leq0.1$，$\Delta y_{t-1}\geq0.45$，尽管通胀率水平仍然处在低位运行，但已经出现加速增长迹象，处于强力恢复阶段。

区制 3：温和通胀区：划分依据：$y_{t-4}\geq0.8$，$\Delta y_{t-1}\leq0.2$，经济处在较高通胀率水平下运行，但通胀率增量较小，具有一定的通胀压力。

区制 4：严重通胀区：划分依据：$y_{t-4}\geq0.8$，$\Delta y_{t-1}\geq0.45$，通胀率处在高水平高增长阶段，已形成恶性通货膨胀。

当平滑转移函数取值为 $0<F_1<1$ 或 $0<F_2<1$ 时，即 $0.1<y_{t-4}<0.8$ 或 $0.2<\Delta y_{t-1}<0.45$ 时，通胀率在这四个极端区制间平滑转移，为了便于分析不同区制间的转移过程，继续构建几个转移区间。

区间 12：用于描述通胀率在区制 1 与区制 2 间的相互平滑转移过程，具体划分依据为：$y_{t-4}\leq0.1$，$0.2<\Delta y_{t-1}<0.45$；并且当 $F_2>0.5$，即 $\Delta y_{t-1}>0.323$ 时，通胀率更倾向于向区制 2 转移。

区间 13：用于描述通胀率在区制 1 与区制 3 间的平滑转移过程，具体划分依据为：$0.1<y_{t-4}<0.8$，$\Delta y_{t-1}\leq0.2$；当 $F_1>0.5$，即 $y_{t-4}>0.553$ 时，通胀率更倾向于向区制 3 转移。

区间 24：用于描述通胀率在区制 2 与区制 4 间的平滑转移过程，具体划分依据为：$0.1<y_{t-4}<0.8$，$\Delta y_{t-1}>0.45$；当 $F_1>0.5$，即 $y_{t-4}>0.553$ 时，通胀率更倾向于向区制 4 转移。

区间 34：用于描述通胀率在区制 3 与区制 4 间的相互平滑转移过程，具体划分依据为：$y_{t-4}>0.8$，$0.2<\Delta y_{t-1}<0.45$；并且当 $F_2>0.5$，即 $\Delta y_{t-1}>0.323$ 时，通

胀率更倾向于向区制 4 转移。

区间 1234：混合区域，用于描述区制 1 与区制 4 间、区制 2 与区制 3 间的直接转移，或区间 13 与区间 24、区间 12 与区间 34 之间的相互过渡，划分依据为：$0.1 < y_{t-4} < 0.8$，$0.2 < \Delta y_{t-1} < 0.45$，当通胀率出现在这个区间时，实际上很难判断通胀率的真实转移路径。

可以看出，当通胀率位于区间 13、区间 24 及区间 1234，即 $0.1 \sim 0.8$ 这个区间时，物价较为平稳，没有通胀及通缩的压力，但也应实时监测通胀率的增量，因为这三个区间都有向极端区制转移的可能。图 5.3 显示了这 9 个区间的具体划分及样本观测值的实际分布情况，通货膨胀率在各个区制间的转移路径以及各区制的动态特性，将在下一节中详细分析。

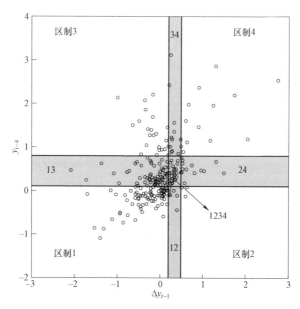

图 5.3　极端区制与转移区间划分

5.1.3　通胀率周期波动与非线性动态特性分析

1. 通胀率周期波动中的区制转移路径

根据以上对通胀率不同区制（阶段）的划分，对样本区间内实际观测数据进行了统计归类。结果表明，1990 年到 2010 年 7 月，我国经济处于通货紧缩区制的月份最多，为 77 个月，约占样本总量的 32%，主要集中在 1997 年 10 月—1999 年 5 月，2001 年 6 月—2003 年 7 月，2004 年 10 月—2006 年 9 月，2008 年 5 月—2009 年 7 月这四个时间段上，前三段通货紧缩持续期都在 24 个月左右，最后一次的通货紧缩也持续近 14 个月。从政策的应对上看，我国政府有效地捕捉到了通货紧缩的波动路径，适时适度地实施宽松的货币政策及财政政策，如从 1996 年 5 月起连续 8 次降息，两次下调存款准备金率，以及 2008 年开始的 4 万亿元政府投资及降息等，这在很大程度上扩大了内需，刺激了经济增长，从而通货紧缩得到有效的缓解，我国经济也率先从美国次贷危机所引发的国际金融危机中复苏，并于 2009 年经济增长"保八"成功。从通缩恢复区制看，仅有 3 个月的通胀率处于这个区制中，这表明我国通胀率从通货紧缩区制转出时并不必然转入通缩恢复区，通胀率通过发生大幅度的增量而摆脱通货紧缩压力的概率很低，而更多时候是经由小幅度增长而缓慢恢复的，这也决定了我国通货紧缩期具有持续时间较长的特性。

从通货膨胀上看，在样本区间内，我国经济有 23 个月处在温和通胀区制内，约占样本总量的 10%，主要集中在 1992 年 10 月—1994 年 12 月；而我国经济发生严重通货膨胀的月份不多也不集中，零星分布于 1992—1995 年以及 2004—2007 年的个别月份中，从 1990 年到现在，有 13 个月通胀率处在严重通胀区制内，约占样本总量的 5%。在政策应对上，1993—1995 年，央行均实施适度从紧的货币政策，到 1996 年年底政策收到明显成效，通货膨胀得到控制，国民经济实现"软着陆"。从 2006 年 4 月—2007 年 12 月，央行共 8 次加息，平均每两个月上调一次利率，并 10 次上调存款准备金率，调控力度之大实属空前。与此同时，中央经济工作会议也提出 2008 年要实施从紧的货币政策，但从图 5.4 中可知，在此期间仅出现 2 个月的温和通货膨胀，央行此举是否有些矫枉过正了？对此可认为，央行实施的这些从紧的货币政策一方面是为了控制物价，并以此来影响通货膨胀预期；另一方面，此时的货币政策也并非单纯为了稳定物价，在一定程度上也是为了配合中央政府来解决在经济过热以及经济结构调整过程中所出现的诸多矛盾，如投资增长过快、资产价格上升过快、人民币升值预期压力等。

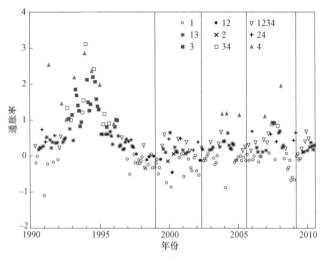

图 5.4　通胀率周期波动

根据 Artis 等（1995）对通货膨胀周期的划分标准，将 1990 年 1 月—2009 年 3 月的我国通胀率划分为四个完整的周期，从 2009 年 4 月开始，我国通胀率进入新一轮的波动周期，将 2009 年 4 月—2010 年 7 月这一期间划分为半个周期，如图 5.4 所示。

第一个周期，1990 年 1 月—1999 年 1 月，周期跨度为 108 个月，是我国自改革开放以来通胀率持续时间最长的一次周期波动。这期间经历了 22 个月的通货紧缩、21 个月的温和通货膨胀以及 8 个月的严重通货膨胀，其余 57 个月的通胀率处于四个极端区制的转移区间中，其中区制 1 与区制 3 的相互转移月份最多，为 31 个月；其次是区制 3 与区制 4 的相互转移，为 9 个月。这些为分析通胀率周期波动中的区制转移路径提供了重要信息。从图 5.4 可以看出，在第一个周期的上行阶段，通胀率由通货紧缩区制通过微幅增长而进入 13 转移区间，经过不断的积累，通胀率达到一定的高水平，使经济出现通胀压力而进入温和通胀区，由于政策效果的滞后性及通胀率动态运行的惯性，使通胀率进入 34 区间并开始向区制 4 转移，最终进入严重通胀区制。随着政策效力发挥作用，严重通胀得到遏制，通胀率开始下行，并"原路返回"于通货紧缩区制，从而完成一次完整的周期波动。由此总结出这一周期通胀率不同阶段的转移路径为：通货紧缩→温和通胀→严重通胀→温和通胀→通货紧缩。

　　第二个周期，1999 年 2 月—2002 年 5 月，周期跨度为 39 个月。整体上看，这个周期的物价在低水平下运行，没有出现通货膨胀，但有 16 个月出现了通货紧缩，有 8 个月在区制 1 与区制 3 之间转移，6 个月在 1234 区间运行，周期上行与下行阶段均较为平缓，在此期间，只出现了一个极端区制，且分布较为分散。因此，通胀率的周期波动也表现出没有明显的区制转移路径。

　　第三个周期，2002 年 6 月—2005 年 8 月，周期跨度为 38 个月。整体上看，这个周期的物价仍然在低水平下运行，其中有 18 个月出现了通货紧缩，但也有 3 个月发生了严重的通货膨胀。从波动路径上看，并没有出现物价递增的区制转移路径。因此，这种情况应该属于通胀率的结构突变性上涨，形成这种结构突变的原因可能相当复杂，但结合当时经济运行的实际背景，判断可能与资产价格上涨所引起的通胀预期增加有一定关系。从区制间的转移路径上看，类似于第一个周期，通胀率从低位通货紧缩区制小幅上涨，在 13 区间运行，试图向区制 3 转移，但发生结构突变直接过渡到了区制 4，由于政策的调控使得通胀率重新回到 13 区间并向通货紧缩区制转移。

　　第四个周期，2005 年 9 月—2009 年 3 月，周期跨度为 42 个月，其中通货紧缩 17 个月，温和通胀 2 个月，严重通胀 2 个月。在周期的上行阶段，通胀率有 6 个月处在 1234 区间，有 4 个月处在 13 区间，说明在这个周期内，通胀率在从通货紧缩区制向通货膨胀区制转移时出现了新的路径，既有可能经由 13 区间转移到温和通胀区，也有可能通过 1234 区间直接转移到严重通货膨胀，而下行阶段更多的仍是从 13 区间转移回到通货紧缩区制。

　　从 2009 年 4 月开始，我国通胀率进入新一轮的波动周期。受美国次贷危机的影响，我国经济在 2008 年第四季度开始持续进入通货紧缩区制，而中央政府的刺激政策于 2009 年 7 月开始收到成效，物价开始回升企稳。进入 2010 年，通胀率持续上升，引起了市场及消费者对通货膨胀的担忧，但从本书的研究上看，2010 年前 7 个月的通胀率处在 13 区间和 1234 区间，从周期波动路径上看，属于上行阶段，但还没有转移到通货膨胀区制，可以说，2010 年前 7 个月我国的通胀率是在可控范围内的。

2. 非线性动态特性分析

通过计算估计模型特征多项式的特征根，可以分析我国通胀率的动态特性。依据 Teräsvirta 和 Anderson（1992），Teräsvirta（1994）的做法，计算四个极端区制下的特征根，根据估计式（5.10）可以写出各区制估计模型的特征多项式：

$$\lambda_1^{12} - 0.099\lambda_1^{11} - 0.15\lambda_1^{10} - 0.236\lambda_1^9 - 0.205\lambda_1^6 + 0.196 = 0 \qquad (5.13)$$

$$\lambda_2^7 - 0.298\lambda_2^6 - 0.236\lambda_2^5 + 0.217\lambda_2^4 - 0.289\lambda_2^2 - 0.283 = 0 \qquad (5.14)$$

$$\lambda_3^{12} - 0.574\lambda_3^{10} - 0.431\lambda_3^7 + 0.289 = 0 \qquad (5.15)$$

$$\lambda_4^{12} - 0.77\lambda_4^{11} + 0.996\lambda_4^7 - 1.083\lambda_4^6 + 0.767 = 0 \qquad (5.16)$$

式中，λ_1，λ_2，λ_3，λ_4 分别表示区制 1、2、3、4 特征多项式的特征根，动态特性由绝对值（模）最大的特征根所主导，称为支配特征根。表 5.5 给出了支配特征根的相关结果。可以看出，除区制 3 外，所有区制的支配特征根均为复数，这表明当通胀率处在通货紧缩区制、通缩恢复区制或者严重通胀区制时，系统对外生冲击的脉冲响应具有余弦周期振荡特性。同时，支配特征根的模及周期也显示[1]，我国通胀率具有明显的非对称动态特性。当系统处于通货紧缩区制时，支配特征根的周期为 37 个月，这表明在存在外生冲击的 37 个月后，系统对此冲击的反应重新回到峰值，在通缩恢复期，这个周期为 50 个月，而在严重通胀区制，这个周期很短，仅为 3.4 个月。由于温和通胀区制的支配特征根不是复数，所以脉冲响应函数不是周期振荡，而是呈指数衰减，但衰减速度很慢。

表 5.5　各区制特征多项式的支配特征根性质

区制	支配特征根	模	周期
1	0.898 8±0.153 4i	0.911 8	37.2
2	0.953 3±0.120 9i	0.960 9	49.9
3	0.971 6	0.971 6	—
4	−0.305 4±1.018 1i	1.062 9	3.4

当通胀率处于严重通货膨胀区制时，特征根的模大于 1，此时通胀系统具有

---

[1] 此处提到的周期是特征根的周期，而不是通胀率的周期，其计算公式为 $2\pi/\theta$，其中 $\cos\theta = a/R$，$R = \sqrt{a^2 + b^2}$，$\lambda_1 = a + bi$，$\lambda_2 = a - bi$ 表示一对共轭复根。

爆炸性动态模式，极不稳定，这表明通胀率会迅速从严重通胀区制转移出去，即严重通货膨胀持续的时间很短；而温和通胀区制的支配特征根是一个实数，其值 0.97 较为接近于 1，当通胀率处于温和通胀区制时，其动态特性与单位根过程相似，具有很高的持续性。从图 5.4 的第一个周期也可以明显看出，严重通胀月份的分布很分散，而温和通胀的月份则较为集中，这与特征根分析的结果相吻合，即我国温和通货膨胀持续的时间要比严重通货膨胀持续的时间长。

当通胀率处于通货紧缩和通缩恢复区制时，由于支配特征根的模小于 1，所以通胀率在这两个区制时都较稳定，并且具有较高的持续性，只有很强的正向冲击时，通胀率才能从这两个区制中转移出去，这种动态特性决定了我国经济一旦陷入通胀紧缩区制，如果没有很强的政策效力，通货紧缩的恢复将会相对缓慢，图 5.4 波动周期中通货紧缩的分布较为集中，也印证了这一判断。通缩恢复区制支配特征根的周期比通货紧缩区制的大，这就解释了为什么我国通货紧缩出现的月份要多于通缩恢复出现的月数。

3. 非线性脉冲响应分析

对于 STAR 模型，无法获取广义脉冲响应函数的解析表达式。对此，采用 Koop 等（1996）提出的随机模拟方法来计算我国通胀率在不同区制下的脉冲响应函数，模拟采用 1 000 次的 Bootstrap 重复抽样方法计算脉冲响应函数的一次具体实现，并采用 Monte Carlo 方法重复 10 000 次来获取 GI 的概率分布[①]。

图 5.5 显示了估计的 MRSTAR 模型及各个转化区制对 1 个标准差冲击的脉冲响应，实际上是广义脉冲响应随机变量的一次具体实现，即式（2.55）所述的 $GI_y(h, \delta, \omega_{t-1})$，其中，$h=0, 1, 2, \cdots, 60$，$\delta=0.173$，$\omega_{t-1}=y_{t-1}$[②]，其条件期望是通过 1 000 次 Bootstrap 重复抽样以及对估计的 MRSTAR 模型进行迭代并求均值获得的。图 5.6 则显示整体 MRSTAR 模型的脉冲响应变量的概率分布，此

---

① 关于广义脉冲响应函数估计方法的详细介绍，可参见第 2 章及 Koop 等．（1996），此处不再赘述。

② 当不以某一个区制为条件（unconditional on regime）时，即考察整体 STAR 模型的脉冲响应时，y_{t-1} 取所有样本历史数据；当考察某一区制的脉冲响应时，y_{t-1} 对应于特定区制下的样本数据。要特别指出的是，脉冲响应分析中的区制指的是转移区制，即前文提到的根据平滑转移函数划分的区制：当 $F_1<0.5$，$F_2<0.5$ 时，为区制 1，其他区制划分以此类推，这样做的目的是增加各区制重复抽样的样本容量并且考虑到了脉冲响应函数的历史依赖性。

时脉冲是一个随机变量，通过对残差序列的 Bootstrap 重复抽样获得，最后经过 10 000 次的 Monte Carlo 模拟及核密度方法估计出广义脉冲响应的概率分布。从图 5.5 可以看出，随着时期的增加，脉冲响应函数值趋近于 0，说明估计的 MRSTAR 模型具有整体平稳性，以及在各个区制上也都表现出冲击的暂时性；另外，脉冲响应都表现出周期振荡特性，说明存在复数特征根，这与前文分析一致。从图 5.6 的概率密度分布上看，随着时期的增加，脉冲响应变量的方差越来越小，也说明冲击对整体通胀率的影响不具有持久性。

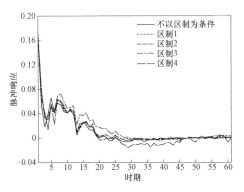

图 5.5 特定冲击及历史状态的脉冲响应   图 5.6 脉冲响应函数的概率分布

为了比较正向冲击与等量负向冲击对各区制影响的持久性，分别模拟估计了各区制正向冲击及负向冲击的脉冲响应概率密度分布。模拟过程中，随机冲击变量是从 112 个正数残差中重复抽样获得的。模拟结果显示，所有的脉冲响应变量均近似服从正态分布，这样就可以检验脉冲响应的均值是否显著地异于 0，以此来判断及比较冲击对系统影响的时间长短[①]。估计结果如表 5.6 所示。

表 5.6 各区制正向脉冲响应与负向脉冲响应的比较

h	通货紧缩		通缩恢复		温和通胀		严重通胀	
	P	N	P	N	P	N	P	N
12	0.025* (0.008)	0.008* (0.005)	0.029* (0.007)	0.007* (0.005)	0.022* (0.010)	−0.031* (0.009)	−0.002 (0.014)	−0.021* (0.014)

---

① 检验方法是看脉冲响应均值的绝对值是否大于 2 倍的 $\sigma_{GI} / \sqrt{112}$，σ_{GI} 为脉冲响应变量的标准差。

续表

h	通货紧缩		通缩恢复		温和通胀		严重通胀	
	P	N	P	N	P	N	P	N
24	0.008* (0.007)	0.000 (0.006)	0.001* (0.005)	0.001* (0.004)	0.013* (0.008)	−0.007* (0.007)	0.003* (0.014)	0.000 (0.014)
36	−0.004* (0.006)	0.005* (0.006)	−0.002* (0.004)	0.004* (0.004)	−0.006* (0.006)	0.007* (0.006)	−0.011* (0.014)	0.012* (0.013)
48	−0.001* (0.006)	0.000 (0.005)	0.000 (0.003)	−0.000 (0.003)	−0.000 (0.003)	0.001* (0.005)	0.002 (0.013)	−0.000 (0.013)
60	0.000 (0.005)	−0.000 (0.005)	0.000 (0.002)	−0.000 (0.002)	0.001* (0.004)	−0.000 (0.004)	0.001 (0.013)	−0.002 (0.013)

注：P 表示正向冲击，N 表示负向冲击；不带括号的数字为脉冲响应的均值，括号内数字为脉冲响应的标准差；"*"表示脉冲响应的均值在 5% 水平下显著异于 0。

从通货紧缩区制看，正向冲击对通货紧缩产生影响的时间为 48 个月，并且从第 24 个月以后，正向冲击会产生微弱的负效应，说明随着时间的推移，正向冲击的效应在不断减弱的同时也会产生"挤出效应"。负向冲击对通货紧缩的影响效应为 36 个月，但其负向影响仅持续了 12 个月，从第 12 个月开始，脉冲响应逐渐减弱并且转负为正，这表明，当通胀率处于向通货紧缩区制转移过程时，如果此时出现能使物价进一步下降的新冲击，那么这个新冲击只能在 12 个月之内加剧通货紧缩，12 个月后系统将会出现微弱的"自我稳定效应"。通过这些分析可以看出，冲击对通货紧缩的影响具有"边际效应递减"特性，正向冲击发挥效应的时间要比负向冲击发挥效应的时间长，这带来的政策启示是：反紧缩的政策效应具有时效性，如果在 24 个月内通货紧缩仍没有得到很好的控制，那么应该考虑采用新的政策手段或加强政策力度来对通货紧缩进行调控。

冲击对通缩恢复的影响，类似于通货紧缩区制，也存在"边际效应递减"特性，冲击发挥作用的时间为 36 个月。

从温和通胀区制看，正向冲击对温和通胀的影响持续时间较长，为 60 个月，并且在 24 个月内，新的正向冲击将进一步加剧通货膨胀；负向冲击对温和通胀的影响持续时间为 48 个月，从第 36 个月到第 48 个月，负向冲击会产生"挤出效应"，其政策含义是：控制温和通胀的政策有效期大概在 24 个月，如果 24 个月内温和通胀没有得到有效的控制，那么应该考虑采用新的政策手段或加强政策力度来调控温和通胀。

从严重通货膨胀区制看，正负冲击的作用时间均为 36 个月，正向冲击在第 36 个月时会出现"自我稳定效应"，以防止通胀的进一步恶化，负向冲击在第 36 个月会出现"挤出效应"，使反通胀政策的效力有所减弱，并且这种"自我稳定效应"及"挤出效应"表现得都很强，这与严重通胀极端区制中含有爆炸性的复数特征根有关，因此，在动态特性上表现出极强的反复振荡效应，这在一定程度上增加了政策调控的难度。从政策含义上看，当通胀率处于严重通胀时，反通胀政策的效力在 12 个月内发挥作用，如果 12 个月内严重通胀没有得到很好的控制，应该考虑采用新的政策手段或加强政策力度来控制严重通胀。

图 5.7 和图 5.8 显示了 MRSTAR 模型脉冲响应具有明显的非对称性。其中，图 5.7 中的 60 期数据的计算方法与图 5.5 所得数据的计算方法相同；图 5.8 的非对称脉冲响应变量的概率分布是通过 Monte Carlo 模拟及核密度方法估计得到的。表 5.7 显示了通胀率各区制脉冲响应的非对称性。在通货紧缩区制，脉冲响应的非对称性持续 36 个月，前 24 个月表现为正向冲击的影响大于等量负向冲击的影响，后 12 个月表现为负向冲击的影响大于正向冲击的影响，这表明反通货紧缩的政策冲击与产生通货紧缩的源冲击的力量水平相当时，反通缩政策也会产生良好的效果。通缩恢复区制的情况与通货紧缩区制相类似。而在温和通胀区制与严重通胀区制，脉冲响应的非对称性要更加持久一些，60 个月后，这种非对称性才会消失，并且脉冲响应的非对称性还表现出周期振荡特性。在温和通胀区制，前 24 个月正向冲击的脉冲响应要大于负向冲击的响应，这表明，只有反温和通胀的政策冲击强于导致温和通胀的源冲击时，反温和通胀政策才能收到成效。

在严重通胀区制，前 12 个月正向冲击的影响大于负向冲击的影响，这表明遏制严重通胀的政策冲击应该强于导致严重通胀的源冲击时，控制严重通胀的政策才能收到成效。

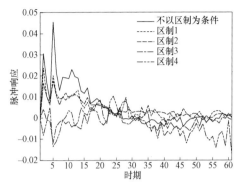

图 5.7　1 标准差冲击的非对称脉冲响应值

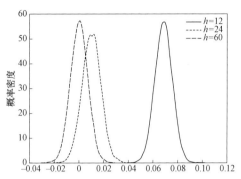

图 5.8　MRSTAR 模型非对称
脉冲响应的概率分布

表 5.7　各区制脉冲响应非对称性比较

h	通货紧缩	通缩恢复	温和通胀	严重通胀
12	0.016* （0.010）	0.022* （0.008）	0.053* （0.013）	0.019* （0.019）
24	0.008* （0.009）	0.010* （0.006）	0.021* （0.009）	0.003 （0.017）
36	−0.009* （0.008）	−0.006* （0.005）	−0.012* （0.007）	−0.023* （0.016）
48	0.001 （0.007）	0.000 （0.004）	−0.000 （0.006）	0.002 （0.015）
60	−0.001 （0.006）	0.000 （0.003）	0.001* （0.005）	0.003* （0.015）

注：不带括号的数字为非对称脉冲响应的均值，括号内数字为非对称脉冲响应的标准差；
"*"表示非对称脉冲响应的均值在 5% 水平下显著异于 0。

5.1.4　小结与政策思考

本节应用 MRSTAR 模型将我国通货膨胀率周期划分为四个阶段：通货紧缩、通缩恢复、温和通胀和严重通胀。在此基础上，分析了 1990 年 1 月—2010 年 7 月我国通胀率的周期波动及不同周期阶段之间的转移路径，并采用特征根及广义脉冲响应方法深入分析了我国通胀率的非线性动态特性。通过以上分析得出如下主要结论：

（1）我国通胀率的非线性动态调整机制可由一个四区制的 LSTAR 模型刻画，通胀率不同区制的划分不仅依赖于通胀率的水平值，同时也依赖于通胀率的增加量。从这个角度分析，宏观经济政策的制定不仅要考虑通胀率的水平值，还要参考通胀率的增加幅度。

（2）从 1990 年到 2009 年 3 月，我国通胀率经历了四轮完整的周期波动，最长周期跨度为 108 个月。在波动周期内，通胀率区制的典型转移路径为：通货紧缩→温和通胀→严重通胀→温和通胀→通货紧缩。

（3）当通胀率处于通货紧缩和通缩恢复区制时，具有较高的持续性，只有很强的正向冲击时，通胀率才能从这两个区制中转移出去；当通胀率处于严重通货膨胀区制时，系统具有爆炸性动态模式，极不稳定，通胀率会迅速从严重通胀区制转移出去，即严重通货膨胀持续的时间很短，相比之下，温和通货膨胀要稳定得多，具有很高的持续性，只有很强的负向外部冲击才能使通胀率从这个区制转移出去。

（4）广义脉冲响应分析表明，冲击对通胀率系统不具有持久性影响，正向冲击与负向冲击的影响具有非对称性特征；调控通货紧缩与调控温和通胀的政策发挥效力的最长时间均为 24 个月，而调控严重通胀的政策发挥效力的最长时间为 12 个月。

受美国次贷危机的影响，我国经济在 2008 年第四季度开始持续进入通货紧缩区制，中央政府为了抑制通货紧缩和经济下行，实现保增长的目标，制定了包括 4 万亿元投资在内的一揽子经济刺激政策，实施积极的财政政策和适度宽松的货币政策，并于 2009 年 7 月收到成效，物价开始回升企稳，2009 年经济增长 8.7%，成功完成了 2009 年年初制定的"保八"目标。与此同时，我国通货膨胀率进入新一轮的波动周期。2010 年以来，通胀率持续上升，并屡创新高，这引起了市场及消费者对通货膨胀的担忧。根据本研究对通胀率不同区制的划分，2010 年前 10 个月的通胀率都处在 13 区间和 1234 区间，从周期波动路径上看，属于上行阶段，但还没有转移到温和通货膨胀区制。而统计数据显示，2010 年 11 月—2011 年 2 月，经季节调整后的 CPI 环比分别上涨 1.1%、0.3%、0.5% 及 0.6%，按照本书的划分，我国通胀率已经开始进入温和通胀阶段。因此，有必要采取政策手段加强通货膨胀管理和合理引导通货膨胀预期。2010 年 12 月召开的中央经济工作会议把稳定价格水平放在了较为突出的位置，并指出我国 2011 年将实施"积极的财政政策和稳健的货币政策"。货币政策由适度宽松转向稳健，这在当前流动性过剩、通胀预期居高不下的背景下，对于稳定价格总水平，保持经济的平稳健康运行，将会起到至关重要的作用。同时，在 2011 年 2 月及 4 月，央行两次加息各 25 个基点，又两次调高存款准备金率各 50 个基点，这更加彰显了央行稳定通货膨胀预期的决心。尽管如此，我们认为在目前的经济形势下，对于政策工具的选择还应更多地采用数量工具，而对于是否应该持续加息，我们仍持谨慎态度。因为一旦打开加息通道，在欧、美、日等国持续低利率及人民币升值预期压力不断增大的现实背景下，"热钱"会蜂拥而至，尽管我国可以外汇储备进行对冲，但无疑加大了政策调控的难度，并使通货膨胀率的波动增加了新的不确定性因素；另外，我国经济刚刚从国际金融危机中恢复过来，国际经济因素的不确定性使得我国外贸仍然面临较大威胁，国内方面的产业结构调整也使得经济有放缓的危险，此时如果持续大幅度加息，我国宏观经济可能面临再次调整的挑战。

此外，本研究的政策含义还在于，在制定反通胀与反通缩政策时，应首先对引起通胀或通缩的源冲击进行科学的量化评估，并以此来决定政策力度，这将是政策成本效益分析中至关重要的一环；同时，也应该充分考虑到政策的渐进性及时效性，对政策的实施效果进行实时监测，并及时调整政策手段及政策力度。

■ 5.2　中国主要宏观经济变量单位根检验[①]

5.2.1　引言

许多经济时间序列表现出具有时间趋势特性。20 世纪 70 年代以来，计量经济学家们对数据生成过程中的趋势机制展开了广泛而深入的研究，使得计量经济

---

① 本节部分内容发表在《数量经济技术经济研究》2015 年第 2 期。

学有了更高层次的发展。尽管计量经济学家们普遍认同大多宏观经济变量具有趋势特性，但对于形成这种趋势特性的内在机制却存在分歧和争论。争论的焦点集中在经济变量所表现出的时间趋势是确定性的还是随机性的。

Nelson 和 Plosser（1982）采用 ADF 检验对美国 14 个宏观经济数据做了单位根检验，结果显示有 13 个不能拒绝含有单位根的假设，这表明，宏观经济变量所表现出的时间趋势特性大多是随机的。同时，这些推断结果对于经济周期波动研究具有重要意义，它表明，随机冲击对于经济波动具有持久影响，从而为实际经济周期理论提供了事实依据。而早期的新古典经济理论则认为宏观经济序列所表现的时间趋势是确定性的，随机冲击所引起的经济波动仅是对长期确定性趋势的暂时背离，从长期看，经济系统具有均值回复特性，在随机冲击中最重要的是货币冲击，并且货币冲击不具有持久性影响，因此，合理运用货币政策便可以熨平经济波动。Nelson 和 Plosser 的研究结果对传统经济周期波动理论提出了新的挑战，为实际经济周期理论中"实际因素是导致经济波动的重要原因"提供了新的证据，具有深远的影响。此后，Campbell 和 Mankiw（1987），Shapiro 和 Watson（1988），Christiano 和 Eichenbaum（1990）的研究也认为随机冲击对经济周期波动具有持久性影响。Campbell 和 Mankiw（1987）认为，尽管随机冲击具有持久性影响，但其发生作用的模式并不是实际经济周期理论所主张的，即经济周期波动源于以技术冲击为主的供给冲击，而应该是以凯恩斯主义或者新凯恩斯经济理论为基础，更多地强调需求冲击对经济波动的影响。可见，即使经济学家们认同宏观经济序列具有随机趋势特性，但对于其解释经济波动的理论基础及作用机制上仍存在较大分歧。

然而，Perron（1989）对 Nelson 和 Plosser 的研究结果提出了质疑，他认为常规的单位根检验方法没有考虑时间序列的结构突变问题，会导致单位根检验的误判。他提出了一种含有"外生结构突变"的单位根检验方法，即先验给定结构突变点的位置，把发生"大萧条"的 1929 年和发生石油危机的 1973 年作为结构突变点，采用与 Nelson 和 Plosser（1982）相同的数据，他的检验结果表明大多数序列可以判定为趋势平稳过程。此后，Zivot 和 Andrews（1992），Banerjee 等（1992），Lumsdaine 和 Papell（1997），Lee 和 Strazicich（2003），Perron 和 Zhu

（2005）等都研究了结构突变情形下的单位根检验问题。这些研究将关于时间趋势特性形成机制的争论推向了极致，宏观经济变量究竟是确定性趋势还是随机趋势仍然是悬而未决的问题。

　　这一争论的最新进展体现在非线性框架下单位根检验研究的发展，这在第 4 章中已做过详细讨论。Leybourne 等（1998）认为，对于一个给定的外部冲击，微观经济个体的响应并不同步，因而总量经济行为的调整过程具有时滞性，经济时间序列发生结构突变的情况并不常见，所以，在刻画经济变量的动态调整路径时，假定确定性成分发生"渐变"而不是"突变"，或许更符合经济现实。为此，Leybourne 等（1998）构建了平滑转移模型下的单位根检验方法，其备择假设是结构平滑渐变的 LSTAR 模型。Vougas（2007）采用该方法研究了美国第二次世界大战后实际 GDP（国内生产总值）的动态调整过程，结果表明美国实际 GDP 序列并不含有单位根，其结构发生渐变的时期是 20 世纪 60 年代中期，而不是通常所认为的 20 世纪 70 年代早期。Sollis（2004）拓展了 Leybourne 等（1998）的研究，允许结构平滑转移具有非对称调整特性，他的研究结果表明，英国工业总产值具有明显的非线性非对称调整特征，而不是单位根过程。

　　近年来，经济学者大多采用考虑结构变化的方法来检验中国宏观经济变量的趋势属性。Li（2000，2005）考虑了多个结构突变点的单位根检验方法，检验了中国实际 GDP、人均 GDP 及各部门的总产出时间序列，其研究结果表明这些序列均为具有多次结构突变的趋势平稳过程。梁琪和滕建州（2006）采用 Lee 和 Strazicich（2003）的研究方法，检验了 10 个中国宏观经济和金融时间序列，结果表明其中有 6 个是具有结构突变的趋势平稳过程。栾惠德（2008）采用 Leybourne 等（1998）及 Sollis（2004）的研究方法对中国 22 个重要的宏观经济变量进行了单位根检验，结果表明多数宏观经济变量为具有平滑转移特征的趋势平稳过程。

　　本节应用本书第 4 章提出的单位根检验方法对中国 24 个重要的宏观经济变量进行检验，以此揭示中国宏观经济运行中的动态调整特征，同时，本研究对深入分析我国宏观经济波动的内在经济机理也具有重要且深远的意义。

5.2.2　单位根检验结果

本研究选择具有明显时间趋势特征的 24 个宏观经济序列，包括名义变量及指数形式的实际变量，数据均源自国家统计局编纂出版的《新中国 60 年统计资料汇编》，所有数据均取自然对数，表 5.8 给出了具体变量名称及其解释。

表 5.8　变量名称、标识与样本区间

变量标识	变量解释	样本区间	备注
GDP	对数形式的名义 GDP	1952—2008	按当年价格计算
GDPindex	对数形式的 GDP 指数	1952—2008	不变价格计算,1952 年 = 100
PGDP	对数形式的人均名义 GDP	1952—2008	按当年价格计算
PGDPindex	对数形式的人均 GDP 指数	1952—2008	不变价格计算,1952 年 = 100
FIRST	对数形式的第一产业总产值	1952—2008	按当年价格计算
FIRSTindex	对数形式的第一产业总产值指数	1952—2008	不变价格计算,1952 年 = 100
SECOND	对数形式的第二产业总产值	1952—2008	按当年价格计算
SECONDindex	对数形式的第二产业总产值指数	1952—2008	不变价格计算,1952 年 = 100
THIRD	对数形式的第三产业总产值	1952—2008	按当年价格计算
THIRDindex	对数形式的第三产业总产值指数	1952—2008	不变价格计算,1952 年 = 100
EXPORT	对数形式的出口贸易额	1950—2008	定基 CPI 指数平减
IMPORT	对数形式的进口贸易额	1950—2008	定基 CPI 指数平减
CAPITAL	对数形式的资本存量	1952—2008	定基 CPI 指数平减
GCONSUM	对数形式的实际政府消费	1952—2008	定基 CPI 指数平减
HCONSUM	对数形式的实际居民消费	1952—2008	定基 CPI 指数平减
HCONindex	对数形式的居民消费水平指数	1952—2008	不变价格计算,1952 年 = 100
FISCALin	对数形式的实际财政收入	1952—2008	定基 CPI 指数平减
FISCALexp	对数形式的实际财政支出	1952—2008	定基 CPI 指数平减
WAGE	对数形式的实际职工平均工资	1952—2008	定基 CPI 指数平减

续表

变量标识	变量解释	样本区间	备注
RETAIL	对数形式的社会消费品零售总额	1952—2008	定基 CPI 指数平减
CPI	对数形式的消费价格指数	1950—2008	定基指数，1950 年 = 100
RPI	对数形式的商品零售价格指数	1950—2008	定基指数，1950 年 = 100
DEPOSIT	对数形式的金融机构存款余额	1952—2008	名义变量，当年价格计算
LOAN	对数形式的金融机构贷款余额	1952—2008	名义变量，当年价格计算

根据本书第 4 章中的讨论，使用 W_{ut} 统计量检验上述 24 个时间序列中是否含有单位根，平滑转移变量分别选择 y_{t-d}、Δy_{t-d} 及确定性时间趋势变量 t。由于样本容量较小，所以 d 的最大值取 6，这对于确定最优平滑转移变量已经足够。检验回归式中的最大滞后阶数取 5，根据本书第 2 章的讨论，选择 ACC 准则来确定最优滞后阶数。如果 W_{ut} 统计量的检验结果被拒绝，序列不含有单位根，进而使用 T_{s2} 检验程序中 W_{rt} 统计量检验时间序列是否具有平滑转移特征，同样平滑转移变量分别选择 y_{t-d}、Δy_{t-d} 及确定性时间趋势变量 t，其中，d 的最大值取 6，采用 ACC 准则来确定最优滞后阶数，检验式中最大滞后阶数取 5。

根据本书第 2 章的介绍，最优平滑转移变量的选择由检验统计量所对应的最小 p 值确定。在不同平滑转移变量下，W_{ut} 统计量及 W_{rt} 统计量的分布不同，因而无法通过比较统计量值的方式来确定 p 值的大小关系。对此，采用 MacKinnon（1996）的方法，构建 p 值关于统计量值的响应面函数，以此来估计不同统计量值的 p 值，具体构建步骤如下：

（1）取样本容量为 60，通过 Monte Carlo 模拟 10 000 次，分别得到 W_{ut}（W_{rt}）统计量在 y_{t-d}、Δy_{t-d} 及 t 作为转移变量的分布。

（2）采用非参数方法获得在{0.000 1，0.000 2，…，0.999 9}共 9 999 个水平下 W_{ut}（W_{rt}）统计量所对应的分位数。

（3）通过观察检验水平与分位数值的散点图发现，两者呈现出 logistic 函数关系，因而采用 logistic 模型形式，检验水平对分位数值进行回归，采用 OLS 方法估计回归模型的参数，形成检验水平值关于统计量分位数值的函数，即得到 p

值关于统计量值的响应面函数。

按照这个构建步骤，我们得出 W_{ut} 统计量及 W_{rt} 统计量在不同转移变量下 p 值的响应面函数：

$$\ln\left(\frac{\hat{p}_{wut}}{1-\hat{p}_{wut}}\right) = -11.52 + 3.54q_y - 0.51q_y^2 + 0.04q_y^3 - 0.002q_y^4 +$$
$$5.58\times10^{-5}q_y^5 - 7.97\times10^{-7}q_y^6 + 4.61\times10^{-9}q_y^7 \qquad (5.17)$$
$$\overline{R}^2 = 0.999, \text{S.E} = 0.059$$

$$\ln\left(\frac{\hat{p}_{wut}}{1-\hat{p}_{wut}}\right) = -12.16 + 4.33q_{dy} - 0.72q_{dy}^2 + 0.70q_{dy}^3 - 0.004q_{dy}^4 +$$
$$0.000\,1q_{dy}^5 - 2.09\times10^{-6}q_{dy}^6 + 1.43\times10^{-8}q_{dy}^7 \qquad (5.18)$$
$$\overline{R}^2 = 0.999, \text{S.E} = 0.044$$

$$\ln\left(\frac{\hat{p}_{wut}}{1-\hat{p}_{wut}}\right) = -11.08 + 2.55q_t - 0.28q_t^2 + 0.02q_t^3 - 0.000\,7q_t^4 +$$
$$1.5\times10^{-5}q_t^5 - 1.7\times10^{-7}q_t^6 + 7.85\times10^{-10}q_t^7 \qquad (5.19)$$
$$\overline{R}^2 = 0.999, \text{S.E} = 0.044$$

式中，$\hat{p}_{wut}$ 表示 W_{ut} 统计量 p 值的估计值；q_y，q_{dy}，q_t 分别对应于转移变量为 y_{t-d}、Δy_{t-d} 及 t 下 W_{ut} 统计量的分位数；"E−0m"是科学记数法，表示 10^{-m}；S.E 表示估计的标准误差。所有估计参数的 t 统计量值都很大，对应的 p 值均小于 0.000 1，因此，在估计表达式中省略了 t 统计量值。

$$\ln\left(\frac{\hat{p}_{wrt}}{1-\hat{p}_{wrt}}\right) = -4.85 + 4.46qq_y - 1.84qq_y^2 + 0.44qq_y^3 - 0.06qq_y^4 +$$
$$0.005qq_y^5 - 0.000\,2qq_y^6 + 4.68\times10^{-6}qq_y^7 - 4.46\times10^{-8}qq_y^8 \qquad (5.20)$$
$$\overline{R}^2 = 0.992, \text{S.E} = 0.163$$

$$\ln\left(\frac{\hat{p}_{wrt}}{1-\hat{p}_{wrt}}\right) = -5.43 + 10.99qq_t - 11.52qq_t^2 + 7.18qq_t^3 -$$
$$2.68qq_t^4 + 0.63qq_t^5 - 0.097qq_t^6 + 0.009\,7qq_t^7 - \qquad (5.21)$$
$$0.000\,6qq_t^8 + 2.63\times10^{-5}qq_t^9 - 6.14\times10^{-7}qq_t^{10} + 6.21\times10^{-9}qq_t^{11}$$
$$\overline{R}^2 = 0.995, \text{S.E} = 0.131$$

式中，$\hat{p}_{wrt}$ 表示 W_{rt} 统计量 p 值的估计值；qq_y，qq_t 分别对应于转移变量为 y_{t-d}

及 t 下 W_{rt} 统计量的分位数；式（5.20）及式（5.21）中所有参数的 t 统计量都很大，对应的 p 值均小于 0.000 1。需要指出的是，在转移变量为 Δy_{t-d} 下，W_{rt} 统计量近似服从 χ^2 分布，所以可使用 $\chi^2(3)$ 分布计算 p 值，无须构建响应面函数。

W_{ut} 统计量的检验结果如表 5.9～表 5.14 所示，从表中的 p 值可以看出，在 5% 的显著性水平下，除了进口贸易额和出口贸易额不能拒绝单位根的原假设外，其他 22 个宏观经济变量均不含有单位根过程，从最小 p 值角度确定最优转移变量可知，在使用 W_{ut} 统计量进行单位根检验中，多数序列的最优转移变量为 y_{t-1} 或者确定性时间趋势 t。但值得注意的是，此处的最优转移变量并不等同于刻画序列动态特征的 STAR 模型的转移变量。

表 5.9 W_{ut} 统计量的单位根检验结果（1）

转移变量	GDP		GDPindex		PGDP		PGDPindex	
	K 值	p 值	K 值	p 值	K 值	p 值	K 值	p 值
y_{t-1}	2	0.000 5	1	0.003 9	2	0.000 4	1	0.003 0
y_{t-2}	1	0.001 4	1	0.004 3	1	0.006 3	1	0.004 9
y_{t-3}	2	0.004 3	1	0.003 2	2	0.010 5	1	0.014 0
y_{t-4}	1	0.080 4	1	0.004 6	1	0.082 0	1	0.016 6
y_{t-5}	1	0.076 6	1	0.007 7	1	0.054 0	1	0.022 2
y_{t-6}	1	0.259 6	1	0.006 7	1	0.655 6	1	0.033 8
Δy_{t-1}	1	0.357 7	1	0.573 6	1	0.255 8	1	0.571 6
Δy_{t-2}	1	0.382 3	1	0.212 0	1	0.337 3	1	0.222 6
Δy_{t-3}	1	0.447 3	1	0.013 4	1	0.429 5	1	0.014 0
Δy_{t-4}	1	0.308 6	1	0.336 0	1	0.342 2	3	0.168 9
Δy_{t-5}	1	0.367 7	1	0.368 2	1	0.230 1	1	0.515 9
Δy_{t-6}	2	0.017 6	2	0.014 7	2	0.015 9	3	0.003 0
t	1	0.078 8	1	0.009 5	2	0.040 7	2	0.004 8

注：K 值表示单位根检验式中差分变量滞后阶数，由 ACC 准则确定。

表 5.10　W_{ut} 统计量的单位根检验结果（2）

转移变量	FIRST		FIRSTindex		SECOND		SECONDindex	
	K 值	p 值	K 值	p 值	K 值	p 值	K 值	p 值
y_{t-1}	1	0.032 2	1	0.079 9	1	0.010 1	1	0.004 7
y_{t-2}	1	0.053 7	1	0.069 8	3	0.001 5	1	0.014 7
y_{t-3}	1	0.382 8	1	0.060 6	1	0.007 6	1	0.002 7
y_{t-4}	1	0.108 7	1	0.015 2	1	0.002 8	1	0.000 5
y_{t-5}	1	0.081 6	1	0.008 6	5	0	1	0.001 1
y_{t-6}	1	0.302 5	1	0.000 8	5	0	1	0
Δy_{t-1}	1	0.313 2	1	0.170 1	1	0.502 3	1	0.057 8
Δy_{t-2}	1	0.208 3	1	0.077 0	1	0.518 2	1	0.041 3
Δy_{t-3}	1	0.374 7	1	0.008 3	1	0.109 9	1	0.001 4
Δy_{t-4}	1	0.243 3	1	0.003 6	1	0.791 5	1	0.062 7
Δy_{t-5}	1	0.278 1	1	0.000 6	1	0.628 1	1	0.060 7
Δy_{t-6}	1	0.225 5	1	0	1	0.020 2	1	0
t	1	0.399 7	1	0.040 0	5	0	1	0.033 2

注：K 值表示单位根检验式中差分变量滞后阶数，由 ACC 准则确定。

表 5.11　W_{ut} 统计量的单位根检验结果（3）

转移变量	THIRD		THIRDindex		EXPORT		IMPORT	
	K 值	p 值	K 值	p 值	K 值	p 值	K 值	p 值
y_{t-1}	2	0.004 18	2	0.004 1	1	0.509 2	1	0.458 3
y_{t-2}	1	0.055 54	1	0.012 5	1	0.704 0	1	0.525 2
y_{t-3}	1	0.318 16	2	0.036 2	1	0.632 6	1	0.398 3
y_{t-4}	1	0.575 71	1	0.166 0	1	0.639 2	1	0.096 9
y_{t-5}	1	0.434 35	1	0.221 6	1	0.661 7	1	0.322 1
y_{t-6}	1	0.710 5	1	0.417 6	1	0.457 2	1	0.058 2
Δy_{t-1}	1	0.206 7	1	0.368 1	1	0.610 6	1	0.394 1
Δy_{t-2}	1	0.493 9	1	0.339 6	1	0.685 7	1	0.373 5

续表

转移变量	THIRD		THIRDindex		EXPORT		IMPORT	
	K 值	p 值	K 值	p 值	K 值	p 值	K 值	p 值
Δy_{t-3}	1	0.259 4	1	0.361 5	1	0.706 5	1	0.223 2
Δy_{t-4}	1	0.516 4	1	0.343 5	1	0.680 8	2	0.410 1
Δy_{t-5}	1	0.229 4	2	0.133 6	1	0.389 1	2	0.090 6
Δy_{t-6}	2	0.052 6	2	0.012 8	1	0.218 8	2	0.382 4
t	2	0.076 6	2	0.041 8	1	0.143 0	1	0.243 3

注：K 值表示单位根检验式中差分变量滞后阶数，由 ACC 准则确定。

表 5.12　W_{ut} 统计量的单位根检验结果（4）

转移变量	CAPITAL		GCONSUM		HCONSUM		HCONindex	
	K 值	p 值	K 值	p 值	K 值	p 值	K 值	p 值
y_{t-1}	1	0.000 5	1	0	2	0.009 7	1	0.033 7
y_{t-2}	1	0.000 5	1	0	1	0.087 9	1	0.180 3
y_{t-3}	1	0.000 5	2	0.006 5	1	0.054 4	1	0.243 8
y_{t-4}	1	0.000 6	4	0.001 8	1	0.037 9	1	0.135 2
y_{t-5}	1	0.000 8	1	0.001 1	1	0.096 0	1	0.093 3
y_{t-6}	1	0.000 9	1	0.009 0	1	0.102 0	1	0.056 1
Δy_{t-1}	1	0.002 2	4	0	1	0.415 9	1	0.300 9
Δy_{t-2}	1	0.000 4	4	0.000 8	1	0.681 7	1	0.592 0
Δy_{t-3}	1	0.001 9	1	0.131 8	1	0.174 0	1	0.043 3
Δy_{t-4}	1	0.002 1	2	0.017 1	1	0.049 6	1	0.001 8
Δy_{t-5}	1	0.001 8	2	0.181 8	1	0.094 6	1	0.030 1
Δy_{t-6}	1	0	4	0.000 6	1	0.062 8	1	0.033 9
t	1	0.001 6	1	0.001 0	2	0.026 5	2	0.020 7

注：K 值表示单位根检验式中差分变量滞后阶数，由 ACC 准则确定。

表 5.13 W_{ut} 统计量的单位根检验结果（5）

转移变量	FISCALin		FISCALexp		WAGE		RETAIL	
	K 值	p 值	K 值	p 值	K 值	p 值	K 值	p 值
y_{t-1}	1	0.003 3	1	0.001 3	1	0.052 9	1	0.050 5
y_{t-2}	1	0.016 6	1	0.003 4	1	0.101 3	1	0.117 1
y_{t-3}	1	0.014 3	1	0.006 1	5	0	1	0.275 8
y_{t-4}	1	0.029 3	1	0.014 2	5	0	1	0.306 1
y_{t-5}	1	0.048 4	1	0.034 0	1	0.001 2	1	0.219 2
y_{t-6}	1	0.108 7	1	0.058 1	1	0	1	0.316 5
Δy_{t-1}	1	0.090 0	1	0.046 6	5	0	1	0.387 0
Δy_{t-2}	2	0.474 4	1	0.336 2	1	0.178 7	1	0.706 8
Δy_{t-3}	1	0.856 7	1	0.566 9	1	0.058 9	1	0.819 1
Δy_{t-4}	1	0.719 7	1	0.477 0	1	0.005 2	1	0.456 4
Δy_{t-5}	1	0.282 6	1	0.340 3	1	0.003 6	1	0.473 8
Δy_{t-6}	1	0.014 7	1	0.053 7	1	0.028 1	1	0.010 9
t	1	0.034 8	1	0.021 9	1	0.003 5	1	0.286 4

注：K 值表示单位根检验式中差分变量滞后阶数，由 ACC 准则确定。

表 5.14 W_{ut} 统计量的单位根检验结果（6）

转移变量	CPI		RPI		DEPOSIT		LOAN	
	K 值	p 值	K 值	p 值	K 值	p 值	K 值	p 值
y_{t-1}	2	0.033 9	2	0.110 5	5	0	5	0
y_{t-2}	2	0.197 4	2	0.206 2	5	0	5	0
y_{t-3}	1	0.089 2	1	0.060 9	5	0	5	0
y_{t-4}	1	0.242 6	1	0.257 1	5	0	4	0.000 5
y_{t-5}	2	0.574 4	2	0.611 8	5	0.000 1	4	0.000 5
y_{t-6}	2	0.649 1	2	0.763 6	5	0.000 3	5	0.000 5
Δy_{t-1}	1	0.581 2	2	0.504 2	4	0.243 3	3	0.172 6
Δy_{t-2}	1	0.389 5	1	0.203 3	4	0.007 8	3	0.363 9

续表

转移变量	CPI		RPI		DEPOSIT		LOAN	
	K 值	p 值	K 值	p 值	K 值	p 值	K 值	p 值
Δy_{t-3}	2	0.697 3	2	0.724 5	1	0.023 3	1	0.838 1
Δy_{t-4}	2	0.565 7	2	0.747 2	4	0.334 0	5	0
Δy_{t-5}	1	0.760 1	1	0.619 5	5	0	1	0.705 8
Δy_{t-6}	1	0.731 9	1	0.680 2	2	0.010 6	1	0.000 6
t	2	0.581 2	2	0.623 3	5	0	5	0.000 4

注：K 值表示单位根检验式中差分变量滞后阶数，由 ACC 准则确定。

表 5.15～表 5.20 给出了 W_{rt} 统计量检验非线性平滑转移特征的结果，可以看出，24 个宏观经济序列均表现出较强的非线性平滑转移特征，多数序列的最优转移变量是确定时间趋势 t，这表明我国的大部分宏观经济序列以时间点为转折点，具有结构平滑渐变特征，这与栾惠德（2008）的研究结果类似。从表 5.17 可以看出，进口贸易额与出口贸易额序列在以 t 为平滑转移变量时，具有很强的非线性平滑转移特征，这与 W_{ut} 统计量的检验结果相矛盾。可见，我国进口贸易与出口贸易序列是否为含有单位根的随机趋势过程，仅凭这两个统计量的检验仍无法确定。

表 5.15　W_{rt} 统计量的非线性平滑检验结果（1）

转移变量	GDP		GDPindex		PGDP		PGDPindex	
	K 值	p 值	K 值	p 值	K 值	p 值	K 值	p 值
y_{t-1}	2	0.025 0	2	0.375 4	2	0.015 4	2	0.341 0
y_{t-2}	2	0.046 5	2	0.544 9	2	0.028 4	1	0.521 3
y_{t-3}	1	0.046 0	1	0.096 2	1	0.036 2	1	0.100 1
y_{t-4}	1	0.009 7	1	0.020 5	1	0.004 8	1	0.011 9
y_{t-5}	1	0.005 3	1	0.024 9	1	0.003 1	1	0.011 8
y_{t-6}	1	0.197 5	1	0.058 7	1	0.253 3	1	0.049 4
Δy_{t-1}	1	0.602 4	2	0.002 9	2	0.537 3	2	0.195 9

续表

转移变量	GDP		GDPindex		PGDP		PGDPindex	
	K 值	p 值	K 值	p 值	K 值	p 值	K 值	p 值
Δy_{t-2}	1	0.200 1	1	0.000 6	1	0.186 2	1	0.012 5
Δy_{t-3}	1	0.284 0	1	0	1	0.346 7	1	0.000 1
Δy_{t-4}	1	0.312 9	2	0.002 1	1	0.380 6	3	0.245 9
Δy_{t-5}	1	0.201 8	3	0.004 4	1	0.102 8	3	0.221 9
Δy_{t-6}	2	0.327 8	3	0.002 5	2	0.293 3	3	0.070 7
t	1	0.000 8	1	0	2	0.000 6	2	0

注：K 值表示单位根检验式中差分变量滞后阶数，由 ACC 准则确定。

表 5.16　W_{rt} 统计量的非线性平滑检验结果（2）

转移变量	FIRST		FIRSTindex		SECOND		SECONDindex	
	K 值	p 值	K 值	p 值	K 值	p 值	K 值	p 值
y_{t-1}	1	0.103 2	1	0.213 5	3	0.014 4	3	0.227 1
y_{t-2}	1	0.227 0	1	0.547 9	3	0.017 1	3	0.236 0
y_{t-3}	1	0.512 0	1	0.393 6	1	0.046 8	1	0.088 8
y_{t-4}	1	0.589 5	1	0.456 8	1	0.004 1	1	0.027 6
y_{t-5}	1	0.423 4	1	0.232 6	1	0.009 9	1	0.036 2
y_{t-6}	1	0.468 0	1	0.198 3	1	0.030 7	1	0.037 6
Δy_{t-1}	1	0.405 1	1	0.003 9	1	0.054 3	1	0.000 1
Δy_{t-2}	1	0.169 1	1	0.000 4	1	0.020 5	1	0
Δy_{t-3}	1	0.370 9	1	0.001 8	1	0.000 4	1	0
Δy_{t-4}	1	0.412 6	1	0.000 6	1	0.104 0	3	0.000 1
Δy_{t-5}	1	0.287 3	1	0.002 4	2	0.056 3	3	0.000 1
Δy_{t-6}	1	0.429 2	4	0.000 2	2	0.008 7	3	0
t	1	0.005 7	1	0	2	0	1	0.000 5

注：K 值表示单位根检验式中差分变量滞后阶数，由 ACC 准则确定。

表 5.17　W_{rt}统计量的非线性平滑检验结果（3）

转移变量	THIRD		THIRDindex		EXPORT		IMPORT	
	K 值	p 值	K 值	p 值	K 值	p 值	K 值	p 值
y_{t-1}	2	0.010 7	2	0.143 5	1	0.699 6	1	0.703 8
y_{t-2}	2	0.139 7	2	0.286 9	1	0.844 2	1	0.868 0
y_{t-3}	1	0.069 6	1	0.111 7	1	0.647 0	1	0.326 2
y_{t-4}	1	0.132 0	1	0.043 4	1	0.613 3	1	0.067 1
y_{t-5}	1	0.070 5	1	0.048 2	1	0.540 2	1	0.300 8
y_{t-6}	1	0.314 5	1	0.366 7	1	0.399 5	1	0.284 1
Δy_{t-1}	1	0.498 3	1	0.152 4	1	0.224 2	2	0.163 9
Δy_{t-2}	1	0.233 2	1	0.028 5	1	0.290 9	2	0.239 4
Δy_{t-3}	1	0.187 1	1	0.063 9	1	0.673 1	2	0.115 2
Δy_{t-4}	1	0.917 0	1	0.167 1	1	0.553 8	1	0.101 8
Δy_{t-5}	1	0.183 6	2	0.033 1	1	0.477 4	1	0.118 1
Δy_{t-6}	2	0.463 7	2	0.143 6	1	0.446 7	1	0.164 2
t	2	0	2	0	1	0.002 8	1	0.002 9

注：K 值表示单位根检验式中差分变量滞后阶数，由 ACC 准则确定。

表 5.18　W_{rt}统计量的非线性平滑检验结果（4）

转移变量	CAPITAL		GCONSUM		HCONSUM		HCONindex	
	K 值	p 值	K 值	p 值	K 值	p 值	K 值	p 值
y_{t-1}	2	0.391 6	2	0.329 8	1	0.702 1	1	0.555 5
y_{t-2}	2	0.360 7	2	0.056 3	1	0.820 6	1	0.949 5
y_{t-3}	1	0.024 5	4	0.004 1	1	0.984 2	1	0.978 4
y_{t-4}	1	0.012 2	4	0.010 3	1	0.877 9	1	0.430 0
y_{t-5}	1	0.011 9	1	0.002 0	1	0.331 9	1	0.080 4
y_{t-6}	2	0.253 9	1	0.065 1	1	0.215 7	1	0.044 9
Δy_{t-1}	2	0.002 1	4	0	1	0.857 9	1	0.839 7
Δy_{t-2}	1	0	1	0.000 7	1	0.931 0	1	0.879 4

续表

转移变量	CAPITAL		GCONSUM		HCONSUM		HCONindex	
	K 值	p 值	K 值	p 值	K 值	p 值	K 值	p 值
Δy_{t-3}	2	0.000 6	2	0.027 1	1	0.393 8	1	0.163 5
Δy_{t-4}	2	0.000 9	2	0.001 7	1	0.148 8	1	0.081 8
Δy_{t-5}	2	0.002 8	2	0.023 4	1	0.457 2	1	0.406 8
Δy_{t-6}	2	0.001 7	4	0.000 3	1	0.604 0	1	0.650 5
t	1	0	1	0	2	0	2	0

注：K 值表示单位根检验式中差分变量滞后阶数，由 ACC 准则确定。

表 5.19　W_{rt} 统计量的非线性平滑检验结果（5）

转移变量	FISCALin		FISCALexp		WAGE		RETAIL	
	K 值	p 值	K 值	p 值	K 值	p 值	K 值	p 值
y_{t-1}	2	0.086 7	2	0.002 1	1	0.253 6	1	0.418 3
y_{t-2}	2	0.095 7	2	0.002 1	1	0.535 6	1	0.420 3
y_{t-3}	1	0.022 5	1	0	1	0.446 3	1	0.321 3
y_{t-4}	1	0.022 8	1	0.000 1	1	0.448 1	1	0.301 3
y_{t-5}	1	0.028 7	1	0.000 1	1	0.123 0	1	0.183 9
y_{t-6}	1	0.048 2	1	0.000 4	1	0.005 3	1	0.159 1
Δy_{t-1}	1	0	1	0	1	0.590 1	1	0.014 7
Δy_{t-2}	1	0	1	0	1	0.614 8	1	0.013 5
Δy_{t-3}	2	0	2	0	1	0.061 6	1	0.027 2
Δy_{t-4}	2	0	2	0	1	0.368 4	1	0.019 2
Δy_{t-5}	2	0	2	0	2	0.005 8	1	0.007 6
Δy_{t-6}	2	0	2	0	1	0.088 8	2	0.020 7
t	1	0	1	0	1	0	1	0.001 7

注：K 值表示单位根检验式中差分变量滞后阶数，由 ACC 准则确定。

表 5.20　　W_{τ} 统计量的非线性平滑检验结果（6）

转移变量	CPI		RPI		DEPOSIT		LOAN	
	K 值	p 值	K 值	p 值	K 值	p 值	K 值	p 值
y_{t-1}	2	0.006 4	2	0.023 7	4	0	3	0
y_{t-2}	2	0.028 1	2	0.029 6	3	0.004 6	3	0.002 0
y_{t-3}	1	0.019 3	1	0.012 8	4	0.008 9	3	0.000 6
y_{t-4}	1	0.037 7	2	0.059 9	1	0.000 3	1	0.014 9
y_{t-5}	2	0.161 7	2	0.252 4	4	0.031 1	1	0.095 1
y_{t-6}	2	0.108 4	2	0.255 1	4	0.041 5	1	0.392 4
Δy_{t-1}	2	0.166 8	2	0.069 3	4	0.003 3	3	0.005 1
Δy_{t-2}	1	0.056 4	1	0.012 6	4	0	3	0.045 7
Δy_{t-3}	2	0.413 0	2	0.529 8	1	0	1	0.400 2
Δy_{t-4}	2	0.449 9	2	0.458 3	3	0.003 3	5	0
Δy_{t-5}	1	0.812 3	1	0.590 7	4	0	1	0.261 2
Δy_{t-6}	1	0.797 6	2	0.678 3	2	0.135 8	1	0.334 4
t	2	0.006 2	2	0.010 2	5	0	4	0

注：K 值表示单位根检验式中差分变量滞后阶数，由 ACC 准则确定。

5.2.3　小结与政策思考

采用本书第 4 章提出的单位根检验方法，本节研究了我国 24 个重要宏观经济变量的时间趋势属性。检验结果表明，除了进口贸易额及出口贸易额外，其他 22 个宏观经济变量均不含有单位根，其时间趋势表现为具有结构平滑转移特征的趋势平稳过程。这一结果为分析我国宏观经济周期波动提供了新的经验依据，对于科学制定我国宏观经济运行的长期发展战略及短期宏观经济调控政策也具有重要的启示。

第一，我国主要宏观经济变量表现出平稳的结构平滑转移特征，符合我国经济发展的现实。正如 Li（2000），梁琪和滕建州（2006）所指出的，如果宏观经济序列表现为含有单位根的随机趋势特性，那么任何随机冲击对宏观经济的影响均具有持久性，这意味着，政府所主导的改革政策将会因随机冲击的抵消而变得毫无意义。因此，本书的研究结果表明，我国经济发展所实行的渐进式改革策略能够从根本上改变经济结构，使我国经济能够从一个稳态增长路径平滑转移到另一个稳态增长路径，并取得相对较长的政策效果。

第二，我国主要宏观经济序列表现出确定性趋势平稳特性，这意味着，随机冲击对我国经济波动的影响不具有持久性，因而导致我国经济波动的根源可能仍然是凯恩斯理论所主张的需求冲击。所以，在短期内，科学分析经济波动的冲击源，合理运用货币政策和财政政策仍然是熨平经济波动的主要手段。

第三，本研究表明，多数宏观经济变量是趋势平稳过程，这意味着，现代时间序列理论中一些原有议题可能面临着重新审视的挑战，一些基于单位根过程及协整关系的经验分析可能也会得出错误的结论；同时，本研究提出一个新的课题，即具有非线性结构变化的趋势平稳过程之间是否存在类似于"协整"的长期稳定关系，如果存在，如何检验？这些有待于在以后的研究中做更为深入的分析。

第6章
总结与展望

6.1 本书总结

STAR 模型是近年来计量经济学领域的前沿研究议题。本书在笔者博士学位论文的基础上修订而成，以 STAR 模型理论研究为核心，重点研究了局部平稳性未知条件下 STAR 模型的设定问题，以及 STAR 模型框架下的单位根检验方法。在理论研究方面，本书的主要贡献在于：模拟分析了 STAR 模型样本矩的统计特性，模拟分析了六种信息准则在确定 STAR 模型最大滞后阶数中的适用性及稳健性；讨论了三种局部非平稳 STAR 模型的设定问题，分别构建了三种情况下的检验统计量，推导出了这些统计量的极限分布，分析了其有限样本下的统计特性；讨论了在局部平稳性未知条件下的模型设定问题；提出了新的基于 STAR 框架的单位根检验方法，并构造了两个序贯检验程序，用于区分数据是线性 $I(0)$ 过程还是 STAR 类 $I(0)$ 过程。在应用研究方面，本书的主要贡献在于：采用多区制 STAR 模型研究了我国通胀率的周期波动问题，划分了我国通胀率周期波动的四个阶段，分析了周期波动典型路径及其非线性动态调整特征；采用 STAR 框架下的单位根检验方法，分析了我国 24 个重要宏观经济序列的时间趋势属性，为研究我国经济周期波动提供了新的经验证据。本书的主要结论总结如下：

（1）当实际数据生成过程是短 STAR 模型时，ACC 准则能以较高的正确率识别实际最大滞后阶数，并且其对不同平滑转移系数及不同门限值具有较好的稳健性；当实际数据生成过程是较长的 STAR 模型时，SC 准则及 ACC 准则能以更高的正确率确定最大滞后阶数，同时对不同的平滑转移系数及不同的门限值具有较好的稳健性。如果数据的类型是年度数据或季度数据，可选用 ACC 准则确定最大滞后阶数；如果数据是月度数据，可使用 SC 准则或 ACC 准则确定最大滞后阶数。

（2）当 STAR 模型的局部区制是随机游走过程时，线性性检验原假设下的数据生成过程不再平稳，因而在此基础上构建的 W_{nd}（AW_{nd}）统计量不再服从 χ^2 分布，其极限分布是维纳过程的泛函，其有限样本下的分布要比 χ^2 分布尾部更厚；当 STAR 模型的局部区制是随机趋势过程时，线性性检验原假设下的数据生成过程是随机趋势过程，在此基础上构建的 W_d（AW_d）及 W_1（AW_1）统计量仍然服从 χ^2 分布，但其有限样本下的分布要比 χ^2 分布尾部更厚，只有当样本容量超过 2 000 时或者随机趋势的斜率较大时，其有限样本下的分布才近似为 χ^2 分布；对于含有确定性时间趋势项的 STAR 模型，在 Teräsvirta（1994）线性性检验方法基础上构建的 W_2 统计量，其极限分布退化，因此无法用此方法对含有确定性时间趋势的 STAR 模型进行线性性检验，本书构建了对数据退势后再进行线性性检验的统计量 W_t（AW_t），其极限分布及有限样本下的分布均为 χ^2 分布。

（3）在实际应用中，由于局部区制平稳性是未知的，本书构建了两类稳健统计量用于线性性检验，即无明显时间趋势的稳健统计量 W_m（AW_m）及有明显时间趋势的稳健统计量 W_{rt}（AW_{rt}），检验功效及检验水平分析表明，这两类统计量具有良好的检验水平及较高的检验功效。因此，在应用中，对于无明显时间趋势的数据可用稳健统计量 W_m（AW_m），对于有明显时间趋势的数据可用稳健统计量 W_{rt}（AW_{rt}），而无须考虑数据生成过程中局部平稳性问题。

（4）在局部区制平稳性未知的情况下，对于平滑转移变量的选择，Teräsvirta（1994）的策略仍然具有较高的适用性，但需要将检验统计量换成稳健统计量 W_m 或者 W_{rt}，相比较而言，对于无明显时间趋势数据，使用 W_m 统计量能够很好地识别真实的平滑转移变量，但对于有明显时间趋势的数据，W_{rt} 统计量在有些数据生成中以及小样本下，其正确识别的频率不高。因此，对待具有时间趋势数据的转移变量的选择问题仍需格外谨慎。

（5）采用本书构建的稳健统计量及 Teräsvirta（1994）的策略，仍然可以较高的频率正确选择 STAR 模型的类型，对于无明显时间趋势的数据，该选择策略对 ESTAR 模型更敏感，正确选择 ESTAR 模型的频率更高，而对有明显时间趋势的数据，该策略对 LSTAR 模型更为敏感。

（6）本书提出的 W_{uc} 及 W_{ut} 统计量具有良好的检验水平及较高的检验功效；在多数情况下，本书提出的 T_{s1} 检验程序与 T_{s2} 检验程序能有效地区分数据是线性单位根过程还是 $I(0)$ 过程。

（7）我国通胀率的非线性动态调整机制可由一个四区制的 LSTAR 模型刻画，通胀率不同区制的划分不仅依赖于通胀率的水平值，同时也依赖于通胀率的增加量；从 1990 年到 2009 年 3 月，我国通胀率经历了四轮完整的周期波动，最长周期跨度为 108 个月，在波动周期内，通胀率区制的典型转移路径为：通货紧缩→温和通胀→严重通胀→温和通胀→通货紧缩；当通胀率处于通货紧缩和通缩恢复区制时，具有较高的持续性，只有很强的正向冲击时，通胀率才能从这两个区制中转移出去；当通胀率处于严重通货膨胀区制时，系统具有爆炸性动态模式，极不稳定，通胀率会迅速从严重通胀区制转移出去，即严重通货膨胀持续的时间很短，相比之下，温和通货膨胀要稳定得多，具有很高的持续性，只有很强的负向外部冲击才能使通胀率从这个区制转移出去；广义脉冲响应分析表明，冲击对通胀率系统不具有持久性影响，正向冲击与负向冲击的影响具有非对称性特征；调控通货紧缩与调控温和通胀的政策发挥效力的最长时间均为 24 个月，而调控严重通胀的政策发挥效力的最长时间为 12 个月。

（8）我国 24 个重要宏观经济变量中除了进口贸易额及出口贸易额外，其他 22 个宏观经济变量均不含有单位根，其时间趋势表现为具有结构平滑转移特征的趋势平稳过程；这意味着，随机冲击对我国经济波动的影响不具有持久性，因而，实际经济周期理论所主张的"经济波动主要源于实际冲击"的观点可能并不适用于解释我国经济波动，导致我国经济波动的根源可能仍然是凯恩斯理论所主张的需求冲击，所以在短期内科学分析经济波动的冲击源，合理运用货币政策和财政政策仍然是熨平经济波动的主要手段。

■ 6.2　未来研究展望

绪论部分总结了 STAR 模型的五个研究方向，本书重点研究了其中的三个议题，即 STAR 模型的应用、局部单位根条件下的模型设定以及 STAR 框架下的单位根检验问题。尽管本书取得了一些研究成果，但仍存在以下不足：

第一，仅在单变量 STAR 模型下进行研究，而未涉及向量 STAR 模型或阈值协整方面的研究。

第二，仅在均值方程下开展研究，假定不存在自回归条件异方差情况，因而没有涉及二阶矩非线性的建模问题。

第三，尽管提出了局部单位根的概念，但如何检验局部单位根是否存在，本书并未涉及。

第四，从理论上指出存在非线性单位根过程的可能性，但如何检验本书并未涉及。

STAR 模型理论与应用研究是一项系统工程，除了本书绪论部分提到的五个研究方向外，随着该领域研究的持续纵深发展，必然有新的研究方向涌现出来，可以想到的如面板数据 STAR 模型方面的研究、分位数 STAR 模型的研究、分整 STAR 模型的研究等。因此，在后续的研究中，除了进一步解决和完善本书的研究不足外，密切关注 STAR 模型领域的最新研究动态也是笔者一项长期的计划任务。具体来讲，本书后续的研究计划主要包括以下几点：

第一，在向量 STAR 模型下，探索非线性 Granger 因果检验方法及其有效性；讨论 STAR 序列间是否存在虚假回归及虚假 Granger 因果关系的可能性。

第二，讨论存在 GARCH 效应情形下，STAR 框架下的单位根检验问题。

第三，讨论 STAR 框架下，局部单位根的检验问题。

附录 A

1. 定理 3.1 的证明

在假定 3.1，式（3.23）及原假设 $H_0: \beta_2 = \beta_3 = \beta_4 = 0$ 下，令：
$\boldsymbol{\beta} = (\beta_0 \ \beta_1 \ \beta_2 \ \beta_3 \ \beta_4)'$，

$$\boldsymbol{R} = \begin{bmatrix} 0 & 0 & 1 & 0 & 0 \\ 0 & 0 & 0 & 1 & 0 \\ 0 & 0 & 0 & 0 & 1 \end{bmatrix}, \quad \boldsymbol{X'X} = \begin{bmatrix} T & \sum y_{t-1} & \sum y_{t-1}^2 & \sum y_{t-1}^3 & \sum y_{t-1}^4 \\ \sum y_{t-1} & \sum y_{t-1}^2 & \sum y_{t-1}^3 & \sum y_{t-1}^4 & \sum y_{t-1}^5 \\ \sum y_{t-1}^2 & \sum y_{t-1}^3 & \sum y_{t-1}^4 & \sum y_{t-1}^5 & \sum y_{t-1}^6 \\ \sum y_{t-1}^3 & \sum y_{t-1}^4 & \sum y_{t-1}^5 & \sum y_{t-1}^6 & \sum y_{t-1}^7 \\ \sum y_{t-1}^4 & \sum y_{t-1}^5 & \sum y_{t-1}^6 & \sum y_{t-1}^7 & \sum y_{t-1}^8 \end{bmatrix}, \text{ 以及}$$

$$\boldsymbol{X'\varepsilon_t} = \left[\sum \varepsilon_t \quad \sum y_{t-1}\varepsilon_t \quad \sum y_{t-1}^2\varepsilon_t \quad \sum y_{t-1}^3\varepsilon_t \quad \sum y_{t-1}^4\varepsilon_t \right]'.$$

根据 Hamilton（1994）第 17 章的内容，很容易推出

$$
\begin{aligned}
&T^{-1/2}\sum\varepsilon_t \Rightarrow \sigma W(1), \quad T^{-1}\sum y_{t-1}\varepsilon_t \Rightarrow \frac{1}{2}\sigma^2[W(1)^2 - 1] \\
&T^{-3/2}\sum y_{t-1}^2\varepsilon_t \Rightarrow \frac{1}{3}\sigma^3\left[W(1)^3 - \int_0^1 W(r)\,\mathrm{d}r\right] \\
&T^{-2}\sum y_{t-1}^3\varepsilon_t \Rightarrow \sigma^4\left[\frac{1}{4}W(1)^4 - \frac{3}{2}\int_0^1 W(r)^2\mathrm{d}r\right] \\
&T^{-5/2}\sum y_{t-1}^4\varepsilon_t \Rightarrow \sigma^5\left[\frac{1}{5}W(1)^5 - 2\int_0^1 W(r)^3\mathrm{d}r\right]
\end{aligned}
\tag{A.1}
$$

$$T^{-2}\sum y_{t-1}^2 \Rightarrow \sigma^2 \int_0^1 W(r)^2 \mathrm{d}r, \quad T^{-5/2}\sum y_{t-1}^3 \Rightarrow \sigma^3 \int_0^1 W(r)^3 \mathrm{d}r$$

$$T^{-3}\sum y_{t-1}^4 \Rightarrow \sigma^4 \int_0^1 W(r)^4 \mathrm{d}r, \quad T^{-7/2}\sum y_{t-1}^5 \Rightarrow \sigma^5 \int_0^1 W(r)^5 \mathrm{d}r \qquad (A.2)$$

$$T^{-4}\sum y_{t-1}^6 \Rightarrow \sigma^6 \int_0^1 W(r)^6 \mathrm{d}r, \quad T^{-9/2}\sum y_{t-1}^7 \Rightarrow \sigma^7 \int_0^1 W(r)^7 \mathrm{d}r$$

$$T^{-5}\sum y_{t-1}^8 \Rightarrow \sigma^8 \int_0^1 W(r)^8 \mathrm{d}r$$

构造规模矩阵：$\boldsymbol{\Upsilon}_{1T} = \mathrm{diag}(T^{1/2},\ \sigma T,\ \sigma^2 T^{3/2},\ \sigma^3 T^2,\ \sigma^4 T^{5/2})$，$\tilde{\boldsymbol{\Upsilon}}_{1T} = \mathrm{diag}(\sigma^2 T^{3/2},\ \sigma^3 T^2,\ \sigma^4 T^{5/2})$，并且有 $\tilde{\boldsymbol{\Upsilon}}_{1T}\boldsymbol{R} = \boldsymbol{R}\boldsymbol{\Upsilon}_{1T}$。根据式（A.1）及式（A.2）有 $[\boldsymbol{\Upsilon}_{1T}^{-1}(\boldsymbol{X}'\boldsymbol{X})\boldsymbol{\Upsilon}_{1T}^{-1}]^{-1} \Rightarrow \boldsymbol{Q}_{\mathrm{nd}}^{-1}[W(r)]$，$\boldsymbol{\Upsilon}_{1T}^{-1}(\boldsymbol{X}'\varepsilon_t) \Rightarrow \boldsymbol{h}_{\mathrm{nd}}[W(r)]\sigma$，所以，$\boldsymbol{\Upsilon}_{1T}(\boldsymbol{b}_T - \boldsymbol{\beta}) \Rightarrow \boldsymbol{Q}_{\mathrm{nd}}^{-1}[W(r)]\boldsymbol{h}_{\mathrm{nd}}[W(r)]\sigma$。$\boldsymbol{Q}_{\mathrm{nd}}^{-1}[W(r)], \boldsymbol{h}[W(r)]\sigma$ 表示维纳过程的函数，我们可以简记为 $\boldsymbol{Q}_{\mathrm{nd}}^{-1}, \boldsymbol{h}_{\mathrm{nd}}$，则 W_{nd} 的极限分布为

$$\begin{aligned} W_{\mathrm{nd}} &= (\boldsymbol{b}_T - \boldsymbol{\beta})'\boldsymbol{R}'[\boldsymbol{R}s_T^2(\boldsymbol{X}'\boldsymbol{X})^{-1}\boldsymbol{R}']^{-1}\boldsymbol{R}(\boldsymbol{b}_T - \boldsymbol{\beta}) \\ &= (\boldsymbol{b}_T - \boldsymbol{\beta})'\boldsymbol{R}'\tilde{\boldsymbol{\Upsilon}}_{1T}[\tilde{\boldsymbol{\Upsilon}}_{1T}\boldsymbol{R}s_T^2(\boldsymbol{X}'\boldsymbol{X})^{-1}\boldsymbol{R}'\tilde{\boldsymbol{\Upsilon}}_{1T}]^{-1}\tilde{\boldsymbol{\Upsilon}}_{1T}\boldsymbol{R}(\boldsymbol{b}_T - \boldsymbol{\beta}) \\ &= (\boldsymbol{b}_T - \boldsymbol{\beta})'(\boldsymbol{R}\boldsymbol{\Upsilon}_{1T})'[\boldsymbol{R}\boldsymbol{\Upsilon}_{1T}s_T^2(\boldsymbol{X}'\boldsymbol{X})^{-1}\boldsymbol{\Upsilon}_{1T}\boldsymbol{R}']^{-1}\boldsymbol{R}\boldsymbol{\Upsilon}_{1T}(\boldsymbol{b}_T - \boldsymbol{\beta}) \\ &\Rightarrow (\boldsymbol{R}\boldsymbol{Q}_{\mathrm{nd}}^{-1}\boldsymbol{h}_{\mathrm{nd}})'(\boldsymbol{R}\boldsymbol{Q}_{\mathrm{nd}}^{-1}\boldsymbol{R}')^{-1}(\boldsymbol{R}\boldsymbol{Q}_{\mathrm{nd}}^{-1}\boldsymbol{h}_{\mathrm{nd}}) \end{aligned} \qquad (A.3)$$

式中，$\boldsymbol{Q}_{\mathrm{nd}}$ 中的第一个元素为 1，其他元素依次为式（A.2）中所对应的各极限分布，$\boldsymbol{h}_{\mathrm{nd}}$ 中的元素依次为式（A.1）中不含有 σ 的极限分布。

在备择假设下，即 $\boldsymbol{R}\boldsymbol{\beta} \neq 0$，不失一般性，我们令 $\boldsymbol{R}\boldsymbol{\beta} = \boldsymbol{q}, \boldsymbol{q} \neq 0$，则有 $\boldsymbol{R}\boldsymbol{\beta} - \boldsymbol{q} = 0$，并且 y_{t-1} 的生成过程不再是单位根过程，而是非线性平稳过程，因此，规模矩阵应为 $\sqrt{T}\boldsymbol{I}$，此时式（A.3）变为

$$\begin{aligned} W_{\mathrm{nd}} &= (\boldsymbol{b}_T - \boldsymbol{\beta} + \boldsymbol{q})'\boldsymbol{R}'[\boldsymbol{R}s_T^2(\boldsymbol{X}'\boldsymbol{X})^{-1}\boldsymbol{R}']^{-1}\boldsymbol{R}(\boldsymbol{b}_T - \boldsymbol{\beta} + \boldsymbol{q}) \\ &= (\boldsymbol{b}_T - \boldsymbol{\beta} + \boldsymbol{q})'\boldsymbol{R}'[\boldsymbol{R}s_T^2(\boldsymbol{X}'\boldsymbol{X})^{-1}\boldsymbol{R}']^{-1}\boldsymbol{R}(\boldsymbol{b}_T - \boldsymbol{\beta} + \boldsymbol{q}) \\ &= (\boldsymbol{b}_T - \boldsymbol{\beta} + \boldsymbol{q})'(\boldsymbol{R}\sqrt{T})'[\boldsymbol{R}\sqrt{T}s_T^2(\boldsymbol{X}'\boldsymbol{X})^{-1}\sqrt{T}\boldsymbol{R}']^{-1}\boldsymbol{R}\sqrt{T}(\boldsymbol{b}_T - \boldsymbol{\beta} + \boldsymbol{q}) \\ &\Rightarrow O_p(1) + T\boldsymbol{q}'\boldsymbol{R}'[\boldsymbol{R}(\sigma^2\boldsymbol{Q})\boldsymbol{R}']^{-1}\boldsymbol{R}\boldsymbol{q} \end{aligned} \qquad (A.4)$$

式中，$\boldsymbol{Q}$ 中的第一个元素为 1，其他元素为 y_{t-1} 的 1～8 阶矩。由式（A.4）可见，在备择假设下，W_{nd} 的极限分布以速度 T 发散，所以 W_{nd} 统计量为一致检验统计量。

2. 定理 3.2 的证明

假定检验回归式为：$y_t = \sum_{j=1}^{p-1}\Delta y_{t-j} + \beta_0 + \beta_1 y_{t-1} + \beta_2 y_{t-1}^2 + \beta_3 y_{t-1}^3 + \beta_4 y_{t-1}^4 + \varepsilon_t^*$，

设规模矩阵为：$\boldsymbol{\Upsilon}_{2T} = \text{diag}(T^{1/2}, T^{1/2}, \cdots, T^{1/2}, T^{1/2}, \lambda\,T\,, \lambda^2 T^{3/2}, \lambda^3 T^2, \lambda^4 T^{5/2})$，

$\tilde{\boldsymbol{\Upsilon}}_{2T} = \text{diag}(\lambda^2 T^{3/2}, \lambda^3 T^2, \lambda^4 T^{5/2})$，则有

$$T^{-2}\sum y_{t-1}^2 \Rightarrow \lambda^2 \int_0^1 W(r)^2 \mathrm{d}r, \quad T^{-5/2}\sum y_{t-1}^3 \Rightarrow \lambda^3 \int_0^1 W(r)^3 \mathrm{d}r, \quad T^{-3}\sum y_{t-1}^4 \Rightarrow \lambda^4 \int_0^1 W(r)^4 \mathrm{d}r$$

$$T^{-7/2}\sum y_{t-1}^5 \Rightarrow \lambda^5 \int_0^1 W(r)^5 \mathrm{d}r, \quad T^{-4}\sum y_{t-1}^6 \Rightarrow \lambda^6 \int_0^1 W(r)^6 \mathrm{d}r, \quad T^{-9/2}\sum y_{t-1}^7 \Rightarrow \lambda^7 \int_0^1 W(r)^7 \mathrm{d}r$$

$$T^{-5}\sum y_{t-1}^8 \Rightarrow \lambda^8 \int_0^1 W(r)^8 \mathrm{d}r$$

$$\text{（A.5）}$$

$$T^{-3/2}\sum u_{t-1}y_{t-1} \xrightarrow{p} 0, \quad T^{-2}\sum u_{t-1}y_{t-1}^2 \xrightarrow{p} 0, \quad T^{-5/2}\sum u_{t-1}y_{t-1}^3 \xrightarrow{p} 0$$

$$T^{-3}\sum u_{t-1}y_{t-1}^4 \xrightarrow{p} 0, \quad T^{-7/2}\sum u_{t-1}y_{t-1}^5 \xrightarrow{p} 0, \quad T^{-4}\sum u_{t-1}y_{t-1}^6 \xrightarrow{p} 0$$

$$\text{（A.6）}$$

$$T^{-1}\sum u_{t-i}u_{t-j} \xrightarrow{p} \gamma_{|i-j|}, \quad T^{-1}\sum u_{t-j} \xrightarrow{p} E(u_{t-j}) = 0 \qquad \text{（A.7）}$$

为方便起见，在不至于混淆的情况下，用 $\boldsymbol{X}$ 表示各种情况下的自变量矩阵，因此，定理 3.2 中的 $\boldsymbol{X'X}$ 不同于定理 3.1 中的，其表述形式为

$$\boldsymbol{X'X} = \begin{bmatrix} \sum u_{t-1}^2 & \sum u_{t-1}u_{t-2} & \cdots \sum u_{t-1}u_{t-p+1} & \sum u_{t-1} & \sum u_{t-1}y_{t-1} & \cdots \sum u_{t-1}y_{t-1}^4 \\ \sum u_{t-2}u_{t-1} & \sum u_{t-2}^2 & \cdots \sum u_{t-2}u_{t-p+1} & \sum u_{t-2} & \sum u_{t-2}y_{t-1} & \cdots \sum u_{t-2}y_{t-1}^4 \\ \vdots & \vdots & \cdots & \vdots & \vdots & \cdots & \vdots \\ \sum u_{t-p+1}u_{t-1} & \sum u_{t-p+1}u_{t-2} & \cdots \sum u_{t-p+1}^2 & \sum u_{t-p+1} & \sum u_{t-p+1}y_{t-1} & \cdots \sum u_{t-p+1}y_{t-1}^4 \\ \sum u_{t-1} & \sum u_{t-2} & \cdots \sum u_{t-p+1} & T & \sum y_{t-1} & \cdots \sum y_{t-1}^4 \\ \sum u_{t-1}y_{t-1} & \sum u_{t-2}y_{t-1} & \cdots \sum u_{t-p+1}y_{t-1} & \sum y_{t-1} & \sum y_{t-2}^2 & \cdots \sum y_{t-1}^5 \\ \vdots & \vdots & \cdots & \vdots & \vdots & \cdots & \vdots \\ \sum u_{t-1}y_{t-1}^4 & \sum u_{t-2}y_{t-1}^4 & \cdots \sum u_{t-p+1}y_{t-1}^4 & \sum y_{t-1}^4 & \sum y_{t-1}^5 & \cdots \sum y_{t-1}^8 \end{bmatrix}$$

$$\text{（A.8）}$$

因此有下式成立：

$$[\boldsymbol{\Upsilon}_{2T}^{-1}(\boldsymbol{X'X})\boldsymbol{\Upsilon}_{2T}^{-1}]^{-1} \Rightarrow \begin{bmatrix} \boldsymbol{V} & \boldsymbol{0} \\ \boldsymbol{0} & \boldsymbol{Q}_{\text{nd}} \end{bmatrix}^{-1}, \quad \boldsymbol{\Upsilon}_{2T}^{-1}(\boldsymbol{X'}\varepsilon_t) \Rightarrow \begin{bmatrix} \boldsymbol{h}_1 \\ \boldsymbol{h}_{\text{nd}} \end{bmatrix} 。$$

式中，

$$V = \begin{bmatrix} r_0 & r_1 & \cdots r_{p-2} \\ r_1 & r_0 & \cdots r_{p-3} \\ \vdots & \vdots & \cdots & \vdots \\ r_{p-2} & r_{p-3} & \cdots r_0 \end{bmatrix}, \quad h_1 \sim N(0, \sigma^2 V)，\quad Q_{nd} \text{ 及 } h_{nd} \text{ 的表达式与定理 3.1 中的}$$

相同，则 $\Upsilon_{2T}(b_T - \beta) \Rightarrow \begin{bmatrix} V & 0 \\ 0 & Q_{nd} \end{bmatrix}^{-1} \begin{bmatrix} h_1 \\ h_{nd} \end{bmatrix} = \begin{bmatrix} V^{-1}h_1 \\ Q_{nd}^{-1}h_{nd} \end{bmatrix}$

定义矩阵 $R_1 = \begin{bmatrix} 0 & R \\ {}_{[3 \times (p-1)]} & {}_{(3 \times 5)} \end{bmatrix}$，则有

$$R_1 \Upsilon_{2T}(b_T - \beta) \Rightarrow R_1 \begin{bmatrix} V & 0 \\ 0 & Q_{nd} \end{bmatrix}^{-1} \begin{bmatrix} h_1 \\ \sigma h_{nd} \end{bmatrix} = \sigma R Q_{nd}^{-1} h_{nd} \tag{A.9}$$

$$[R_1 \Upsilon_{2T} s_T^2 (X'X)^{-1} \Upsilon_{2T} R_1']^{-1} \Rightarrow (\sigma^2 R Q_{nd}^{-1} R')^{-1} \tag{A.10}$$

$$\begin{aligned} W_{nd} &= (b_T - \beta)' R_1'[R_1 s_T^2 (X'X)^{-1} R_1']^{-1} R_1(b_T - \beta) \\ &= (b_T - \beta)' R_1' \tilde{\Upsilon}_{2T} [\tilde{\Upsilon}_{2T} R_1 s_T^2 (X'X)^{-1} R_1' \tilde{\Upsilon}_{2T}]^{-1} \tilde{\Upsilon}_{2T} R_1(b_T - \beta) \\ &= (b_T - \beta)'(R_1 \Upsilon_{2T})'[R_1 \Upsilon_{2T} s_T^2 (X'X)^{-1} \Upsilon_{2T} R_1']^{-1} R_1 \Upsilon_{2T}(b_T - \beta) \\ &\Rightarrow [\sigma R Q_{nd}^{-1} h_{nd}]'(R\sigma^2 Q_{nd}^{-1} R')^{-1}(\sigma R Q_{nd}^{-1} h_{nd}) \\ &= [R Q_{nd}^{-1} h_{nd}]'(R Q_{nd}^{-1} R')^{-1}(R Q_{nd}^{-1} h_{nd}) \end{aligned} \tag{A.11}$$

可见式（A.11）与式（A.3）的表达式相同。类似于式（A.4）的证明方法，很容易证明在备择假设下，W_{nd} 统计量为一致检验统计量。

3. 定理 3.3 的证明

根据假定 3.3，原假设是含有一个单位根的 p 阶 0 均值自回归过程，假定真实的数据生成过程为：$(1 - \phi_1 L - \phi_2 L^2 - \cdots - \phi_p L^p)y_t = \varepsilon_t$。将其变为

$$[(1 - \rho) - (1 - \varsigma_1 L - \varsigma_2 L^2 - \cdots - \varsigma_{p-1} L^{p-1})(1-L)]y_t = \varepsilon_t \tag{A.12}$$

式中，$\rho \equiv \phi_1 + \phi_2 + \cdots + \phi_p$，$\varsigma_j \equiv -(\phi_{j+1} + \phi_{j+2} + \cdots + \phi_p), j = 1, 2, \cdots, p-1$。假设式（A.12）仅含有一个单位根，即 $(1 - \phi_1 z - \phi_2 z^2 - \cdots - \phi_p z^p) = (1 - \varsigma_1 z - \varsigma_2 z^2 - \cdots - \varsigma_{p-1} z^{p-1}) \cdot (1-z)$，$z = 1$ 而 $1 - \varsigma_1 z - \varsigma_2 z^2 - \cdots - \varsigma_{p-1} z^{p-1} = 0$ 的根均在单位圆之外。因此，在原假设 $\rho = 1$ 下，式（A.12）变为：$(1 - \varsigma_1 L - \varsigma_2 L^2 - \cdots - \varsigma_{p-1} L^{p-1})\Delta y_t = \varepsilon_t$，$\Delta y_t = u_t$，$u_t =$

$(1 - \varsigma_1 L - \varsigma_2 L^2 - \cdots - \varsigma_{p-1} L^{p-1})^{-1} \varepsilon_t$。

根据式（3.29），检验回归式为

$$
\begin{aligned}
y_t = &\varsigma_1 \Delta y_{t-1} + \varsigma_2 \Delta y_{t-2} + \cdots + \varsigma_{p-1} \Delta y_{t-p+1} + \alpha + \rho y_{t-1} + \\
&\beta_{11} y_{t-1} y_{t-1} + \beta_{12} \Delta y_{t-1} y_{t-1} + \cdots + \beta_{1p} \Delta y_{t-p+1} y_{t-1} + \\
&\beta_{21} y_{t-1} y_{t-1}^2 + \beta_{22} \Delta y_{t-1} y_{t-1}^2 + \cdots + \beta_{2p} \Delta y_{t-p+1} y_{t-1}^2 + \\
&\beta_{31} y_{t-1} y_{t-1}^3 + \beta_{32} \Delta y_{t-1} y_{t-1}^3 + \cdots + \beta_{3p} \Delta y_{t-p+1} y_{t-1}^3 + \varepsilon_t
\end{aligned} \tag{A.13}
$$

原假设为 H_0: $\beta_{11} = \beta_{12} = \cdots = \beta_{1p} = \cdots = \beta_{2p} = \cdots = \beta_{3p} = 0$。考虑到在渐近意义上，$\sum \Delta y_{t-1} y_{t-1}, \sum \Delta y_{t-2} y_{t-1}, \cdots, \sum \Delta y_{t-p+1} y_{t-1}$ 的极限分布相同，因此，所构造的 Wald 统计量的方差协方差矩阵为奇异矩阵，为避免这种情况，将这些约束合并为三个约束，同时也可以减少约束个数，避免多重共线性，并且增加了自由度。由此，式（A.13）的检验式简化为

$$
\begin{aligned}
y_t = &\varsigma_1 \Delta y_{t-1} + \varsigma_2 \Delta y_{t-2} + \cdots + \varsigma_{p-1} \Delta y_{t-p+1} + \alpha + \rho y_{t-1} + \beta_{11} y_{t-1} y_{t-1} + \beta_{21} y_{t-1} y_{t-1}^2 + \\
&\beta_{31} y_{t-1} y_{t-1}^3 + \beta_{12} \Delta y_{t-1} y_{t-1} + \beta_{22} \Delta y_{t-1} y_{t-1}^2 + \beta_{32} \Delta y_{t-1} y_{t-1}^3 + \varepsilon_t
\end{aligned} \tag{A.14}
$$

相应地，原假设变为 H_0': $\beta_{11} = \beta_{21} = \beta_{31} = \beta_{12} = \beta_{22} = \beta_{32} = 0$。由定理 3.2 可知，类似于 ADF 检验，将式（A.14）中的差分滞后项去掉，在此基础上所得的 Wald 类统计量的极限分布不受影响，因此，为了推导过程的简便，将式（A.14）变为

$$
\begin{aligned}
y_t = &\alpha + \rho y_{t-1} + \beta_{11} y_{t-1} y_{t-1} + \beta_{21} y_{t-1} y_{t-1}^2 + \beta_{31} y_{t-1} y_{t-1}^3 + \beta_{12} \Delta y_{t-1} y_{t-1} + \\
&\beta_{22} \Delta y_{t-1} y_{t-1}^2 + \beta_{32} \Delta y_{t-1} y_{t-1}^3 + \varepsilon_t
\end{aligned} \tag{A.15}
$$

$$
X'X = \begin{bmatrix}
T & \sum y_{t-1} & \cdots & \sum y_{t-1}^4 & \sum u_{t-1} y_{t-1} & \cdots & \sum u_{t-1} y_{t-1}^3 \\
\sum y_{t-1} & \sum y_{t-2}^2 & \cdots & \sum y_{t-1}^5 & \sum u_{t-1} y_{t-1}^2 & \cdots & \sum u_{t-1} y_{t-1}^4 \\
\vdots & \vdots & & \vdots & \vdots & \cdots & \vdots \\
\sum y_{t-1}^4 & \sum y_{t-1}^5 & \cdots & \sum y_{t-1}^8 & \sum u_{t-1} y_{t-1}^5 & \cdots & \sum u_{t-1} y_{t-1}^7 \\
\sum u_{t-1} y_{t-1} & \sum u_{t-1} y_{t-1}^2 & \cdots & \sum u_{t-1} y_{t-1}^5 & \sum u_{t-1}^2 y_{t-1}^2 & \cdots & \sum u_{t-1}^2 y_{t-1}^4 \\
\sum u_{t-1} y_{t-1}^2 & \sum u_{t-1} y_{t-1}^3 & \cdots & \sum u_{t-1} y_{t-1}^6 & \sum u_{t-1}^2 y_{t-1}^3 & \cdots & \sum u_{t-1}^2 y_{t-1}^5 \\
\sum u_{t-1} y_{t-1}^3 & \sum u_{t-1} y_{t-1}^4 & \cdots & \sum u_{t-1} y_{t-1}^7 & \sum u_{t-1}^2 y_{t-1}^4 & \cdots & \sum u_{t-1}^2 y_{t-1}^6
\end{bmatrix}
$$

设规模矩阵为： $\varUpsilon_{3T} = \text{diag}(T^{1/2}, \lambda T, \lambda^2 T^{3/2}, \lambda^3 T^2, \lambda^4 T^{5/2}, \lambda\sqrt{\gamma_0}\, T, \lambda^2 \sqrt{\gamma_0}\, T^{3/2},$

$\lambda^3\sqrt{\gamma_0}T^2)$ ， $\tilde{\Upsilon}_{3T}=\mathrm{diag}(\lambda^2T^{3/2},\lambda^3T^2,\lambda^4T^{5/2},\lambda\sqrt{\gamma_0}T$ ， $\lambda^2\sqrt{\gamma_0}T^{3/2},\lambda^3\sqrt{\gamma_0}T^2)$ ， 且

$$\tilde{\Upsilon}_{3T}R_2=R_2\Upsilon_{3T}，\text{式中，}R_2=\begin{bmatrix}0&0&1&0&0&0&0&0\\0&0&0&1&0&0&0&0\\0&0&0&0&1&0&0&0\\0&0&0&0&0&1&0&0\\0&0&0&0&0&0&1&0\\0&0&0&0&0&0&0&1\end{bmatrix}=\begin{bmatrix}R&0\\0&I\end{bmatrix}，I\text{ 表示 3 行 3 列的单}$$

位方阵。

分别推导 $[\Upsilon_{3T}^{-1}(X'X)\Upsilon_{23T}^{-1}]^{-1}$ 中各元素的极限分布，很容易推导出：

$T^{-3/2}\sum u_{t-i}y_{t-1}\xrightarrow{p}0$, $T^{-2}\sum u_{t-i}y_{t-1}^2\xrightarrow{p}0$, $T^{-5/2}\sum u_{t-i}y_{t-1}^3\xrightarrow{p}0$, $T^{-3}\sum u_{t-i}y_{t-1}^4\xrightarrow{p}0$

所以 $[\Upsilon_{3T}^{-1}(X'X)\Upsilon_{23T}^{-1}]^{-1}$ 中最后的 3 行 5 列及最后的 3 列 5 行的元素为 0。其他元素的极限分布为

$T^{-2}\sum y_{t-1}^2\Rightarrow\lambda^2\int_0^1W(r)^2\mathrm{d}r$, $T^{-5/2}\sum y_{t-1}^3\Rightarrow\lambda^3\int_0^1W(r)^3\mathrm{d}r$, $T^{-3}\sum y_{t-1}^4\Rightarrow\lambda^4\int_0^1W(r)^4\mathrm{d}r$

$T^{-7/2}\sum y_{t-1}^5\Rightarrow\lambda^5\int_0^1W(r)^5\mathrm{d}r$, $T^{-4}\sum y_{t-1}^6\Rightarrow\lambda^6\int_0^1W(r)^6\mathrm{d}r$, $T^{-9/2}\sum y_{t-1}^7\Rightarrow\lambda^7\int_0^1W(r)^7\mathrm{d}r$

$T^{-5}\sum y_{t-1}^8\Rightarrow\lambda^8\int_0^1W(r)^8\mathrm{d}r$, $T^{-3/2}\sum u_{t-1}^2y_{t-1}\Rightarrow\gamma_0\lambda\int_0^1W(r)\mathrm{d}r$

$$（A.16）$$

$T^{-2}\sum u_{t-1}^2y_{t-1}^2\Rightarrow\gamma_0\lambda^2\int_0^1W(r)^2\mathrm{d}r$, $T^{-5/2}\sum u_{t-1}^2y_{t-1}^3\Rightarrow\gamma_0\lambda^3\int_0^1W(r)^3\mathrm{d}r$

$T^{-3/2}\sum u_{t-1}y_{t-1}\xrightarrow{p}0$, $T^{-2}\sum u_{t-1}y_{t-1}^2\xrightarrow{p}0$, $T^{-5/2}\sum u_{t-1}y_{t-1}^3\xrightarrow{p}0$

$T^{-3}\sum u_{t-1}y_{t-1}^4\xrightarrow{p}0$, $T^{-7/2}\sum u_{t-1}y_{t-1}^5\xrightarrow{p}0$, $T^{-4}\sum u_{t-1}y_{t-1}^6\xrightarrow{p}0$

$$（A.17）$$

下面推导 $\sum y_{t-1}u_{t-1}\varepsilon_t$ 的极限分布。令 $v_t=[u_t,u_{t-1}\varepsilon_t]'$, $V_t=\sum_{i=1}^t v_i$ ，并且 $V_0=0$ 。

$T^{-1/2}V_T\Rightarrow[\lambda W(1),\lambda\sqrt{\gamma_0}W(1)]'$ ，根据 Hansen（1992）的定理 4.1 可知：

$$T^{-1}\sum V_{t-1}v_t'=T^{-1}\sum\begin{bmatrix}y_{t-1}\\\sum u_{i-1}\varepsilon_i\end{bmatrix}[u_t\quad u_{t-1}\varepsilon_t]$$
$$=T^{-1}\sum\begin{bmatrix}y_{t-1}u_t&y_{t-1}u_{t-1}\varepsilon_t\\u_t\sum u_{i-1}\varepsilon_i&u_{t-1}\varepsilon_t\sum u_{i-1}\varepsilon_i\end{bmatrix}\qquad（A.18）$$

所以有 $T^{-1}\sum y_{t-1}u_{t-1}\varepsilon_t \Rightarrow \sigma\sqrt{\gamma_0}\lambda\int_0^1 W(r)\mathrm{d}B(r) + \Lambda_{12}$，其中 Λ_{12} 表示矩阵 $\boldsymbol{\Lambda}$ 的第一行第二列元素：

$$\boldsymbol{\Lambda} = \lim_{T\to\infty}\frac{1}{T}\sum_{i=1}^{T}\sum_{j=i+1}^{\infty}E\begin{bmatrix} u_i \\ u_{i-1}\varepsilon_i \end{bmatrix}[u_j \quad u_{j-1}\varepsilon_j]$$

$$= \lim_{T\to\infty}\frac{1}{T}\sum_{i=1}^{T}\sum_{j=i+1}^{\infty}E\begin{bmatrix} u_iu_j & u_iu_{j-1}\varepsilon_j \\ u_{i-1}\varepsilon_iu_j & u_{j-1}\varepsilon_ju_{i-1}\varepsilon_i \end{bmatrix}$$

（A.19）

$\Lambda_{12} = \lim_{T\to\infty}\frac{1}{T}\sum_{i=1}^{T}\sum_{j=i+1}^{\infty}E(u_iu_{j-1})E(\varepsilon_j) = 0$，并且，两个维纳过程 $W(r), B(r)$ 相互独立。

所以，$T^{-1}\sum y_{t-1}u_{t-1}\varepsilon_t \Rightarrow \sigma\sqrt{\gamma_0}\lambda\int_0^1 W(r)\mathrm{d}B(r)$。同理可知：

$$T^{-1}\sum y_{t-1}^2 u_{t-1}\varepsilon_t \Rightarrow \sigma\sqrt{\gamma_0}\lambda^2\int_0^1 W(r)\mathrm{d}B(r), \quad T^{-1}\sum y_{t-1}^3 u_{t-1}\varepsilon_t \Rightarrow \sigma\sqrt{\gamma_0}\lambda^3\int_0^1 W(r)\mathrm{d}B(r)$$

$$\left[\boldsymbol{\Upsilon}_{3T}^{-1}(\boldsymbol{X'X})\boldsymbol{\Upsilon}_{3T}^{-1}\right] \Rightarrow$$

$$\begin{bmatrix}
1 & \int_0^1 W(r)\mathrm{d}r & \int_0^1 W(r)^2\mathrm{d}r & \int_0^1 W(r)^3\mathrm{d}r & \int_0^1 W(r)^4\mathrm{d}r & 0 & 0 & 0 \\
\int_0^1 W(r)\mathrm{d}r & \int_0^1 W(r)^2\mathrm{d}r & \int_0^1 W(r)^3\mathrm{d}r & \int_0^1 W(r)^4\mathrm{d}r & \int_0^1 W(r)^5\mathrm{d}r & 0 & 0 & 0 \\
\int_0^1 W(r)^2\mathrm{d}r & \int_0^1 W(r)^3\mathrm{d}r & \int_0^1 W(r)^4\mathrm{d}r & \int_0^1 W(r)^5\mathrm{d}r & \int_0^1 W(r)^6\mathrm{d}r & 0 & 0 & 0 \\
\int_0^1 W(r)^3\mathrm{d}r & \int_0^1 W(r)^4\mathrm{d}r & \int_0^1 W(r)^5\mathrm{d}r & \int_0^1 W(r)^6\mathrm{d}r & \int_0^1 W(r)^7\mathrm{d}r & 0 & 0 & 0 \\
\int_0^1 W(r)^4\mathrm{d}r & \int_0^1 W(r)^5\mathrm{d}r & \int_0^1 W(r)^6\mathrm{d}r & \int_0^1 W(r)^7\mathrm{d}r & \int_0^1 W(r)^8\mathrm{d}r & 0 & 0 & 0 \\
0 & 0 & 0 & 0 & 0 & \int_0^1 W(r)^2\mathrm{d}r & \int_0^1 W(r)^3\mathrm{d}r & \int_0^1 W(r)^4\mathrm{d}r \\
0 & 0 & 0 & 0 & 0 & \int_0^1 W(r)^3\mathrm{d}r & \int_0^1 W(r)^4\mathrm{d}r & \int_0^1 W(r)^5\mathrm{d}r \\
0 & 0 & 0 & 0 & 0 & \int_0^1 W(r)^4\mathrm{d}r & \int_0^1 W(r)^5\mathrm{d}r & \int_0^1 W(r)^6\mathrm{d}r
\end{bmatrix}$$

（A.20）

令 $\boldsymbol{\Gamma} \equiv \begin{bmatrix} \int_0^1 W(r)^2\mathrm{d}r & \int_0^1 W(r)^3\mathrm{d}r & \int_0^1 W(r)^4\mathrm{d}r \\ \int_0^1 W(r)^3\mathrm{d}r & \int_0^1 W(r)^4\mathrm{d}r & \int_0^1 W(r)^5\mathrm{d}r \\ \int_0^1 W(r)^4\mathrm{d}r & \int_0^1 W(r)^5\mathrm{d}r & \int_0^1 W(r)^6\mathrm{d}r \end{bmatrix}$，则有 $[\boldsymbol{\Upsilon}_{3T}^{-1}(\boldsymbol{X'X})\boldsymbol{\Upsilon}_{3T}^{-1}] \Rightarrow \begin{bmatrix} \boldsymbol{Q}_{\mathrm{nd}} & \boldsymbol{0} \\ \boldsymbol{0} & \boldsymbol{\Gamma} \end{bmatrix}$，

$$[\boldsymbol{\varUpsilon}_{3T}^{-1}(\boldsymbol{X}'\boldsymbol{\varepsilon})] \Rightarrow \sigma \left[W(1) \int_0^1 W(r)\,\mathrm{d}W(r) \int_0^1 W(r)^2\mathrm{d}W(r) \int_0^1 W(r)^3\mathrm{d}W(r) \right.$$

$$\left. \int_0^1 W(r)^4\mathrm{d}W(r) \int_0^1 W(r)\mathrm{d}B(r) \int_0^1 W(r)^2\mathrm{d}B(r) \int_0^1 W(r)^3\mathrm{d}B(r) \right]'$$

$$= \sigma \begin{bmatrix} \boldsymbol{h}_2 \\ \boldsymbol{h}_3 \end{bmatrix}$$

$$（A.21）$$

所以，$\mathrm{AW}_{\mathrm{nd}}$ 统计量极限分布推导过程为

$$\mathrm{AW}_{\mathrm{nd}} = [\boldsymbol{R}_2(\hat{\boldsymbol{\beta}}_T - \boldsymbol{\beta})]'[s_T^2 \boldsymbol{R}_2(\boldsymbol{X}'\boldsymbol{X})^{-1}\boldsymbol{R}_1']^{-1}[\boldsymbol{R}_2(\hat{\boldsymbol{\beta}}_T - \boldsymbol{\beta})]$$

$$= [\boldsymbol{R}_2(\hat{\boldsymbol{\beta}}_T - \boldsymbol{\beta})]'\tilde{\boldsymbol{\varUpsilon}}_{3T}[s_T^2\tilde{\boldsymbol{\varUpsilon}}_{3T}\boldsymbol{R}_2(\boldsymbol{X}'\boldsymbol{X})^{-1}\boldsymbol{R}_2'\tilde{\boldsymbol{\varUpsilon}}_{3T}]^{-1}\tilde{\boldsymbol{\varUpsilon}}_{3T}[\boldsymbol{R}_2(\hat{\boldsymbol{\beta}}_T - \boldsymbol{\beta})]$$

$$= [\boldsymbol{R}_2\boldsymbol{\varUpsilon}_{3T}(\hat{\boldsymbol{\beta}}_T - \boldsymbol{\beta})]'[s_T^2\boldsymbol{R}_2\boldsymbol{\varUpsilon}_{3T}(\boldsymbol{X}'\boldsymbol{X})^{-1}\boldsymbol{\varUpsilon}_{3T}\boldsymbol{R}_2']^{-1}[\boldsymbol{R}_2\boldsymbol{\varUpsilon}_{3T}(\hat{\boldsymbol{\beta}}_T - \boldsymbol{\beta})]$$

$$= \{\boldsymbol{R}_2[\boldsymbol{\varUpsilon}_{3T}^{-1}(\boldsymbol{X}'\boldsymbol{X})\boldsymbol{\varUpsilon}_{3T}^{-1}]^{-1}\boldsymbol{\varUpsilon}_{3T}^{-1}\boldsymbol{X}'\boldsymbol{\varepsilon}\}'\{s_T^2\boldsymbol{R}_2[\boldsymbol{\varUpsilon}_{3T}^{-1}(\boldsymbol{X}'\boldsymbol{X})\boldsymbol{\varUpsilon}_{3T}^{-1}]^{-1}\boldsymbol{R}_2'\}^{-1}\boldsymbol{R}_2[\boldsymbol{\varUpsilon}_{3T}^{-1}(\boldsymbol{X}'\boldsymbol{X})\boldsymbol{\varUpsilon}_{3T}^{-1}]^{-1}\boldsymbol{\varUpsilon}_{3T}^{-1}\boldsymbol{X}'\boldsymbol{\varepsilon}$$

$$\Rightarrow \begin{bmatrix} \boldsymbol{R}\boldsymbol{Q}_{\mathrm{nd}}^{-1}\boldsymbol{h}_2 \\ \boldsymbol{\varGamma}^{-1}\boldsymbol{h}_3 \end{bmatrix}' \begin{bmatrix} \boldsymbol{R}\boldsymbol{Q}_{\mathrm{nd}}^{-1}\boldsymbol{R}' & \boldsymbol{0} \\ \boldsymbol{0} & \boldsymbol{\varGamma}^{-1} \end{bmatrix}^{-1} \begin{bmatrix} \boldsymbol{R}\boldsymbol{Q}_{\mathrm{nd}}^{-1}\boldsymbol{h}_2 \\ \boldsymbol{\varGamma}^{-1}\boldsymbol{h}_3 \end{bmatrix}$$

$$= \boldsymbol{h}_2'\boldsymbol{Q}_{\mathrm{nd}}^{-1}\boldsymbol{R}'(\boldsymbol{R}\boldsymbol{Q}_{\mathrm{nd}}^{-1}\boldsymbol{R})^{-1}\boldsymbol{R}\boldsymbol{Q}_{\mathrm{nd}}^{-1}\boldsymbol{h}_2 + \boldsymbol{h}_3'\boldsymbol{\varGamma}^{-1}\boldsymbol{h}_3$$

$$（A.22）$$

仿照式（A.4）的证明方法，很容易证明 $\mathrm{AW}_{\mathrm{nd}}$ 统计量在备择假设下是发散的，因此也是一致统计量。

4. 定理 3.4 的证明

根据假定 3.3，真实的数据生成过程为具有漂移项的随机游走：$y_t = a + y_{t-1} + \varepsilon_t$，$y_t = at + y_0 + \sum \varepsilon_t$。所以有

$$T^{-2}\sum y_{t-1} \xrightarrow{p} \frac{a}{2}, \quad T^{-3}\sum y_{t-1}^2 \xrightarrow{p} \frac{a^2}{3}, \quad T^{-4}\sum y_{t-1}^3 \xrightarrow{p} \frac{a^3}{4}$$

$$T^{-5}\sum y_{t-1}^4 \xrightarrow{p} \frac{a^4}{5}, \quad T^{-6}\sum y_{t-1}^5 \xrightarrow{p} \frac{a^5}{6}, \quad T^{-7}\sum y_{t-1}^6 \xrightarrow{p} \frac{a^6}{7} \quad （A.23）$$

$$T^{-8}\sum y_{t-1}^7 \xrightarrow{p} \frac{a^7}{8}, \quad T^{-5}\sum y_{t-1}^8 \xrightarrow{p} \frac{a^8}{9}$$

设规模矩阵为：$\boldsymbol{\varUpsilon}_{4T} = \mathrm{diag}(T^{1/2}, T^{3/2}, T^{5/2}, T^{7/2}, T^{9/2})$，$\tilde{\boldsymbol{\varUpsilon}}_{4T} = \mathrm{diag}(T^{5/2}, T^{7/2}, T^{9/2})$，且 $\tilde{\boldsymbol{\varUpsilon}}_{4T}\boldsymbol{R} = \boldsymbol{R}\boldsymbol{\varUpsilon}_{4T}$，这样就有

$$[\boldsymbol{\varUpsilon}_{4T}^{-1}(\boldsymbol{X'X})\boldsymbol{\varUpsilon}_{4T}^{-1}] \overset{p}{\longrightarrow} \boldsymbol{Q}_3 = \begin{bmatrix} 1 & \dfrac{a}{2} & \dfrac{a^2}{3} & \dfrac{a^3}{4} & \dfrac{a^4}{5} \\[2mm] \dfrac{a}{2} & \dfrac{a^2}{3} & \dfrac{a^3}{4} & \dfrac{a^4}{5} & \dfrac{a^5}{6} \\[2mm] \dfrac{a^2}{3} & \dfrac{a^3}{4} & \dfrac{a^4}{5} & \dfrac{a^5}{6} & \dfrac{a^6}{7} \\[2mm] \dfrac{a^3}{4} & \dfrac{a^4}{5} & \dfrac{a^5}{6} & \dfrac{a^6}{7} & \dfrac{a^7}{8} \\[2mm] \dfrac{a^4}{5} & \dfrac{a^5}{6} & \dfrac{a^6}{7} & \dfrac{a^7}{8} & \dfrac{a^8}{9} \end{bmatrix} \quad （A.24）$$

$\{\boldsymbol{\varUpsilon}_{4T}^{-1}(\boldsymbol{X'\varepsilon})\}$ 中各元素的极限分布，很容易获得

$$T^{-1/2}\sum \varepsilon_t \Rightarrow N(0, \sigma^2), \quad T^{-3/2}\sum y_{t-1}\varepsilon_t \Rightarrow N\left(0, \frac{a^2}{3}\sigma^2\right), \quad T^{-5/2}\sum y_{t-1}^2\varepsilon_t \Rightarrow N\left(0, \frac{a^4}{5}\sigma^2\right),$$

$$T^{-7/2}\sum y_{t-1}^3\varepsilon_t \Rightarrow N\left(0, \frac{a^6}{7}\sigma^2\right), T^{-9/2}\sum y_{t-1}^4\varepsilon_t \Rightarrow N\left(0, \frac{a^8}{9}\sigma^2\right)$$

这里简要给出 $T^{-3/2}\sum y_{t-1}\varepsilon_t \Rightarrow N\left(0, \frac{a^2}{3}\sigma^2\right)$ 的推导过程，其他的推导类似。

$T^{-3/2}\sum y_{t-1}\varepsilon_t = T^{-3/2}\sum [a(t-1) + \xi_t + y_0]\varepsilon_t = aT^{-3/2}\sum t\varepsilon_t + o_p(T^{3/2})$，很显然，$t/T\varepsilon_t$ 为鞅差分序列，且其方差为 $\sigma_t^2 = E(t/T\varepsilon_t)^2 = t^2/T^2\sigma^2$，方差的均值为 $\frac{1}{T}\sum \sigma_t^2 = \frac{1}{T}\sum t^2/T^2\sigma^2 \to \frac{1}{3}\sigma^2$，并且对于正态分布而言，$E(t/T\varepsilon_t)^r < \infty$，以及 $\frac{1}{T}\sum (t/T\varepsilon_t)^2 \overset{p}{\longrightarrow} \frac{1}{3}\sigma^2$，这些条件满足 Hamilton（1994）第 7 章的定理 7.8，因此有 $T^{-3/2}\sum y_{t-1}\varepsilon_t \Rightarrow N\left(0, \frac{a^2}{3}\sigma^2\right)$ 成立。

下面考虑 $[\boldsymbol{\varUpsilon}_{4T}^{-1}(\boldsymbol{X'\varepsilon})]$ 各元素的联合分布，设这些元素的任意线性组合为

$$T^{-1/2}\sum (\lambda_1 + \lambda_2 y_{t-1} + \lambda_3 y_{t-1}^2 + \lambda_4 y_{t-1}^3 + \lambda_5 y_{t-1}^4)\varepsilon_t \overset{p}{\longrightarrow} T^{-1/2}\sum \left(\lambda_1 + \lambda_2 \frac{at}{T} + \lambda_3 \frac{a^2t^2}{T^2} + \lambda_4 \frac{a^3t^3}{T^3} +\right.$$

$$\left.\lambda_5 \frac{a^4t^4}{T^4}\right)\varepsilon_t \left(\lambda_1 + \lambda_2 \frac{at}{T} + \lambda_3 \frac{a^2t^2}{T^2} + \lambda_4 \frac{a^3t^3}{T^3} + \lambda_5 \frac{a^4t^4}{T^4}\right)\varepsilon_t \text{ 又是一个鞅差分序列，且方}$$

差为

$$\sigma_t^2 = E\left(\lambda_1 + \lambda_2 \frac{at}{T} + \lambda_3 \frac{a^2 t^2}{T^2} + \lambda_4 \frac{a^3 t^3}{T^3} + \lambda_5 \frac{a^4 t^4}{T^4}\right)^2 \varepsilon_t^2$$

$$= \sigma^2\left(\lambda_1^2 + \lambda_2^2 \frac{a^2 t^2}{T^2} + \lambda_3^2 \frac{a^4 t^4}{T^4} + \lambda_4^2 \frac{a^6 t^6}{T^6} + \lambda_5^2 \frac{a^8 t^8}{T^8} + 2\lambda_1\lambda_2 \frac{ta}{T} + 2\lambda_1\lambda_3 \frac{a^2 t^2}{T^2} + \right.$$

$$2\lambda_1\lambda_4 \frac{a^3 t^3}{T^3} + 2\lambda_1\lambda_5 \frac{a^4 t^4}{T^4} + 2\lambda_2\lambda_3 \frac{a^3 t^3}{T^3} + 2\lambda_2\lambda_4 \frac{a^4 t^4}{T^4} + 2\lambda_2\lambda_5 \frac{a^5 t^5}{T^5} + 2\lambda_3\lambda_4 \frac{a^5 t^5}{T^5} +$$

$$\left. 2\lambda_3\lambda_5 \frac{a^6 t^6}{T^6} + 2\lambda_4\lambda_5 \frac{a^7 t^7}{T^7}\right)$$

$$\frac{1}{T}\sum \sigma_t^2 \to \sigma^2\left(\lambda_1^2 + \lambda_2^2 \frac{a^2}{3} + \lambda_3^2 \frac{a^4}{5} + \lambda_4^2 \frac{a^6}{7} + \lambda_5^2 \frac{a^8}{9} + 2\lambda_1\lambda_2 \frac{a}{2} + 2\lambda_1\lambda_3 \frac{a^2}{3} + 2\lambda_1\lambda_4 \frac{a^3}{4} + \right.$$

$$\left. 2\lambda_1\lambda_5 \frac{a^4}{5} + 2\lambda_2\lambda_3 \frac{a^3}{4} + 2\lambda_2\lambda_4 \frac{a^4}{5} + 2\lambda_2\lambda_5 \frac{a^5}{6} + 2\lambda_3\lambda_4 \frac{a^5}{6} + 2\lambda_3\lambda_5 \frac{a^6}{7} + 2\lambda_4\lambda_5 \frac{a^7}{8}\right)$$

$$= \sigma^2 \lambda' \boldsymbol{Q}_3 \lambda$$

式中，$\lambda = [\lambda_1 \ \lambda_2 \ \lambda_3 \ \lambda_4 \ \lambda_5]'$ 同样根据 Hamilton（1994）第 7 章的定理 7.8，这表明 $T^{-1/2}\sum(\lambda_1 + \lambda_2 y_{t-1} + \lambda_3 y_{t-1}^2 + \lambda_4 y_{t-1}^3 + \lambda_5 y_{t-1}^4)\varepsilon_t$ 渐近服从正态分布，因此，根据 Cramer-Wold 定理，$[\boldsymbol{\Upsilon}_{4T}^{-1}(X\varepsilon)]$ 中各元素应服从联合正态分布。因此：

$$\boldsymbol{\Upsilon}_{3T}(\boldsymbol{\beta}_T - \boldsymbol{\beta}) = [\boldsymbol{\Upsilon}_{3T}^{-1}(X'X)\boldsymbol{\Upsilon}_{2T}^{-1}]^{-1}\boldsymbol{\Upsilon}_{3T}^{-1}X'\varepsilon_t \Rightarrow N(0, \sigma^2 \boldsymbol{Q}_3^{-1})，\quad \text{所以有}$$

$$W_1 = (\boldsymbol{b}_T - \boldsymbol{\beta})'\boldsymbol{R}'[\boldsymbol{R}s_T^2(X'X)^{-1}\boldsymbol{R}']^{-1}\boldsymbol{R}(\boldsymbol{b}_T - \boldsymbol{\beta})$$

$$= (\boldsymbol{b}_T - \boldsymbol{\beta})'\boldsymbol{R}'\tilde{\boldsymbol{\Upsilon}}_{4T}[\tilde{\boldsymbol{\Upsilon}}_{4T}\boldsymbol{R}s_T^2(X'X)^{-1}\boldsymbol{R}'\tilde{\boldsymbol{\Upsilon}}_{4T}]^{-1}\tilde{\boldsymbol{\Upsilon}}_{4T}\boldsymbol{R}(\boldsymbol{b}_T - \boldsymbol{\beta})$$

$$= (\boldsymbol{b}_T - \boldsymbol{\beta})'(\boldsymbol{R}\boldsymbol{\Upsilon}_{4T})'[\boldsymbol{R}\boldsymbol{\Upsilon}_{4T}s_T^2(X'X)^{-1}\boldsymbol{\Upsilon}_{4T}\boldsymbol{R}']^{-1}\boldsymbol{R}\boldsymbol{\Upsilon}_{4T}(\boldsymbol{b}_T - \boldsymbol{\beta})$$

$$= \{\boldsymbol{R}[\boldsymbol{\Upsilon}_{4T}^{-1}(X'X)\boldsymbol{\Upsilon}_{4T}^{-1}]^{-1}\boldsymbol{\Upsilon}_{4T}^{-1}X'\varepsilon_t\}'\{s_T^2\boldsymbol{R}[\boldsymbol{\Upsilon}_{4T}^{-1}(X'X)\boldsymbol{\Upsilon}_{4T}^{-1}]^{-1}\boldsymbol{R}'\}^{-1}\boldsymbol{R}[\boldsymbol{\Upsilon}_{4T}^{-1}(X'X)\boldsymbol{\Upsilon}_{4T}^{-1}]^{-1}\boldsymbol{\Upsilon}_{4T}^{-1}X'\varepsilon_t$$

$$\xrightarrow{p} \boldsymbol{z}'[\sigma^2 \boldsymbol{R}\boldsymbol{Q}_3^{-1}\boldsymbol{R}']^{-1}\boldsymbol{z}$$

$$(\text{A.25})$$

式中，$\boldsymbol{z} \equiv \boldsymbol{R}\boldsymbol{\Upsilon}_{3T}(\hat{\boldsymbol{\beta}}_T - \boldsymbol{\beta}) \Rightarrow N(0, \sigma^2 \boldsymbol{R}\boldsymbol{Q}_3^{-1}\boldsymbol{R}')$，根据 Hamilton（1994）第 8 章的定理 8.1，$W_1 \Rightarrow \chi^2(3)$，3 为约束条件矩阵的行数，也即约束条件个数。由于 $\boldsymbol{Q}_3^{-1}$ 矩阵中含有随机漂移项 a，受此影响，在小样本下，W_1 统计量的分布并不是 $\chi^2(3)$ 分布。

仿照式（A.4）中的证明方法，在备择假设下，我们令 $\boldsymbol{R\beta} = \boldsymbol{q}, \boldsymbol{q} \neq \boldsymbol{0}$，则有 $\boldsymbol{R\beta} - \boldsymbol{q} = 0$，并且 y_{t-1} 的生成过程不再是单位根过程，而是非线性平稳过程，因此，

规模矩阵应为 $\sqrt{T}I$，此时式（A.25）变为

$$
\begin{aligned}
W_1 &= (\boldsymbol{b}_T - \boldsymbol{\beta} + \boldsymbol{q})' \boldsymbol{R}' [\boldsymbol{R} s_T^2 (\boldsymbol{X}'\boldsymbol{X})^{-1} \boldsymbol{R}']^{-1} \boldsymbol{R} (\boldsymbol{b}_T - \boldsymbol{\beta} + \boldsymbol{q}) \\
&= (\boldsymbol{b}_T - \boldsymbol{\beta} + \boldsymbol{q})' \boldsymbol{R}' [\boldsymbol{R} s_T^2 (\boldsymbol{X}'\boldsymbol{X})^{-1} \boldsymbol{R}']^{-1} \boldsymbol{R} (\boldsymbol{b}_T - \boldsymbol{\beta} + \boldsymbol{q}) \\
&= (\boldsymbol{b}_T - \boldsymbol{\beta} + \boldsymbol{q})' (\boldsymbol{R}\sqrt{T}) [\boldsymbol{R}\sqrt{T} s_T^2 (\boldsymbol{X}'\boldsymbol{X})^{-1} \sqrt{T}\boldsymbol{R}']^{-1} \boldsymbol{R}\sqrt{T} (\boldsymbol{b}_T - \boldsymbol{\beta} + \boldsymbol{q}) \\
&\Rightarrow O_p(1) + T\boldsymbol{q}' \boldsymbol{R}' [\boldsymbol{R}(\sigma^2 \boldsymbol{Q})\boldsymbol{R}']^{-1} \boldsymbol{R}\boldsymbol{q}
\end{aligned}
\tag{A.26}
$$

由此可知，在备择假设下，W_1 统计量发散，因此是一致统计量。

同理，定理 3.5～定理 3.7 的证明与定量 3.4 的证明类似，此处不再赘述。

5. 定理 3.8 的证明

根据式（3.36）的检验回归式，$y_t = \beta_0 + \beta_1 y_{t-1} + \beta_2 y_{t-1}^2 + \beta_3 y_{t-1}^3 + \beta_4 y_{t-1}^4 + \varepsilon_t^*$，则 $\varepsilon_t^* = y_t - (\beta_0 + \beta_1 y_{t-1} + \beta_2 y_{t-1}^2 + \beta_3 y_{t-1}^3 + \beta_4 y_{t-1}^4)$，在假定 3.5 及原假设 $H_0: \beta_2 = \beta_3 = \beta_4 = 0$ 条件下，ε_t^* 不再依概率收敛于 ε_t，所以首先推导出 ε_t^* 依概率收敛的变量。

在原假设下，$y_t = \beta_0 + \beta_1 y_{t-1} + \varepsilon_t^*$，系数估计量 $\hat{\beta}_1$ 的概率极限为

$$
\begin{aligned}
\hat{\beta}_1 &= \frac{T\sum y_{t-1} y_t - (\sum y_{t-1})^2}{T\sum y_{t-1}^2 - (\sum y_{t-1})^2} \\
&= \frac{T^{-3}\sum y_{t-1} y_t - (T^{-2}\sum y_{t-1})^2}{T^{-3}\sum y_{t-1}^2 - (T^{-2}\sum y_{t-1})^2} \xrightarrow{p} \frac{b^2/12}{b^2/12} = 1
\end{aligned}
\tag{A.27}
$$

系数 $\hat{\beta}_0$ 的概率极限为

$$
\begin{aligned}
\hat{\beta}_0 &= \frac{1}{T}\sum y_t - \hat{\beta}_1 \frac{1}{T}\sum y_{t-1} \\
&= \frac{1}{T}\sum bt - \frac{1}{T}\sum bt + b + \frac{1}{T}\sum \varepsilon_t - \frac{1}{T}\sum \varepsilon_{t-1} \\
&\xrightarrow{p} b
\end{aligned}
\tag{A.28}
$$

可见，在原假设及检验回归式（3.36）基础上，ε_t^* 依概率收敛于 $\Delta y_t - b = \varepsilon_t - \varepsilon_{t-1}$，因此有

$\sum \varepsilon_t^* = \sum (\varepsilon_t - \varepsilon_{t-1}) = \varepsilon_T - \varepsilon_1 \Rightarrow N(0, 2\sigma^2)$

$T^{-1}\sum y_{t-1}\varepsilon_t^* = T^{-1}\sum y_{t-1}(\varepsilon_t - \varepsilon_{t-1}) \to T^{-1}b(T\varepsilon_T - \varepsilon_1 - \sum \varepsilon_{t-1}) \Rightarrow N(0, b^2\sigma^2)$

$T^{-2}\sum y_{t-1}^2\varepsilon_t^* = T^{-2}\sum y_{t-1}^2(\varepsilon_t - \varepsilon_{t-1}) \to T^{-2}b^2\left\{T^2\varepsilon_T - \varepsilon_1 - \sum [(t-1)^2 - t^2]\varepsilon_{t-1}\right\} \Rightarrow N(0, b^4\sigma^2)$

$T^{-3}\sum y_{t-1}^3\varepsilon_t^* = T^{-3}\sum y_{t-1}^3(\varepsilon_t - \varepsilon_{t-1}) \to T^{-3}b^3\left\{T^3\varepsilon_T - \varepsilon_1 - \sum [(t-1)^3 - t^3]\varepsilon_{t-1}\right\} \Rightarrow N(0, b^6\sigma^2)$

$T^{-4}\sum y_{t-1}^4\varepsilon_t^* = T^{-4}\sum y_{t-1}^4(\varepsilon_t - \varepsilon_{t-1}) \to T^{-4}b^4\left\{T^4\varepsilon_T - \varepsilon_1 - \sum [(t-1)^4 - t^4]\varepsilon_{t-1}\right\} \Rightarrow N(0, b^8\sigma^2)$

令 规 模 矩 阵 $\boldsymbol{\varUpsilon}_{5T} = \mathrm{diag}(1 \quad T \quad T^2 \quad T^3 \quad T^4)$ ， $\tilde{\boldsymbol{\varUpsilon}}_{5T} = \mathrm{diag}(T^2 \quad T^3 \quad T^4)$ ， 且 $\tilde{\boldsymbol{\varUpsilon}}_{5T}\boldsymbol{R} = \boldsymbol{R}\boldsymbol{\varUpsilon}_{5T}$ ， 则 有 $\tilde{\boldsymbol{\varUpsilon}}_{5T}^{-1}\boldsymbol{X}\boldsymbol{\varepsilon}_t^* = [(\varepsilon_T - \varepsilon_1) \quad b\varepsilon_T \quad b^2\varepsilon_T \quad b^3\varepsilon_T \quad b^4\varepsilon_T]'$ 。 下 面 我 们 证 明 $\boldsymbol{\varUpsilon}_{5T}^{-1}\boldsymbol{X}\boldsymbol{\varepsilon}_t^*$ 服 从 联 合 正 态 分 布 。 令 $Z = \lambda[(\varepsilon_T - \varepsilon_1) \quad b\varepsilon_T \quad b^2\varepsilon_T \quad b^3\varepsilon_T \quad b^4\varepsilon_T]'$ ， $\lambda = [\lambda_1 \quad \lambda_2 \quad \lambda_3 \quad \lambda_4 \quad \lambda_5]'$ ， 且 $E(Z) = 0$ ， 则 有 $Z = \lambda[(\varepsilon_T - \varepsilon_1) \quad b\varepsilon_T \quad b^2\varepsilon_T \quad b^3\varepsilon_T \quad b^4\varepsilon_T]'$ ， 很 显 然 Z 服 从 正 态 分 布 。

$$
\begin{aligned}
\mathrm{Var}(Z) = {} & E[\lambda_1^2(\varepsilon_T - \varepsilon_1)^2 + \lambda_2^2(b^2\varepsilon_T^2) + \lambda_3^2(b^4\varepsilon_T^2) + \lambda_4^2(b^6\varepsilon_T^2) + \lambda_5^2(b^8\varepsilon_T^2) + \\
& 2\lambda_1\lambda_2 b(\varepsilon_T - \varepsilon_1)\varepsilon_T + 2\lambda_1\lambda_3 b^2(\varepsilon_T - \varepsilon_1)\varepsilon_T + 2\lambda_1\lambda_4 b^3(\varepsilon_T - \varepsilon_1)\varepsilon_T + \\
& 2\lambda_1\lambda_5 b^4(\varepsilon_T - \varepsilon_1)\varepsilon_T + 2\lambda_2\lambda_3 b^3\varepsilon_T^2 + 2\lambda_2\lambda_4 b^4\varepsilon_T^2 + 2\lambda_2\lambda_5 b^5\varepsilon_T^2 + \\
& 2\lambda_3\lambda_4 b^5\varepsilon_T^2 + 2\lambda_3\lambda_5 b^6\varepsilon_T^2 + 2\lambda_4\lambda_5 b^7\varepsilon_T^2] \\
= {} & \lambda_1^2(2\sigma^2) + \lambda_2^2(b^2\sigma^2) + \lambda_3^2(b^4\sigma^2) + \lambda_4^2(b^6\sigma^2) + \lambda_5^2(b^8\sigma^2) + \\
& 2\lambda_1\lambda_2(b\sigma^2) + 2\lambda_1\lambda_3(b^2\sigma^2) + 2\lambda_1\lambda_4(b^3\sigma^2) + 2\lambda_1\lambda_5(b^4\sigma^2) + \\
& 2\lambda_2\lambda_3(b^3\sigma^2) + 2\lambda_2\lambda_4(b^4\sigma^2) + 2\lambda_2\lambda_5(b^5\sigma^2) + 2\lambda_3\lambda_4(b^5\sigma^2) + \\
& 2\lambda_3\lambda_5(b^6\sigma^2) + 2\lambda_4\lambda_5(b^7\sigma^2) \\
= {} & \sigma^2 \boldsymbol{\lambda}' \boldsymbol{V}_2 \boldsymbol{\lambda}
\end{aligned}
\tag{A.29}
$$

式 中 ， $\boldsymbol{V}_2 = \begin{bmatrix} 2 & b & b^2 & b^3 & b^4 \\ b & b^2 & b^3 & b^4 & b^5 \\ b^2 & b^3 & b^4 & b^5 & b^6 \\ b^3 & b^4 & b^5 & b^6 & b^7 \\ b^4 & b^5 & b^6 & b^7 & b^8 \end{bmatrix}$ ， 显 然 $\boldsymbol{\varUpsilon}_{5T}^{-1}\boldsymbol{X}\boldsymbol{\varepsilon}_t^* \Rightarrow \boldsymbol{h}\sigma \sim N(0, \sigma^2\boldsymbol{V}_2)$ 。 并 且

$$
[T^{-1}\boldsymbol{\varUpsilon}_{5T}^{-1}(\boldsymbol{X}'\boldsymbol{X})\boldsymbol{\varUpsilon}_{5T}^{-1}] \xrightarrow{p} \boldsymbol{Q}_4 = \begin{bmatrix} 1 & \dfrac{b}{2} & \dfrac{b^2}{3} & \dfrac{b^3}{4} & \dfrac{b^4}{5} \\[2mm] \dfrac{b}{2} & \dfrac{b^2}{3} & \dfrac{b^3}{4} & \dfrac{b^4}{5} & \dfrac{b^5}{6} \\[2mm] \dfrac{b^2}{3} & \dfrac{b^3}{4} & \dfrac{b^4}{5} & \dfrac{b^5}{6} & \dfrac{b^6}{7} \\[2mm] \dfrac{b^3}{4} & \dfrac{b^4}{5} & \dfrac{b^5}{6} & \dfrac{b^6}{7} & \dfrac{b^7}{8} \\[2mm] \dfrac{b^4}{5} & \dfrac{b^5}{6} & \dfrac{b^6}{7} & \dfrac{b^7}{8} & \dfrac{b^8}{9} \end{bmatrix}
\tag{A.30}
$$

则 W_2 的 极 限 分 布 为

$$
\begin{aligned}
W_2 &= (b_T - \beta)' R' [R s_T^2 (X'X)^{-1} R']^{-1} R(b_T - \beta)\\
&= (b_T - \beta)' R' \tilde{\boldsymbol{\Upsilon}}_{5T} [\tilde{\boldsymbol{\Upsilon}}_{5T} R s_T^2 (X'X)^{-1} R' \tilde{\boldsymbol{\Upsilon}}_{4T}]^{-1} \tilde{\boldsymbol{\Upsilon}}_{5T} R(b_T - \beta)\\
&= (b_T - \beta)' (R\boldsymbol{\Upsilon}_{5T})' [R\boldsymbol{\Upsilon}_{4T} s_T^2 (X'X)^{-1} \boldsymbol{\Upsilon}_{4T} R']^{-1} R\boldsymbol{\Upsilon}_{5T} (b_T - \beta)\\
&= \{ R T^{-1} [T^{-1} \boldsymbol{\Upsilon}_{5T}^{-1} (X'X) \boldsymbol{\Upsilon}_{5T}^{-1}]^{-1} \boldsymbol{\Upsilon}_{5T}^{-1} X' \varepsilon_t \}' \{ s_T^2 R T^{-1} [T^{-1} \boldsymbol{\Upsilon}_{5T}^{-1} (X'X) \boldsymbol{\Upsilon}_{5T}^{-1}]^{-1} R' \}^{-1} \cdot\\
&\quad R T^{-1} [T^{-1} \boldsymbol{\Upsilon}_{5T}^{-1} (X'X) \boldsymbol{\Upsilon}_{5T}^{-1}]^{-1} \boldsymbol{\Upsilon}_{5T}^{-1} X' \varepsilon_t\\
&\Rightarrow \frac{1}{2} T^{-1} (R Q_4^{-1} h)' (R Q_4^{-1} R')^{-1} (R Q_4^{-1} h)
\end{aligned}
$$

$$（A.31）$$

定理 3.8 获证。

定理 3.9 的证明很显然，在假定 3.6 下，根据 Hamilton（1994）第 16 章，对趋势平稳过程 OLS 退势后，残差为平稳的 ARMA 过程，因此，采用 Teräsvirta（1994）的方法进行线性性检验，其 LM 统计量及 Wald 统计量均服从 χ^2 分布，自由度为约束条件的个数。

6. 定理 4.1 的证明

在假定 4.1 条件下，根据式（4.23）$\Delta y_t = \beta_0 + \beta_1 y_{t-1} + \beta_2 y_{t-1}^2 + \beta_3 y_{t-1}^3 + \beta_4 y_{t-1}^4 + \varepsilon_t^*$，令 $\boldsymbol{\beta} = (\beta_0 \ \beta_1 \ \beta_2 \ \beta_3 \ \beta_4)'$，则

$$
\boldsymbol{R}_3 = \begin{bmatrix} 0 & 1 & 0 & 0 & 0 \\ 0 & 0 & 1 & 0 & 0 \\ 0 & 0 & 0 & 1 & 0 \\ 0 & 0 & 0 & 0 & 1 \end{bmatrix}, \quad
X'X = \begin{bmatrix}
T & \sum y_{t-1} & \sum y_{t-1}^2 & \sum y_{t-1}^3 & \sum y_{t-1}^4 \\
\sum y_{t-1} & \sum y_{t-1}^2 & \sum y_{t-1}^3 & \sum y_{t-1}^4 & \sum y_{t-1}^5 \\
\sum y_{t-1}^2 & \sum y_{t-1}^3 & \sum y_{t-1}^4 & \sum y_{t-1}^5 & \sum y_{t-1}^6 \\
\sum y_{t-1}^3 & \sum y_{t-1}^4 & \sum y_{t-1}^5 & \sum y_{t-1}^6 & \sum y_{t-1}^7 \\
\sum y_{t-1}^4 & \sum y_{t-1}^5 & \sum y_{t-1}^6 & \sum y_{t-1}^7 & \sum y_{t-1}^8
\end{bmatrix}, \quad \text{以及}
$$

$$
X' \varepsilon_t = \left[\sum \varepsilon_t \quad \sum y_{t-1} \varepsilon_t \quad \sum y_{t-1}^2 \varepsilon_t \quad \sum y_{t-1}^3 \varepsilon_t \quad \sum y_{t-1}^4 \varepsilon_t \right]'。
$$

构造规模矩阵：$\boldsymbol{\Upsilon}_{6T} = \mathrm{diag}(T^{1/2}, \ \sigma T, \ \sigma^2 T^{3/2}, \ \sigma^3 T^2, \ \sigma^4 T^{5/2})$，$\tilde{\boldsymbol{\Upsilon}}_{6T} = \mathrm{diag}(\sigma T, \ \sigma^2 T^{3/2}, \ \sigma^3 T^2, \ \sigma^4 T^{5/2})$，并且有 $\tilde{\boldsymbol{\Upsilon}}_{6T} \boldsymbol{R}_3 = \boldsymbol{R}_3 \boldsymbol{\Upsilon}_{6T}$。根据式（A.1）及式（A.2）有

$[\boldsymbol{\Upsilon}_{6T}^{-1} (X'X) \boldsymbol{\Upsilon}_{6T}^{-1}]^{-1} \Rightarrow Q_{\mathrm{uc}}^{-1}$，$\boldsymbol{\Upsilon}_{6T}^{-1} (X' \varepsilon_t) \Rightarrow h_{\mathrm{uc}} \sigma$，所以，类似于式（A.3）的证明，有

$$W_{\text{uc}} = (\boldsymbol{b}_T - \boldsymbol{\beta})' \boldsymbol{R}_3' [\boldsymbol{R}_3 s_T^2 (\boldsymbol{X}'\boldsymbol{X})^{-1} \boldsymbol{R}_3']^{-1} \boldsymbol{R}_3 (\boldsymbol{b}_T - \boldsymbol{\beta})$$
$$= (\boldsymbol{b}_T - \boldsymbol{\beta})' \boldsymbol{R}_3' \tilde{\boldsymbol{\Upsilon}}_{6T} [\tilde{\boldsymbol{\Upsilon}}_{6T} \boldsymbol{R}_3 s_T^2 (\boldsymbol{X}'\boldsymbol{X})^{-1} \boldsymbol{R}_3' \tilde{\boldsymbol{\Upsilon}}_{6T}]^{-1} \tilde{\boldsymbol{\Upsilon}}_{6T} \boldsymbol{R}_3 (\boldsymbol{b}_T - \boldsymbol{\beta})$$
$$= (\boldsymbol{b}_T - \boldsymbol{\beta})'(\boldsymbol{R}_3 \boldsymbol{\Upsilon}_{6T})'[\boldsymbol{R}_3 \boldsymbol{\Upsilon}_{6T} s_T^2 (\boldsymbol{X}'\boldsymbol{X})^{-1} \boldsymbol{\Upsilon}_{6T} \boldsymbol{R}_3']^{-1} \boldsymbol{R}_3 \boldsymbol{\Upsilon}_{6T} (\boldsymbol{b}_T - \boldsymbol{\beta}) \qquad \text{(A.32)}$$
$$\Rightarrow [\boldsymbol{R}_3 \boldsymbol{Q}_{\text{uc}}^{-1} \boldsymbol{h}_{\text{uc}}]'(\boldsymbol{R}_3 \boldsymbol{Q}_{\text{uc}}^{-1} \boldsymbol{R}_3')^{-1}(\boldsymbol{R}_3 \boldsymbol{Q}_{\text{uc}}^{-1} \boldsymbol{h}_{\text{uc}})$$

式中，$\boldsymbol{Q}_{\text{uc}}$ 中的第一个元素为 1，其他元素依次为式（A.2）中所对应的各极限分布，$\boldsymbol{h}_{\text{uc}}$ 中的元素依次为式（A.1）中不含有 σ 的极限分布。

类似于式（A.4）的证明，在备择假设下，即 $\boldsymbol{R}_3 \boldsymbol{\beta} \neq \boldsymbol{0}$，不失一般性，令 $\boldsymbol{R}_3 \boldsymbol{\beta} = \boldsymbol{q}, \boldsymbol{q} \neq \boldsymbol{0}$，则有 $\boldsymbol{R}_3 \boldsymbol{\beta} - \boldsymbol{q} = 0$，并且 y_{t-1} 的生成过程不再是单位根过程，而是非线性平稳过程，因此，规模矩阵应为 $\sqrt{T} \boldsymbol{I}$，此时式（A.32）变为

$$W_{\text{uc}} = (\boldsymbol{b}_T - \boldsymbol{\beta} + \boldsymbol{q})' \boldsymbol{R}_3' [\boldsymbol{R}_3 s_T^2 (\boldsymbol{X}'\boldsymbol{X})^{-1} \boldsymbol{R}']^{-1} \boldsymbol{R}_3 (\boldsymbol{b}_T - \boldsymbol{\beta} + \boldsymbol{q})$$
$$= (\boldsymbol{b}_T - \boldsymbol{\beta} + \boldsymbol{q})' \boldsymbol{R}_3' [\boldsymbol{R}_3 s_T^2 (\boldsymbol{X}'\boldsymbol{X})^{-1} \boldsymbol{R}']^{-1} \boldsymbol{R}_3 (\boldsymbol{b}_T - \boldsymbol{\beta} + \boldsymbol{q})$$
$$= (\boldsymbol{b}_T - \boldsymbol{\beta} + \boldsymbol{q})'(\boldsymbol{R}_3 \sqrt{T})'[\boldsymbol{R}_3 \sqrt{T} s_T^2 (\boldsymbol{X}'\boldsymbol{X})^{-1} \sqrt{T} \boldsymbol{R}_3']^{-1} \boldsymbol{R}_3 \sqrt{T} (\boldsymbol{b}_T - \boldsymbol{\beta} + \boldsymbol{q})$$
$$\Rightarrow O_p(1) + T\boldsymbol{q}' \boldsymbol{R}_3' [\boldsymbol{R}(\sigma^2 \boldsymbol{Q}) \boldsymbol{R}_3']^{-1} \boldsymbol{R}_3 \boldsymbol{q}$$

$$\text{(A.33)}$$

式中，$\boldsymbol{Q}$ 中的第一个元素为 1，其他元素为 y_{t-1} 的 1~8 阶矩。由式（A.33）可见，在备择假设下，W_{uc} 的极限分布以速度 T 发散，所以 W_{uc} 统计量为一致检验统计量。

类似于定理 3.2 的证明，在假定 4.2 情况下，可以很容易推导出定理 4.2 的证明。

7. 定理 4.3 的证明

在检验式（4.27）下，如果真实数据生成过程是随机趋势时，y_{t-1} 与时间趋势项 t 会存在多重共线关系，为消除这种关系，需要做如下等量变换：

令 $\xi_t = y_t - \beta_0 t$，$\beta_0^* = (1 - \beta_1)\beta_0$，$\delta^* = (\delta + \beta_0 \beta_1)$，$\beta_1^* = \beta_1$，则有

$$\Delta y_t = \beta_0^* + \beta_1^* \xi_{t-1} + \delta^* t + \beta_2 y_{t-1}^2 + \beta_3 y_{t-1}^3 + \beta_4 y_{t-1}^4 + \varepsilon_t^*$$

因此，当数据带有明显时间趋势时，根据式（4.28）建立原假设：

$H_0: \beta_1^* = \delta^* = \beta_2 = \beta_3 = \beta_4 = 0$，在此基础上，令 $\boldsymbol{\beta} = (\beta_0 \ \beta_1^* \ \delta^* \beta_2 \ \beta_3 \ \beta_4)'$，则

$$R_4 = \begin{bmatrix} 0 & 1 & 0 & 0 & 0 & 0 \\ 0 & 0 & 1 & 0 & 0 & 0 \\ 0 & 0 & 0 & 1 & 0 & 0 \\ 0 & 0 & 0 & 0 & 1 & 0 \\ 0 & 0 & 0 & 0 & 0 & 1 \end{bmatrix}, \quad X'X = \begin{bmatrix} T & \sum \xi_{t-1} & \sum t & \sum y_{t-1}^2 & \sum y_{t-1}^3 & \sum y_{t-1}^4 \\ \sum \xi_{t-1} & \sum \xi_{t-1}^2 & \sum t\xi_{t-1} & \sum \xi_{t-1} y_{t-1}^2 & \sum \xi_{t-1} y_{t-1}^3 & \sum \xi_{t-1} y_{t-1}^4 \\ \sum t & \sum t\xi_{t-1} & \sum t^2 & \sum t y_{t-1}^2 & \sum t y_{t-1}^3 & \sum t y_{t-1}^4 \\ \sum y_{t-1}^2 & \sum \xi_{t-1} y_{t-1}^2 & \sum t y_{t-1}^2 & \sum y_{t-1}^4 & \sum y_{t-1}^5 & \sum y_{t-1}^6 \\ \sum y_{t-1}^3 & \sum \xi_{t-1} y_{t-1}^3 & \sum t y_{t-1}^3 & \sum y_{t-1}^5 & \sum y_{t-1}^6 & \sum y_{t-1}^7 \\ \sum y_{t-1}^4 & \sum \xi_{t-1} y_{t-1}^4 & \sum t y_{t-1}^4 & \sum y_{t-1}^6 & \sum y_{t-1}^7 & \sum y_{t-1}^8 \end{bmatrix},$$

以及 $X'\varepsilon_t = \left[\sum \varepsilon_t \quad \sum \xi_{t-1}\varepsilon_t \quad \sum t\varepsilon_t \quad \sum y_{t-1}^2 \varepsilon_t \quad \sum y_{t-1}^3 \varepsilon_t \quad \sum y_{t-1}^4 \varepsilon_t \right]'$。

　　构造规模矩阵：$\Upsilon_{7T} = \mathrm{diag}(T^{1/2}, \sigma T, T^{3/2}, T^{5/2}, T^{7/2}\ T^{9/2})$，$\tilde{\Upsilon}_{7T} = \mathrm{diag}(\sigma T, T^{3/2}, T^{5/2}, T^{7/2}\ T^{9/2})$，并且有 $\tilde{\Upsilon}_{7T} R_4 = R_4 \Upsilon_{7T}$。

$$\Upsilon_{7T}^{-1} X'\varepsilon_t = \Upsilon_{7T}^{-1} \left[\sum \varepsilon_t \quad \sum \xi_{t-1}\varepsilon_t \quad \sum t\varepsilon_t \quad \sum y_{t-1}^2 \varepsilon_t \quad \sum y_{t-1}^3 \varepsilon_t \quad \sum y_{t-1}^4 \varepsilon_t \right]'$$

$$\Rightarrow \sigma \left\{ W(1) \quad \frac{1}{2}[W^2(1) - 1] \left[W(1) - \int_0^1 W(r)\,\mathrm{d}r \right] \frac{a_0^2}{\sqrt{5}} W(1) \quad \frac{a_0^3}{\sqrt{7}} W(1) \quad \frac{a_0^4}{\sqrt{9}} W(1) \right\}' \equiv \sigma \boldsymbol{h}_{\mathrm{ut}} \cdot$$

$[\Upsilon_{7T}^{-1}(X'X)\Upsilon_{7T}^{-1}] \Rightarrow \boldsymbol{Q}_{\mathrm{ut}}$

$$\boldsymbol{Q}_{\mathrm{ut}} \equiv \begin{bmatrix} 1 & \int_0^1 W(r)\,\mathrm{d}r & \frac{1}{2} & \frac{a_0^2}{3} & \frac{a_0^3}{4} & \frac{a_0^4}{5} \\ \int_0^1 W(r)\mathrm{d}r & \int_0^1 W(r)^2\mathrm{d}r & \int_0^1 rW(r)\,\mathrm{d}r & a_0^2\int_0^1 r^2 W(r)^2\mathrm{d}r & a_0^3\int_0^1 r^3 W(r)^2\mathrm{d}r & a_0^4\int_0^1 r^4 W(r)^2\mathrm{d}r \\ \frac{1}{2} & \int_0^1 W(r)\,\mathrm{d}r & \frac{1}{3} & \frac{a_0^2}{4} & \frac{a_0^3}{5} & \frac{a_0^4}{6} \\ \frac{a_0^2}{3} & a_0^2\int_0^1 r^2 W(r)^2\mathrm{d}r & \frac{a_0^2}{4} & \frac{a_0^4}{5} & \frac{a_0^5}{6} & \frac{a_0^6}{7} \\ \frac{a_0^3}{4} & a_0^3\int_0^1 r^3 W(r)^2\mathrm{d}r & \frac{a_0^3}{5} & \frac{a_0^5}{6} & \frac{a_0^6}{7} & \frac{a_0^7}{8} \\ \frac{a_0^4}{5} & a_0^4\int_0^1 r^4 W(r)^2\mathrm{d}r & \frac{a_0^4}{6} & \frac{a_0^6}{7} & \frac{a_0^7}{8} & \frac{a_0^8}{9} \end{bmatrix}$$

　　W_{ut} 统计量的极限分布推导为

$$
\begin{aligned}
W_{\text{ut}} &= (\boldsymbol{b}_T - \boldsymbol{\beta})' \boldsymbol{R}_4' [\boldsymbol{R}_4 s_T^2 (\boldsymbol{X}'\boldsymbol{X})^{-1} \boldsymbol{R}_4']^{-1} \boldsymbol{R}_4 (\boldsymbol{b}_T - \boldsymbol{\beta}) \\
&= (\boldsymbol{b}_T - \boldsymbol{\beta})' \boldsymbol{R}_4' \tilde{\boldsymbol{\varUpsilon}}_{7T} [\tilde{\boldsymbol{\varUpsilon}}_{7T} \boldsymbol{R}_4 s_T^2 (\boldsymbol{X}'\boldsymbol{X})^{-1} \boldsymbol{R}_4' \tilde{\boldsymbol{\varUpsilon}}_{7T}]^{-1} \tilde{\boldsymbol{\varUpsilon}}_{7T} \boldsymbol{R}_4 (\boldsymbol{b}_T - \boldsymbol{\beta}) \\
&= (\boldsymbol{b}_T - \boldsymbol{\beta})' (\boldsymbol{R}_4 \boldsymbol{\varUpsilon}_{7T})' [\boldsymbol{R}_4 \boldsymbol{\varUpsilon}_{7T} s_T^2 (\boldsymbol{X}'\boldsymbol{X})^{-1} \boldsymbol{\varUpsilon}_{7T} \boldsymbol{R}_4']^{-1} \boldsymbol{R}_4 \boldsymbol{\varUpsilon}_{7T} (\boldsymbol{b}_T - \boldsymbol{\beta}) \\
&\Rightarrow (\boldsymbol{R}_4 \boldsymbol{Q}_{\text{ut}}^{-1} \boldsymbol{h}_{\text{ut}})' (\boldsymbol{R}_4 \boldsymbol{Q}_{\text{ut}}^{-1} \boldsymbol{R}_4')^{-1} (\boldsymbol{R}_4 \boldsymbol{Q}_{\text{ut}}^{-1} \boldsymbol{h}_{\text{ut}})
\end{aligned}
\tag{A.34}
$$

类似于式（A.33）的证明，可以很容易得出，在备择假设下，W_{ut} 统计量为一致检验统计量。

附录 B

1. 六种信息准则正确选择滞后阶数的模拟程序

```
'create a workfile
!N = 1000
!M = 100
!C = 0.028
!r = 1.25*273
workfile simu1 u 1!N
'create a variable
series ordera
series orderac
series orders
series orderh
series orderf
series orderav
equation eq
for!j = 1 to!N
   series u = nrnd
   series v = nrnd
series z = 0.0279*u
series y
```

```
y(1) = v(6)

y(2) = v(8)

y(3) = v(7)

y(4) = v(9)

y(5) = v(10)

y(6) = v(11)

y(7) = v(12)

y(8) = v(13)

y(9) = v(14)

smpl 10!M

y = 0.48*y( - 1) + 0.57*y( - 2) + (0.009 + 0.91*y( - 1) - 0.98*y( - 2) -
1.01*y( - 4) + 0.86*y( - 5) - 0.45*y( - 8) + 0.31*y( - 9))*(1 - exp( -!r*
(y( - 3) - !C)^2)) + z

    'variable to store the minimum AIC.Initialise it to a large number

    !aic = 99999999

    !ac = 99999999

    !sc = 99999999

    !hq = 99999999

    !fp = 99999999

    !av = 99999999

    'variable saying how many lags to go up to

    !maxlags = 10

    'Variable to store the "best" number of lags

    !bestlag = 0

    !bestlagac = 0

    !bestlags = 0

    !bestlagh = 0

    !bestlagf = 0

    !bestlagavr = 0

    'set sample to be the!maxlag'th value onwards
```

```
    smpl @first + !maxlags!M
    %1 = " "
    for!i = 1 to!maxlags
    %1 = %1 + "ar(" + @str(!i) + ")"
        eq.ls y c {%1}   'run regression of Y on a constant and lagged values
of itself up to the iTH lag.
    scalar ac = eq.@aic + 2*(!i + 1)*(!i + 2)/(!M - !i - 2)
    scalar fpe = eq.@se^2*(!M + !i)/(!M - !i)
    scalar
avr = 0.2*ac + 0.2*fpe + 0.2*eq.@aic + 0.2*eq.@sc + 0.2*eq.@hq
        if eq.@aic<!aic then
            !bestlag = !i   'if this lag specification has the best
AIC,then store this lag as!bestlag.
            !aic = eq.@aic
        endif
    if ac<!ac then
        !bestlagac = !i   'if this lag specification has the best
AICc,then store this lag as!bestlag.
        !ac = ac
        endif
    if eq.@sc<!sc then
        !bestlags = !i 'if this lag specification has the best BIC,then
store this lag as!bestlag.
        !sc = eq.@sc
        endif
    if eq.@hq<!hq then
        !bestlagh = !i 'if this lag specification has the best HQ,then
store this lag as!bestlag.
        !hq = eq.@hq
        endif
```

```
if fpe<!fp then
    !bestlagf = !i  'if this lag specification has the best FPE,then
store this lag as!bestlag.
    !fp = fpe
  endif
if avr<!av then
    !bestlagavr = !i  'if this lag specification has the best
FPE,then store this lag as!bestlag.
    !av = avr
  endif
next
smpl @all
ordera(!j) = !bestlag
orderac(!j) = !bestlagac
orders(!j) = !bestlags
orderh(!j) = !bestlagh
orderf(!j) = !bestlagf
orderav(!j) = !bestlagavr
'reset sample
next
table(6,!maxlags)result
for!i = 1 to!maxlags
    result(1,!i + 1) = {!i}
next
result(2,1) = "AIC"
result(3,1) = "AICc"
result(4,1) = "SC"
result(5,1) = "HQ"
result(6,1) = "FPE"
ordera.freq
```

```
orderac.freq

orders.freq

orderh.freq

orderf.freq

orderav.freq
```

2. T_{s1}检验程序的检验功效与检验水平模拟程序

```
!N = 10000

workfile powersim u 1!N

!M = 100

!r = .05

!C = 0

series wald1

series local

series wald3

series wald4

series df

series ndf2

equation eq01

equation eq02

equation eq03

equation eq04

!count = 0

  for!i = 1 to!N

  smpl 1!M

  series z = @nrnd

  series u

  u(1) = 0

  smpl 2!M

u = 0.1*u( - 1) + z

smpl 1!M
```

```
    series y
    y(1) = 0
    smpl 2!M
    y = 0.0 + 0.5*y( - 1) - 1.5*y( - 1)*(1 - exp( - !r*(y( - 1) - !C)^2
)) + u
    eq01.ls y c y( - 1)y( - 1)^2 y( - 1)^3 y( - 1)^4 d(y( - 1))
    eq02.ls d(y)c y( - 1)d(y( - 1))
    eq03.ls d(y)c y( - 1)y( - 1)^2 y( - 1)^3 y( - 1)^4 d(y( - 1))
    series yy = y - @mean(y)
    eq04.ls d(yy)yy( - 1)^3 d(yy( - 1))
    %st1 = "c(" + @str(3) + ")" + " = " + "c(" + @str(4) + ")" + " = " + "
c(" + @str(5) + ")" + " = 0"
    %st2 = "c(" + @str(2) + ")" + " = " + "c(" + @str(3) + ")" + " = " + "
c(" + @str(4) + ")" + " = " + "c(" + @str(5) + ")" + " = 0"
    freeze(waldtable1)eq01.wald {%st1}
    freeze(waldtable2)eq03.wald {%st2}
     freeze(adftable)y.uroot(adf,const,lag = 1)
      smpl @all
    if @val(waldtable2(7,2))>14.02 then
    wald3(!i) = 1
    else wald3(!i) = 0
    endif
    if eq04.@tstats(1)< - 2.93 then
      ndf2(!i) = 1
    else ndf2(!i) = 0
    endif
    if @abs(eq03.@tstats(2))>2 then
      local(!i) = 1
    else local(!i) = 0
    endif
```

```
    scalar w1 = @val(waldtable1(7,2))
   scalar w2 = exp( - 0.25*@abs(eq02.@tstats(2))^ - 1)*w1
if w2<7.8 and @val(adftable(7,4))< - 2.91 then
 df(!i) = 1
else df(!i) = 0
endif
if w2>7.8 then
  wald1(!i) = 1
else wald1(!i) = 0
endif
d adftable
d waldtable1
d waldtable2
  next
scalar waldunit = @mean(wald3)
scalar linearunit = @mean(df)
scalar nonlinear = @mean(wald1)
scalar nonunit = @mean(ndf2)
scalar t = @mean(local)
rowvector(4)power
power.fill waldunit,linearunit,nonlinear,nonunit
show power
```

3. T_{s2}检验程序的检验功效与检验水平模拟程序

```
!N = 10000
workfile WALDvalue u 1!N
!M = 200
!g = 0.001
!r = 5
!C = -1
series wald1
```

```
series wald3
series wald4
series df
series ndf3
equation eq01
equation eq02
equation eq03
equation eq04
equation eq05
equation eq06
  for!i = 1 to!N
  smpl 1!M
  series z = 1*@nrnd
  series u
  u(1) = 0
  smpl 2!M
u = 0.0*u( - 1) + z
smpl 1!M
  series y
  y(1) = 0
  smpl 2!M
  y = 0.5*y( - 1) + (0.1*@trend - 1.5*y( - 1))*(1 + exp( - !r*(y( - 1)-
!C)))^ - 1 + u
  eq01.ls d(y)c @trend y( - 1) y( - 1)^2 y( - 1)^3 y( - 1)^4 d(y( - 1))
  eq03.ls d(y)c y( - 1)y( - 1)^2 y( - 1)^3 y( - 1)^4 d(y( - 1))
  eq05.ls y c @trend
  eq05.makeresids res
  eq06.ls  res  c  res( - 1)res( - 1)^2  res( - 1)^3  res( - 1)^4
d(res( - 1))
  eq04.ls d(res)res( - 1)^3 d(res( - 1))
```

```
    %st1 = "c(" + @str(3) + ")" + " = " + "c(" + @str(4) + ")" + " = " + "
c(" + @str(5) + ")" + " = 0"
    %st2 = "c(" + @str(2) + ")" + " = " + "c(" + @str(3) + ")" + " = " + "
c(" + @str(4) + ")" + " = " + "c(" + @str(5) + ")" + " = "+"c(" + @str(6)+
")" + " = 0"
    freeze(waldtable1)eq03.wald {%st1}
    freeze(waldtable2)eq01.wald {%st2}
    freeze(waldtable3)eq06.wald {%st1}
    freeze(adftable)y.uroot(adf,trend,lag = 1)
      freeze(kpsstable)y.uroot(kpss,trend,hac = bt,b = a)
    scalar w1 = @val(waldtable1(7,2))
      scalar w2 = @val(waldtable3(7,2))
      scalar root = @val(adftable(7,4))
       scalar s = @val(kpsstable(7,5))
      scalar r = exp( - !g*(root/s)^2)
    scalar w3 = (1 - r)*w2 + r*w1
    smpl @all
    if @val(waldtable2(7,2))>24.86 then
    wald3(!i) = 1
    else wald3(!i) = 0
    endif
     if eq04.@tstats(1)< - 3.4 then
       ndf3(!i) = 1
    else ndf3(!i) = 0
    endif
      if w3<8.82 and @val(adftable(7,4))< - 3.45 then
     df(!i) = 1
    else df(!i) = 0
    endif
    if w3>8.82 then
```

```
  wald1(!i) = 1
else wald1(!i) = 0
endif
d adftable
d kpsstable
d waldtable1
d waldtable2
d waldtable3
  next
scalar waldunit = @mean(wald3)
scalar linearunit = @mean(df)
scalar nonlinear = @mean(wald1)
scalar nonunit = @mean(ndf3)
rowvector(4)power
power.fill waldunit,linearunit,nonlinear,nonunit
show power
```

参考文献

[1] 陈秋玲,薛玉春,肖璐.金融风险预警:评价指标、预警机制与实证研究[J].上海大学学报（社会科学版），2009（5）：127-144.

[2] 丁剑平，谌卫学.汇率非线性因素在部分亚洲货币汇率中的特征——检验购买力平价论的新方法 [J]. 财经研究，2010（2）：4-14.

[3] 段鹏，张晓峒. 基于 OLS 退势的单位根检验 [J]. 系统工程理论与实践，2010（5）：848-857.

[4] 郭建平，郭建华. 基于 STAR 模型的外汇储备数据非线性性质研究 [J]. 统计与决策，2009（20）：132-134.

[5] 金晓彤，闫超. 我国消费需求增速动态过程的区制状态划分与转移分析 [J]. 中国工业经济，2010（7）：36-44.

[6] 靳晓婷，张晓峒，栾惠德. 汇改后人民币汇率波动的非线性特征研究——基于门限自回归 TAR 模型 [J]. 财经研究，2008（9）：48-57.

[7] 李晓峰，陈志斌，陈华. 世界经济周期演化特征及其对中国经济的非对称性影响：基于多国经济周期框架下的实证研究 [J]. 当代经济科学，2010（3）：36-45.

[8] 梁琪，滕建州. 中国宏观经济和金融总量结构变化及因果关系研究 [J]. 经济研究，2006（1）：11-22.

[9] 刘柏，赵振全. 基于 STAR 模型的中国实际汇率非线性态势预测 [J]. 数量经济技术经济研究，2008（6）：3-11.

[10] 刘金全，隋建利，闫超. 金融危机下我国经济周期波动态势与经济政策取

向 [J]. 中国工业经济, 2009 (8): 37-46.

[11] 刘金全, 隋建利, 闫超. 我国通货膨胀率过程区制状态划分与转移分析 [J]. 系统工程学报, 2009 (6): 647-652.

[12] 刘雪燕, 张晓峒. 非线性 LSTAR 模型中的单位根检验 [J]. 南开经济研究, 2009 (1): 65-73.

[13] 龙如银, 郑挺国, 云航. Markov 区制转移模型与我国通货膨胀波动路径的动态特征 [J]. 数量经济技术经济研究, 2005 (10): 111-117.

[14] 栾惠德. 居民消费价格指数的实时监测——基于季节调整的方法 [J]. 经济科学, 2007 (2): 59-67.

[15] 栾惠德. 中国经济增长中的结构平滑转移 [J]. 南方经济, 2008 (4): 3-11.

[16] 孟庆斌, 周爱民, 靳晓婷. 基于 TAR 模型的中国股市价格泡沫检验 [J]. 南开经济研究, 2008 (4): 46-55.

[17] 孟庆斌, 周爱民, 汪孟海. 基于齐次马氏域变方法的中国股市价格泡沫检验 [J]. 金融研究, 2008 (8): 105-118.

[18] 欧阳志刚, 韩士专. 我国经济周期中菲利普斯曲线机制转移的阈值协整研究 [J]. 数量经济技术经济研究, 2007 (11): 27-36.

[19] 欧阳志刚, 王世杰. 我国货币政策对通货膨胀与产出的非对称反应 [J]. 经济研究, 2009 (9): 27-37.

[20] 欧阳志刚. 非线性阈值协整理论及其在中国的应用研究 [M]. 北京: 中国社会科学出版社, 2010.

[21] 庞晓波, 孙叶萌, 王晨. 基于 ANN 方法对汇率波动非线性的检验与预测比较 [J]. 吉林大学社会科学学报, 2008 (1): 76-81.

[22] 彭方平, 李勇. STAR-GARCH 模型与股票市场投资策略非线性 [J]. 数理统计与管理, 2009 (4): 723-729.

[23] 苏涛, 詹原瑞, 刘家鹏. 基于马尔可夫状态转换下的 CAPM 实证研究 [J]. 系统工程理论与实践, 2007 (6): 21-26.

[24] 苏治, 杜晓宇, 方明. STAR 与 ANN 模型: 证券价格非线性动态特征及可预测性研究 [J]. 中国管理科学, 2008 (5): 9-16.

［25］孙柏，谢赤. 金融危机背景下的人民币汇率预测［J］. 系统工程理论与实践，2009（12）：53-64.

［26］王成勇，艾春荣. 中国经济周期阶段的非线性平滑转换［J］. 经济研究，2010（3）：78-90.

［27］王成勇，艾春荣，王少平. PPP 在中国的再检验——基于 ESTAR 和 ARB-STR 模型［J］. 统计研究，2009（12）：88-95.

［28］王建军. Markov 机制转换模型研究——在中国宏观经济周期分析中的应用［J］. 数量经济技术经济研究，2007（3）：39-48.

［29］王立勇，高伟. 财政政策对私人消费非线性效应及其解释［J］. 世界经济，2009（9）：27-36.

［30］王立勇，张代强，刘文革. 开放经济下我国非线性货币政策的非对称效应研究［J］. 经济研究，2010（9）：4-16.

［31］王培辉. 货币冲击与资产价格波动：基于中国股市的实证分析［J］. 金融研究，2010（7）：59-70.

［32］王少平，欧阳志刚. 中国城乡收入差距对实际经济增长的阈值效应［J］. 中国社会科学，2008（2）：54-66.

［33］王少平，彭方平. 我国通货膨胀和通货紧缩的非线性转换［J］. 经济研究，2006（8）：35-44.

［34］王志刚，曾勇，李平. 技术交易规则预测能力与收益率动态过程——基于 Bootstrap 方法的实证研究［J］. 数量经济技术经济研究，2007（9）：122-133.

［35］王志刚，曾勇，李平. 中国股票市场技术分析非线性预测能力的实证检验［J］. 管理工程学报，2009（1）：149-153.

［36］吴应宇，蔡秋萍，吴芃. 基于神经网络技术的企业财务危机预警研究［J］. 东南大学学报（哲学社会科学版），2008（1）：22-26.

［37］谢赤，欧阳亮. 汇率预测的神经网络方法及其比较［J］. 财经科学，2008（5）：47-53.

［38］谢赤，戴克维，刘潭秋. 基于 STAR 模型的人民币实际汇率行为的描述金融研究［J］. 金融研究，2005（5）：51-59.

[39] 徐小华，何佳，吴冲锋．我国债券市场价格非对称性波动研究［J］．金融研究，2006（12）：14－22.

[40] 易蓉，周学军，张松，等．沪铜期货基差之非线性动态调整特性研究［J］．管理评论，2008（10）：3－7.

[41] 曾令华，彭益，陈双．我国股票市场周期性破灭型泡沫检验——基于门限自回归模型［J］．湖南大学学报（社会科学版），2010（4）：54－57.

[42] 张成思．短期通胀率动态机制理论述评［J］．管理世界，2007（5）：133－145.

[43] 张成思．中国通货膨胀周期回顾与宏观政策启示［J］．亚太经济，2009（2）：66－70.

[44] 张凌翔．STAR 模型的滞后阶数选择与稳健性研究［J］．统计研究，2014（6）：107－112.

[45] 张凌翔，张晓峒．通货膨胀率周期波动与非线性动态调整［J］．经济研究，2011（5）：17－31.

[46] 张凌翔，张晓峒．局部平稳性未知条件下 STAR 模型线性性检验［J］．数量经济技术经济研究，2012（1）：100－117.

[47] 张凌翔，朱锦月．基于Monte Carlo 模拟的STAR 模型样本矩性质研究［J］．统计与信息论坛，2013（6）：21－27.

[48] 张屹山，张代强．我国通货膨胀率波动路径的非线性状态转换——基于通货膨胀持久性视角的实证检验［J］．管理世界，2008（12）：43－49.

[49] 赵春艳．平滑转换自回归模型中线性检验与单位根检验问题研究［J］．数量经济技术经济研究，2010（7）：153－161.

[50] 赵留彦，王一鸣，蔡婧．中国通胀水平与通胀不确定性：马尔可夫域变分析［J］．经济研究，2005（2）：60－72.

[51] 赵鹏，曾剑云．我国股市周期性破灭型投机泡沫实证研究——基于马尔可夫区制转换方法［J］．金融研究，2008（4）：174－187.

[52] 赵鹏，唐齐鸣．Markov 区制转换模型在行业 CAPM 分析中的应用［J］．数量经济技术经济研究，2008（10）：87－97.

[53] 周爱民，汪孟海，李振东，等．基于三分状态 MDL 方法度量我国股市泡沫

[J]．南开大学学报（自然科学版），2010（2）：92－98.

[54] Akaike H. Information theory and an extension of the maximum likelihood principle [J]. In 2nd International Symposium on Information Theory，eds. B. N. Petrov and F. Csaki，Budapest：Akademiai Kiado，1973：267－281.

[55] Akaike H. Statistical predictor identification [J]. Annals of the Institute of Statistical Mathematics，1970，22：203－217.

[56] Arango L E，Gonzalez A. Some evidence of smooth transition non-linearity in Colombian inflation [J]. Applied Economics，2001，33：155－162.

[57] Arghyrou M. Non-linear inflationary dynamics：evidence from the UK [J]. Oxford Economic Papers，2005，57：51－69.

[58] Artis M J，Bladen-Hovell R C，Osborn D R. Predicting turning points in the UK inflation cycle [J]. Economic Journal，1995，105：1145－1164.

[59] Bacon D W，Watts D G. Estimating the transition between two intersecting straight lines [J]. Biometrika，1971，58：525－534.

[60] Bai J S，Ng S. Tests for skewness，kurtosis，and normality for time series data [J]. Journal of Business and Economic Statistics，2005，23：49－60.

[61] Balke N S，Fomby T B. Threshold cointegration [J]. International Economic Review，1997，38：627－645.

[62] Banerjee A，Dolado J J，Galbraith J W，et al. Cointegration，error correction and the econometric analysis of non-stationary data [J]. Oxford：Oxford University Press，1993.

[63] Banerjee A，Lumsdaine R L，Stock J H. Recursive and sequential tests of the unit-root and trend-break hypothesis：theory and international evidence [J]. Journal of Business and Economic Statistics，1992，10：271－287.

[64] Bec F，Guay A，Guerre E. Adaptive consistent unit-root tests based on autoregressive threshold model [J]. Journal of Econometrics，2008，142：94－133.

[65] Bec F，Salem M B，Carrasco M. Tests for unit-root versus threshold specification

with an application to the purchasing power parity relationship [J]. Journal of Business and Economic Statistics, 2004, 22: 382−395.

[66] Bec F, Salem M B, Carrasco M. Detecting mean reversion in real exchange rates from a multiple regime STAR model. CIRANO Working Papers, June 2, 2010.

[67] Bentolila S, Bertola G. Firing costs and labour demand: How bad is eurosclerosis? [J]. Review of Economic Studies, 1990, 57: 381−402.

[68] Berben R P, van Dijk D. Unit root tests and asymmetric adjustment: A reassessment. Working paper, Erasmus University Rotterdam, 1999.

[69] Bianchi M, Zoega G. Unemployment persistence: Does the size of the shock matter? [J]. Journal of Applied Econometrics, 1998, 13: 283−304.

[70] Bidarkota P V. Alternative regime switching models for forecasting inflation [J]. Journal of Forecasting, 2001, 20: 21−35.

[71] Binner J M, Elger C T, Nilsson B. Predictable non-linearities in U. S. inflation [J]. Economics Letters, 2006, 93: 323−328.

[72] Blanchard O J, Summers L H. Beyond the natural rate hypothesis[J]. American Economic Review, Papers and Proceedings, 1988, 78: 182−187.

[73] Caballero R J, Hammour M L. The cleansing effect of recessions[J]. American Economic Review, 1994, 84: 1350−1368.

[74] Caggiano G, Castelnuovo E. On the dynamics of international inflation. Working paper in Padua University, 2010.

[75] Calvo G A. Staggered prices in a utility-maximizing framework [J]. Journal of Monetary Economics, 1983, 12: 383−398.

[76] Camacho M. Vector smooth transition regression models for US GDP and the composite index of leading indicators [J]. Journal of Forecasting, 2004, 23: 173−196.

[77] Campbell J Y, Mankiw N G. Permanent and transitory components in macroeconomic fluctuations [J]. American Economic Review Proceedings,

1987，5：111-117.

[78] Caner M，Hansen B E. Threshold autoregression with a unit root [J]. Econometrica，2001，69：1555-1596.

[79] Chan F，MaAleer M. Maximum likelihood estimation of STAR and STAR-GARCH models：theory and Monte Carlo evidence [J]. Journal of Applied Econometrics，2002，17：509-534.

[80] Chan F，MaAleer M. On the structure，asymptotic theory and applications of STAR-GARCH models，Working paper CIRJE-F-216，CIRJE，Faculty of Economics，University of Tokyo，2003.

[81] Chan K S. Consistency and limiting distribution of the least squares estimator of a threshold autoregressive model [J]. Annals of Statistics，1993，21：521-533.

[82] Chan K S，Tong H. On estimating thresholds in autoregressive models [J]. Journal of Time Series Analysis，1986：7，179-190.

[83] Chen R，Tsay R S. Functional-coefficient autoregressive models [J]. Journal of the American Statistical Association，1993，88：298-308.

[84] Choi I，Saikkonen P. Testing linearity in cointegrating smooth transition regressions [J]. Journal of Econometrics，2004，17：341-365.

[85] Choi I，Saikkonen P. Tests for nonlinear cointegration. Working paper from Hong Kong University of Science and Technology，2008.

[86] Christiano L J，Eichenbaum M. Unit roots in real GNP：do we know，and do we care？ [J]. In A. H. Meltzer，ed.，Unit Roots，Investment measures，and other essays，Carnegie-Rochester Conference Series on Public Policy，1990，32：57-62.

[87] Davidson J. Establishing conditions for the functional central limit theorem in nonlinear and semiparametric time series processes [J]. Journal of Econometrics，2002，106：243-269.

[88] Davidson J. When is a Time Series $I(0)$？in The Methodology and Practice of

Econometrics, a festschrift for David F. Hendry, Eds. Jennifer Castle and Neil Shepherd, Oxford University Press, 2010.

[89] Davidson R, MacKinnon J. Estimation and Inference in Econometrics [M]. New York: Oxford University Press, 1993.

[90] Davis S D, Haltiwanger J. On the driving forces behind cyclical movements in employment and job reallocation [J]. American Economic Review, 1999, 89: 1234-1258.

[91] Diamond P A. Aggregate demand management in search equilibrium [J]. Journal of Political Economy, 1982, 90: 881-894.

[92] Eitrheim O, Teräsvirta T. Testing the adequacy of smooth transition autoregressive models [J]. Journal of Econometrics, 1996, 74: 59-75.

[93] Eklund B. A nonlinear alternative to the unit root hypothesis. Working Paper Series in Economics and Finance, No. 547, Stockholm School of Economics, 2003.

[94] Eklund B. Testing the unit root hypothesis against the logistic smooth transition autoregressive model. Working Paper Series in Economics and Finance, No. 546, Stockholm School of Economics, 2003.

[95] Elliott B E, Rothenberg T J, Stock J J. Efficient tests of the unit root hypothesis [J]. Econometrica, 1996, 64: 813-836.

[96] Elliott R J, Siu T K, Lau J W. A hidden Markov regime-switching smooth transition model [J]. Studies in Nonlinear Dynamics & Econometrics, 2018, 22: 1-21.

[97] Enders W, Hurn S. Asymmetric price adjustment and the Phillips curve [J]. Journal of Macroeconomics, 2002, 24: 395-412.

[98] Enders W, Granger C W J. Unit root tests and asymmetric adjustment with an example using the term structure of interest rates [J]. Journal of Business and Economic Statistics, 1998, 16: 304-311.

[99] Enders W, Granger C W J. Unit-root tests and asymmetric adjustment with an

example using the term structure of interest rates [J]. Journal of Business and Economic Statistics, 1998, 16: 304-311.

[100] Engle R F, Granger C W J. Cointegration and error correction: representation, estimation and testing [J]. Econometrica, 1987, 35: 251-276.

[101] Engle R F, Granger C W J. Long-run Economic Relationships: Readings in Cointegration [M]. Oxford: Oxford University Press, 1991.

[102] Escribano A, Jordá O. Improved testing and specification of smooth transition regression models, in P. Rothman (ed.), Nonlinear Time Series Analysis of Economic and Financial Data, 1999, Boston: Kluwer, 289-319.

[103] Fair R C, Jaffee D M. Methods of estimation for markets in disequilibrium [J]. Econometrica, 1972, 40: 497-514.

[104] Froot K A, Rogoff K. Perspectives on PPP and long-run real exchange rates. in K. Rogoff, and G. Grossman, eds., Handbook of International Economics. Amsterdam: North-Holland, 1995.

[105] Gali J, Gertler M. Inflation dynamics: a structural econometric analysis [J]. Journal of Monetary Economics, 1999, 44: 195-222.

[106] Gao J, King M, Lu Z, et al. Specification testing in nonlinear time series with nonstationarity. Working paper, Department of Statistics, University of Western Australia, 2009.

[107] Gonzalez-Rivera G. Smooth transition GARCH models [J]. Studies in Nonlinear Dynamics and Econometrics, 1998, 3: 161-178.

[108] Granger C W J, Inoue T, Morin N. Nonlinear stochastic trend [J]. Journal of Econometrics, 1997, 81: 65-92.

[109] Greene W H. Econometrics Analysis Fifth Edition [M]. New Jersey: Prentice-hall. 2002.

[110] Gregoriou A, Kontonikas A. Modeling the behaviour of inflation deviations from the target [M]. Economic Modelling, 2009, 26: 90-95.

[111] Guidolin M, Hyde S, McMillan D, et al. Non-linear predictability in stock and

bond returns: When and where is it exploitable? [J]. International Journal of Forecasting, 2009, 25: 373 – 399.

[112] Hagerud G. A new non-linear GARCH model. EFI Economic Research Institute, 1997, Stockholm.

[113] Hamermesh D S, Pfann G A. Adjustment costs in factor demand [J]. Journal of Economic Literature, 1996, 34: 1264 – 1292.

[114] Hamilton J D. A new approach to the economic analysis of nonstationary time series and the business cycle [J]. Econometrica, 1989, 57: 357 – 384.

[115] Hamilton J D. Time series analysis [M]. Princeton: Princeton University Press, 1994.

[116] Hamilton J D. Macroeconomic Regimes and Regime Shifts. In Handbook of Macroeconomics, edited by H. Uhlig and J. Taylor, 2016, 2A: 163 – 201. Amsterdam: Elsevier.

[117] Hannan E J, Quinn B G. The determination of the order of an autoregression [J]. Journal of Royal Statistics Society, 1979, 41: 190 – 195.

[118] Hansen B E, Seo B. Testing for two-regime threshold cointegration in vector correction models [J]. Journal of Econometrics, 2002, 110: 293 – 318.

[119] Hansen B E. Inference when a nuisance parameter is not identified under the null hypothesis [J]. Econometrica, 1996, 64: 413 – 430.

[120] Hansen B E. Sample splitting and threshold estimation [J]. Econometrica, 2000, 68: 575 – 603.

[121] Harris D, McCabe B P, Leybourne S J. Some limit theory for autocovariances whose order depends on sample size [J]. Econometric Theory, 2003, 19: 829 – 864.

[122] Harvey D I, Leybourne S J. Testing for time series linearity [J]. Econometrics Journal, 2007, 10: 149 – 165.

[123] Harvey D I, Leybourne S J, Taylor. A simple, robust and powerful test of the trend hypothesis [J]. Journal of Econometrics, 2007, 141: 1302 – 1330.

［124］ Harvey D I，Leybourne S J，Xiao B．A powerful test for linearity when the order of integration is unknown ［J］．Studies in Nonlinear Dynamics and Econometrics，2008，12.

［125］ He C L，Sandberg R．Dickey-Fuller type of tests against nonlinear dynamic models ［J］．Oxford Bulletin of Economics and Statistics，2006，68（S1）：835－861.

［126］ Hendry D F．Dynamic Econometrics［M］．Oxford：Oxford University Press，1995.

［127］ Hurvich C M，Tsai C L．Regression and time series model selection in small samples ［J］．Biometrika．1989，76：297－307.

［128］ Jansen E S，Teräsvirta T．Testing parameter constancy and super exogeneity in econometric equations［J］．Oxford Bulletin of Economics and Statistics，1996，58：735－768.

［129］ Johansen S．Likelihood-based Inference in Cointegrated Vector Autoregressive Models ［M］．Oxford：Oxford University Press，1995.

［130］ Kapetanios G，Shin Y．Unit root tests in three-regime SETAR models ［J］．Econometrics Journal，2006，9：252－278.

［131］ Kapetanios G，Shin Y，Snell A．Testing for a unit root in the nonlinear STAR framework ［J］．Journal of Econometrics，2003，112：359－379.

［132］ Kapetanios G，Shin Y，Snell A．Testing for cointegration in nonlinear smooth transition error correction models ［J］．Econometric Theory，2006，22：279－303.

［133］ Kendall M，Stuart A．The advanced theory of statistics ［M］．New York：McGraw Hill，1969.

［134］ Kilic R．Linearity tests and stationarity ［J］．Econometrics Journal，2004，7：55－62.

［135］ Koop G，Pesaran M H，Potter S M．Impulse response analysis in nonlinear multivariate models ［J］．Journal of Econometrics，1996，74：119－147.

［136］Krolzig H M. Markov-Switching Vector Autoregressions Modelling，Statistical Inference and Applications to Business Cycle Analysis，Springer，Berlin，1997.

［137］Krugman P R. Target zones and exchange rate dynamics［J］. Quarterly Journal of Economics，1991，106：669－682.

［138］Kruse R. A new unit root test against ESTAR based in a class of modified statistics［J］. Statistical Papers，2009，52：71－85.

［139］Kuan C M，White H. Artificial neural networks：An econometric perspective ［J］. Econometric Reviews，1994，13：1－91.

［140］Lee J，Strazicich M. Minimum Lagrange multiplier unit root test with two structural breaks ［J］. Review of Economics and Statistics，2003，85：1082－1089.

［141］Leybourne S，Newbold P，Vougas D. Unit roots and smooth transitions［J］. Journal of Time Series Analysis，1998，19：83－97.

［142］Li X M. China's economic growth: what do we learn from multiple-break unit root tests? ［J］. Scottish Journal of Political Economy，2005，52：261－281.

［143］Li X M. The great leap forward，economic reforms，and the unit root hypothesis：testing for breaking trend functions in China's GDP data ［J］. Journal of Comparative Economics，2000，28：814－827.

［144］Lin J B，Liang C C，Yeh M L. Examining nonlinear dynamics of exchange rates and forecasting performance based on the exchange rate parity of four Asian economies ［J］. Japan and the World Economy，2010，23：79－85.

［145］Lo M C，Zivot E. Threshold cointegration and nonlinear adjustment to the law of one price ［J］. Macroeconomic Dynamics，2001，5：533－576.

［146］Lumsdaine R L，Papell D. Multiple trend breaks and the unit root test ［J］. Review of Economics and Statistics，1997，79：212－218.

［147］Lundbergh S，Teräsvirta T. A time series model for an exchange rate in a target zone with applications ［J］. Journal of Econometrics，2006，131：579－609.

［148］Lundbergh S，Teräsvirta T. Evaluating GARCH models ［J］. Journal of

Econometrics，2002，110：417－435.

[149] Lundbergh S，Teräsvirta T．Modelling economic high-frequency time series with STAR-STGARCH models. SSE/EFI Working paper No. 291，Stockholm school of economics，1999.

[150] Lundbergh S，Teräsvirta T，van Dijk D．Time-varying smooth transition autoregressive models[J]. Journal of Business and Economic Statistics，2003，21：104－121.

[151] Luukkonen R，Saikkonen P，Teräsvirta T．Testing linearity against smooth transition autoregressive models [J]．Biometrika，1988，75：491－499.

[152] MacKinnon J G．Numerical Distribution functions for unit root and cointegration tests [J]. Journal of Applied Econometrics，1996，6：601－618.

[153] Maddala D S．Econometrics [M]．New York：McGraw-Hill，1977.

[154] Maddala G S．Disequilibrium，self-selection，and switching models [J]．in Z．Griliches and M．D．Intriligator（eds），Handbook of Econometrics，North-Holland，Amsterdam，1986，3：1633－1688.

[155] Maddala G S．Limited-dependent and qualitative variables in econometrics [M]．Cambridge：Cambridge University Press，1983.

[156] Mamon R，Duan Z．A self-tuning model for inflation rate dynamics [J]．Communications in Nonlinear Science and Numerical Simulation，2010，15：2521－2528.

[157] Mankiw N G，Reis R．Sticky information versus sticky prices：A proposal to replace the New Keynesian Phillips curve [J]．The Quarterly Journal of Economics，2002，117：1295－1328.

[158] Marcellino M．Forecasting EMU macroeconomic variables [J]．International Journal of Forecasting，2004，20：359－372.

[159] McMillan D．Non-linear forecasting of stock returns：Does volume help？[J]．International Journal of Forecasting，2007，23：115－126.

[160] Michael P A，Nobay R，Peel D A．Transactions costs and nonlinear adjustment

in real exchange rates: an empirical investigation [J]. The Journal of Political Economy, 1997, 105: 862–879.

[161] Mishkin, Frederic S. Inflation dynamics [J]. International Finance, 2007, 10: 317–334.

[162] Müller U K. The impossibility of consistent discrimination between $I(0)$and $I(1)$ processes [J]. Econometric Theory, 2008, 24: 616–630.

[163] Nelson C R, Plosser C I. Trends and random walks in macroeconomic time series [J]. Journal of Monetary Economics, 1982, 10: 139–162.

[164] Nobay B, Paya I, Peel D A. Inflation dynamics in the U. S.: global but not local mean reversion [J]. Journal of Money, Credit and Banking, 2010, 42: 135–150.

[165] Norman S. How well does nonlinear mean reversion solve the PPP puzzle? [J]. Journal of International Money and Finance, 2010, 29 (5): 919–937.

[166] Nur D. Parameter estimation of smooth threshold autoregressive models: [dissertation] [D]. Curtin: Curtin University of Technology, 1998.

[167] Park J Y, Phillips P C B. Asymptotics for nonlinear transformations of integrated time series [J]. Econometric Theory, 1999, 15: 269–298.

[168] Park J Y, Phillips P C B. Nonlinear regression with integrated time series [J]. Econometrica, 2001, 69: 117–161.

[169] Park J Y, Shintani M. Testing for a unit root against transitional autoregressive models [J]. International Economic Review, 2016, 57: 635–664.

[170] Perron P, Zhu X. Structural breaks with deterministic and stochastic trends [J]. Journal of Econometrics, 2005, 129: 65–119.

[171] Perron P. The great crash, the oil price shock and the unit root hypothesis [J]. Econometrica, 1989, 57: 1519–1554.

[172] Phillips A W. The relation between unemployment and the rate of change of money wages in the United Kingdom [J]. Economica, 1958, 12: 321–367.

[173] Phillips P C B, Sul D. Dynamic panel estimation and homogeneity testing

under cross section dependence[J]. Econometrics Journal, 2003, 6: 217 - 259.

[174] Pippenger M K, Goering G E. A note on the empirical power of unit root tests under threshold processes [J]. Oxford Bulletin of Economics and Statistics, 1993, 55: 473 - 481.

[175] Potter S M. A nonlinear approach to US GNP [J]. Journal of Applied Econometrics, 1995, 10: 109 - 125.

[176] Rogoff K. The purchasing power parity puzzle [J]. Journal of Economic Literature, 1996, 34: 647 - 668.

[177] Schwarz G. Estimating the dimension of a model[J]. The Annals of Statistics, 1978, 6: 461 - 464.

[178] Shapiro M, Watson M. Sources of business cycle fluctuations. In Stanley Fischer, ed., NBER Macroeconomics Annual, 1988, Cambridge: MIT Press, 111 - 148.

[179] Smith G W. US Inflation dynamics 1981 — 2007: 13193 quarterly observations. Working paper series in Department of Economics, No, 1155, Queen's University, 2008.

[180] Sollis R. Asymmetric adjustment and smooth transitions: a combination of some unit root tests[J]. Journal of Time Series Analysis, 2004, 25: 409 - 417.

[181] Stock J H, Watson M W. A comparison of linear and nonlinear univariate models for forecasting macroeconomic time series, in R. F. Engle and H. White (eds), Cointegration, Causality and Forecasting. A Festschrift in Honour of Clive W. J. Granger. Oxford: Oxford University Press, 1999, 1 - 44.

[182] Stock J H, Watson M W. Forecasting inflation [J]. Journal of Monetary Economics, 1999, 44: 293 - 335.

[183] Stock J H. Deciding between $I(1)$ and $I(0)$[J]. Journal of Econometrics, 1994, 63: 105 - 131.

[184] Taylor J B. Aggregate dynamics and staggered contracts [J]. The Journal of

Political Economy, 1980, 88: 1−23.

[185] Taylor M P. The economics of exchange rates [J]. Journal of Economic Literature, 1995, 33: 13−47.

[186] Taylor M P, Peel D A, Sarno L. Nonlinear mean-reversion in real exchange rates: toward a solution to the purchasing power parity puzzles [J]. International Economic Review, 2001, 42: 1015−1042.

[187] Teräsvirta T, Anderson H M. Characterising nonlinearities in business cycles using smooth transition autoregressive models [J]. Journal of Applied Econometrics, 1992, 7: 119−139.

[188] Teräsvirta T. Specification, estimation, and evaluation of smooth transition autoregressive models [J]. Journal of the American Statistical Association, 1994, 89: 208−218.

[189] Teräsvirta T, Tjøstheim D, Granger C W J. Modelling nonlinear economic time series [M]. Oxford: Oxford University Press, 2010.

[190] Teräsvirta T, van Dijk D, Medeiros M C. Smooth transition autoregressions, neural networks, and linear models in forecasting macroeconomic time series: A re-examination [J]. International Journal of Forecasting, 2005, 21: 755−774.

[191] Tong H. Non-linear time series: A dynamical system approach [M]. Oxford: Oxford University Press, 1990.

[192] Tsay R S. Testing and modeling multivariate threshold models [J]. Journal of the American Statistical Association, 1998, 93: 1188−1202.

[193] Tyssedal J S, Tjøstheim D. An autoregressive model with suddenly changing parameters [J]. Applied Statistics, 1988: 37, 353−369.

[194] van Dijk D, Teräsvirta T, Franses P H. Smooth transition autoregressive models-a survey of recent developments [J]. Econometric Reviews, 2002, 21: 1−47.

[195] van Dijk D, Franses P H. Modeling multiple regimes in the business cycle

［J］. Macroeconomic Dynamics，1999，3：311 – 340.

［196］ Vogelsang T J. Trend function hypothesis testing in the presence of serial correlation ［J］. Econometrica，1998，66：123 – 148.

［197］ Vougas D V. Is the trend in Post-WW II US real GDP uncertain or non-Linear? ［J］. Economics Letters，2007，94：348 – 355.

［198］ Wong C S，Li W K. A note on the corrected Akaike information criterion for threshold autoregressive models ［J］. Journal of Time Series Analysis，1998：19，113 – 124.

［199］ Yoon G. Do real exchange rates really follow threshold autoregressive or exponential smooth transition autoregressive models? ［J］. Economic Modelling，2010，27（2）：605 – 612.

［200］ Zivot E，Andrews D. Further evidence on the great crash，the oil-price shock and the unit root hypothesis ［J］. Journal of Business and Economic Statistics，1992，10：251 – 270.